렉처 사이언스
KAOS
03

빛
Light

KNOWLEDGE AWAKENING ON STAGE

렉처 사이언스 KAOS 03
빛 Light

기획

재단법인 카오스

카오스 과학위원회
고계원 위원(고등과학원 수학과 교수)
김성근 위원(서울대학교 화학부 교수)
노정혜 위원(서울대학교 생명과학부 교수)
송호근 위원(서울대학교 사회학과 교수)
이강근 위원(서울대학교 지구환경과학부 교수)
이현숙 위원(서울대학교 생명과학부 교수)
정하웅 위원(카이스트 물리학과 교수)
주일우 위원(문학과지성사 대표)

이사장 | **이기형**
사무국 | 김남식, 주세훈, 김수현, 한송희, 서리나

■ 이 책은 2015년 9월 16일부터 11월 25일까지 총 10회에 걸친 '2015 가을 카오스 강연 빛, 色즉時空'을 책으로 만든 것입니다.

렉처 사이언스

KAOS

03

빛
Light

모든 것은
빛에서 태어났다

재단법인 카오스
기획

김성근 석현정 오세정 윤성철 이명균
이병호 이용희 전영백 최길주 최철희
지음

Humanist

빛, 色즉時空

빛은 오묘한 존재입니다. 빛은 입자면서 파동이고, 전자기적 현상이며, 절대적인 속도 값을 갖고 있습니다. 우리는 빛의 세계 속에 살면서도 정작 빛이 무엇인지는 잘 모릅니다. 빛은 어떻게 탄생했을까요? 빛은 우주 만물에 어떤 영향을 끼쳤을까요?

지구의 생명체는 빛과 함께 탄생했고, 우리는 빛과 더불어 살아 왔습니다. 과학이 발전하면서 우리는 '빛이란 무엇인가?'라는 질문에 다가갈 수 있었습니다. 빛은 우리에게 더 큰 세상과 더 작은 세상을 보여 주고, 감성과 욕망을 자극합니다. 빛을 통해 "본다는 것", 그 순간을 통해 세상을 탐구하고 미래를 열어 간다는 것이야말로 인간만이 누릴 수 있는 큰 기쁨이 아닐까요?

"진리는 나의 빛Veritas lux mea"

— 라틴어 명언

재단법인 카오스는 2014년 말 '과학·지식·나눔'을 모토로 강연, 지식콘서트, 출판, 서점 등을 통해 과학지식을 대중에게 보다 쉽고 재미있게 전달하기 위해 만들어졌습니다. 여덟 명의 석학으로 이루어진 과학위원회는 다양한 활동을 기획하고 자문하는 일을 하는데, 6개월 단위로 과학 주제를 선정하고 그 주제에 맞는 10회의 강연을 기획합니다.

2015년 1월 발족한 카오스 과학위원회는 첫 주제를 '기원'으로 선정했으며, '세계 빛의 해'를 맞이해 두 번째 주제로 '빛'을, 그리고 알파고와 이세돌 9단의 대국으로 전 세계가 들끓었던 2016년 봄 세 번째 강연의 주제로 '뇌'를 선정했습니다.

이 책은 빛에 관한 열 개의 강의로 구성되어 있으며, 각 강의는 우리나라 최고 석학들의 이야기로 채워졌습니다. 1강 '빛, 너의 정체는 무엇이냐'에서는 역사적 논란을 불러일으켰던 빛의 물리적 특성을 살펴보고, 2강 '우리는 빛을 어떻게 인지할까'에서는 우리가 사물을 볼 때 눈에서 어떤 일이 일어나는지를 알아봅니다. 3강 '별빛이 우리에게 밝혀 준 것들'에서는 별빛을 관찰해 밝혀낸 우주의 비밀을, 4강 '빛과 함께 하는 시간 여행'에서는 더 멀리 있는 별빛을 찾으려는 망원경의 세계를 들여다

봅니다. 5강 '빛, 색을 밝히다'에서는 우리가 색을 지각하는 방식과, 색채가 우리의 감성에 미치는 영향에 대해 살펴봅니다.

과학자가 아닌, 예술가들은 빛을 어떻게 이해했을까요? 6강 '빛을 열망한 예술가들'에서는 예술가들의 작품을 통해 빛에 관한 새로운 관점을 발견해 봅니다. 7강 '식물은 빛을 어떻게 볼까'에서는 식물이 빛을 감지하는 방법에 대해 알아보고 본다는 것의 의미에 대해 생각해 봅니다. 8강 '응답하라, 작은 것들의 세계여!'에서는 미시 세계를 들여다보기 위해 현미경이 어디까지 발전했는지, 9강 '멋진 세상을 만드는 빛'에서는 레이저 빛의 탄생과 원리, 레이저가 우리 삶에 미친 영향에 대해 알아봅니다. 마지막으로 10강 '자연에 없던 물질 만들기'에서는 빛의 성질을 변화시키는 인공 물질인 메타 물질의 원리와 메타 물질을 이용한 미래 기술에 대해 알아봅니다.

지난 2015년은 이슬람의 과학자 이븐 알 하이삼Ibn al-Haytham이 '빛은 (눈에서가 아니라) 물체에서 나온다'는 주장을 담은 《광학의 서Opticae thesaurus》를 펴 낸 지 1,000년, 프랑스 물리학자 오귀스탱 장 프레넬Augustin-Jean Fresnel이 빛이 파동임을 밝힌 지 200년, 알베르트 아인슈타인이 일반 상대성 이론을 발표한 지 꼭 100년이 되는 해였습니다. 그래서 2015년 카오스 가을 강연의 주제는 자연스럽게 빛으로 선정하였고, 빛과 관련해 색, 그리고 시간과 공간이라는 주제를 아울러 강연의 제목을 '빛, 色즉時空'으로 정하였습니다.

이 책의 출간을 위해 많은 분이 애써 주셨습니다. 먼저, 강연에 선뜻 참가하고 책의 내용을 감수해 준 열 명 강연자의 노고에 감사의 마음을 전합니다. 그리고 과학 책의 출간에 열정을 보내 준 휴머니스트 출판사에도 감사드립니다.

카오스재단은 우리가 진행하는 활동이 단발적인 과학운동이 아닌, 지속적 과학문화운동이 되기를 바랍니다. 그러기 위해서는 과학을 사랑하는 사람들의 '동맹'이 필요합니다. 이 책이 이러한 과학문화운동에 '합리적 회의주의'로 무장한 많은 사람의 관심과 참여를 촉진하는 계기가 되기를 개대해 봅니다. 이 책을 읽은 당신이 질문을 멈추지 않기를, 그리고 과학으로 저항하기를 바라며.

모든 문화의 압제에 저항하는 자유로운 영혼들의 동맹, 그것이 과학이다.
— 프리먼 다이슨

카오스 과학위원회

KAOS

현대 과학의 잠재력은 과학을 사용하는 사람에 따라 천사의 얼굴과 악마의 얼굴로 바뀔 수 있습니다. 과학의 사용은 결국 사회의 결정에 맡겨지며, 선거를 통해 대표를 선출하듯 과학에 대해 무지해서는 그 정책을 현명하게 결정할 수 없습니다.

과학, 지식, 나눔. KAOS는 무대 위에서 깨어나는 지식(Knowledge Awakening On Stage)을 뜻하는 약자로, 과학을 쉽고 재미있게 전달하고자 노력하는 집단입니다. 과학은 알려져야 하고, 우리는 소통해야 합니다. 우리는 과학이 세상에 도움을 줄 수 있고, 과학적 사고가 세상을 바꿀 수 있다고 믿습니다. 그렇기 때문에 과학에 관한 심도 있는 지식을 강연, 지식콘서트, 책을 통해 대중과 소통하고, 인문학, 사회과학, 예술 등 다양한 분야와 교류하고자 합니다.

Light

빛은 무엇일까요? 밤하늘의 별빛도 아름다운 예술 작품도 모두 빛에서 태어났습니다. 빛이 없는 세상을 상상이나 할 수 있을까요? 우리는 매일 빛과 더불어 살아가지만, 그 존재가 무엇인지 생각하는 일은 거의 없습니다.

빛은 입자이자 파동인 이중적인 존재입니다. 빛의 입자와 파동이 우리 눈의 망막에 닿을 때, 비로소 형형색색의 다채로운 세상이 눈앞에 펼쳐집니다. 망원경으로 본 별빛은 먼 우주의 이야기를 담고 있고, 기술이 만들어 낸 레이저는 화려한 쇼를 선보입니다. 빛은 늘 우리의 지적 호기심과 감성을 자극합니다.

우리 주변을 밝히고 욕망을 자극하기도 하며, 우리가 볼 수 있게 만들어주는 빛(Light). "아는 만큼 보인다."라는 말처럼, 조금 더 넓은 세상을 다채롭게 경험할 수 있는 세계로 여러분을 초대합니다.

contents

1강

빛, 너의 정체는 무엇이냐

— 오세정

2강

우리는 빛을 어떻게 인지할까?

— 최철희

3강 	**4강** 	**5강** 
별빛이 우리에게 밝혀 준 것들	빛과 함께하는 시간 여행	빛, 색을 밝히다
ㅡ 윤성철	ㅡ 이명균	ㅡ 석현정

6강	**7강**	**8강**
빛을 열망한 예술가들	식물은 빛을 어떻게 볼까?	응답하라, 작은 것들의 세계여!
─ 전영백	─ 최길주	─ 김성근

9강

멋진 세상을
만드는 빛

— 이용희

10강

자연에 없던
물질 만들기

— 이병호

Li

빛

ght

빛, 너의 정체는 무엇이냐

오세정

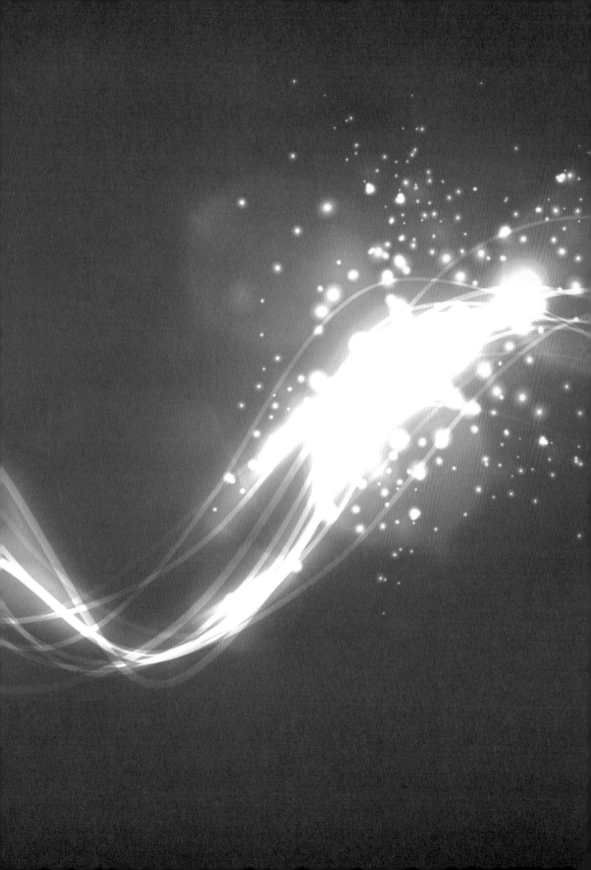

오세정

미국 스탠퍼드 대학교 물리학과에서 전이 금속 화합물과 희토류 화합물의 물성을 광전자분광학으로 연구하여 박사 학위를 받았고, 미국 제록스 팔로 알토Xerox Palo Alto 연구소, 일본 도쿄 대학교, 미국 미시간 대학교 등에서 방문 연구원/방문 교수를 역임했다. 이후 서울대학교 자연과학대학 물리천문학부 교수로 교육과 연구를 병행했다. 과학 교육과 과학 대중화에 관심이 많아 주요 언론에 기고문을 작성하기도 했으며, 서울대학교 자연과학대 학장, 국가과학기술자문회의 위원, 한국연구재단 이사장, 기초과학연구원 초대 원장, 카오스 과학위원회 초대 위원장 등으로 일하기도 했다. 2003년에는 한국과학문화재단에서 수여하는 닮고싶고되고싶은과학자상을 받았다. 과학기술을 '경제성장의 도구'로만 알고 있는 사람이 많은데, 일반 대중이 과학기술의 본질을 알아야 진정한 선진국이 된다는 생각에서 과학 대중화에 나서 활발하게 활동하고 있다. 현재는 제20대 국회의원으로 의정활동을 하고 있다.

구약 성서 창세기에 이런 말이 나옵니다. "하나님이 이르시되 빛이 있으라 하시니 빛이 있었고 빛이 하나님이 보시기에 좋았더라." 또 서양 속담에 "보는 것이 믿는 것이다."라는 유명한 얘기도 있습니다. 아주 오래전부터 빛과 보는 것에 대해서 관심이 굉장히 많았다는 거죠.

일반적으로 그리스에서 서양 철학과 과학이 시작됐다고 보는데, 그때부터 '빛이 뭘까? 본다는 게 뭘까?'에 대해서 사람들이 관심을 가졌습니다. 아리스토텔레스Aristoteles 이전에는 눈을 뜨면 눈에서 빛이 나가 그것이 물체에 부딪혀 돌아오는 것을 내가 다시 보는 거라고 믿었습니다. 눈을 감으면 안 보이고 눈을 떠야 보이잖아요. 아리스토텔레스는 이런 내용을 부정했습니다. 빛은 투명한 물질의 활동이며, 눈에서 빛이 나가는 것이 아니라 눈이 빛을 받아들이는 것이라고 주장했어요.

그런데 문제는 그리스 시대의 자연철학자들은 생각만 했다는 거예요. 실험은 안 하고 '이럴 거야. 당연히 이렇게 되어야 하는 거 아니야?' 하고 얘기만 했거든요. 근대 과학은 르네상스 시대에 실험과 관측을 하면서 시작됐어요. 아이작 뉴턴Isaac Newton, 갈릴레오 갈릴레이Galileo Galilei가 등장한 때가 이 무렵입니다.

빛의 정체를 둘러싼 논란, 입자 대對 파동

빛이란 무엇일까요? 빛의 정체는 뭘까요? 물리학자들은 기본적으

1-1
빛은 야구공 같은 입자일까?
물결 같은 파동일까?

로 어떤 물체나 형상을 볼 때 두 가지로 나눠서 생각합니다. 입자냐 파동이냐. 입자는 야구공이나 당구공같이 어떤 공간에 한 점을 차지하고 있으면서 '하나, 둘' 셀 수 있는 거고요, 파동은 물에 돌을 던졌을 때 생기는 물결파 또는 소리를 냈을 때 공기 중에 퍼져 나가는 음파와 같이 공간적으로 연속적어서 셀 수도 없고 잡을 수도 없는 것을 말해요.[1-1] 두 가지가 아주 다른 성질을 갖고 있죠.

빛이 입자인지 파동인지에 대해서는 처음부터 논란이 많았습니다. 근대 과학의 아버지라고 할 수 있는 뉴턴은 빛을 입자라고 생각했고, 동시대의 물리학자 크리스티안 하위헌스Christiaan Huygens는 파동이라고 생각했어요. 그게 18세기, 19세기에 여러 가지 실험과 이론에 의해서 '뉴턴이 틀렸다. 빛은 파동이다.'라고 결론이 납니다. 그런데 놀랍게도 20세기에 알베르트 아인슈타인Albert Einstein이 '아니야. 빛은 입자성이 있어.'라고 주장하면서 빛의 성질이 다시 한번 뒤바뀝니다. 나중에는 지금 우리가 알고 있는 것처럼, 입자와 파동 두 가지 성질을 다 갖고 있다고 얘기하게 되었죠. 이런 빛의 성질을 두고 '빛의 이중성duality of light'이라고 합니다.

뉴턴 대 하위헌스

근대 과학이 시작될 때죠. 뉴턴은 빛에 관심이 무척 많았고 빛에 관한 책도 썼습니다. 뉴턴은 빛을 입자라고 했어요. 빛은 직진해요. 쭉 뻗어 나가죠. 파동이라고 하면 물결파처럼 울렁울렁 퍼져야 하잖아요? 그런데 그렇지 않으니까 '빛은 입자'라고 얘기했어요. 입자는 야구공과 같아요. 한 점에 뭉쳐져 있어서 어디에 있는지 위치를 알잖아요. 그리고 한 개, 두 개 셀 수 있어요. 입자 두 개가 부딪히면 서로 통과하지 못하고 튕겨 나가거나 부서지죠. 두 개가 합쳐져 공이 한 개가 되는 일이 있을 수가 없잖아요. 17세기 후반까지는 입자론이 아주 우세했습니다. 직진하지, 그림자 생기지, 여러 가지로 봐서 조그만 입자가 와서 부딪힌다고 생각하는 게 자연스러웠거든요. 뉴턴은 '하위헌스가 틀렸다. 빛은 아주 작은 입자들이 계속 지나가는 것이다.'라는 내용을 책으로 씁니다.[1-2]

뉴턴에 반대하는 사람들도 있었습니다. 뉴턴은 영국 사람이었는데, 네덜란드 사람인 하위헌스는 '아니야. 빛은 파동이야.'라고 주장했죠.

파동은 물결파를 생각하면 됩니다. 호수에 돌을 던지면 물결파가 생기는데 이것은 한 점에 있지 않고 쭉 퍼져 나가잖아요. 공간적으로 퍼져 있으니까 하나인지 둘인지 개수를 셀 수도 없죠. 파동끼리 만나면 부서지거나 없어지는 게 아니라 파동이 커지거나 작아지면서 부드럽게 서로를 통과합니다. 이런 현상을 '간섭interference'이라고 합니다.

만약 빛이 파동이라면 소위 매질이 있어야 합니다. 물결파는 물이 있어야 생기고 음파는 공기가 있어야 하죠. 우주에는 공기가 없어서 소리가 전달이 안 되죠. 그래서 하위헌스는 1690년에 발표한《빛에 관한 논고*Treatise on Light*》에서 "빛은 파동이고, 매질은 '에테르aether'라는 물질이다."라고 썼습니다.

> 에테르
에테르는 빛이 파동으로 퍼져 가는 데 필요하다고 가정한 매질이었다. 물결파는 물, 음파는 공기를 매개로 퍼져 나가듯이, 빛도 매질이 있어야 했다. 하위헌스와 후대 물리학자들은 파동 이론과 함께 에테르라는 개념을 발전시켜 빛의 전파 현상을 설명하려 했으나, 이후 1886년 앨버트 에이브러햄 마이컬슨Albert Abraham Michelson과 에드워드 몰리Edward Morley의 실험을 통해 에테르가 존재하지 않는다는 것이 입증되었다.

입자와 파동은 성질이 굉장히 다릅니다. 방에서 벽을 사이에 두고 반대편 사람이 공을 던지면 공은 나한테 오지 못하고 벽에 부딪혀서 튕겨져 나가지만, 반대편 사람이 소리를 지르면 벽이 있어도 나에게 소리가 전달되잖아요. 그러니까 입자와 파동은 물리적으로 성질이 확연히 달라서 물리학자들은 그 두 가지가 구분된다고 생각하고 있었습니다. 소리는 파동, 전자와 원자핵은 입자. 이런 식으로 딱 구분해서 생각해 왔죠. 그러면 빛은 어디에 속할까요? 여기에서 빛의 정체성 문제가 생기는 거죠. 어떤 사람은 파동이라고 하고 어떤 사람은 입자라고 해요.

토머스 영의 이중 슬릿 실험

누구의 말이 맞는지 어떻게 결정할까요? 물리학자들은 항상 관측과 실험을 하고 그 결과가 이론과 맞는지를 보는 것으로 결론을 냅니

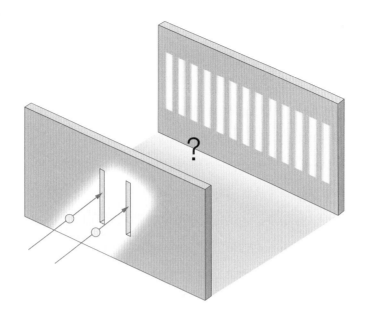

다. 빛이 입자인지 파동인지를 결판내는 실험은 뉴턴과 하위헌스의 논쟁 이후 100년쯤 지난 1800년대 초에 이루어지죠. 영국의 물리학자 토머스 영Thomas Young이 이중 슬릿 실험double-slit experiment으로 빛이 파동이라는 것을 결정적으로 밝힙니다.[1-3] 뉴턴과 하위헌스의 싸움은 영국과 대륙파의 자존심 싸움이기도 했는데, 영국 과학자가 뉴턴이 틀렸다는 것을 입증하는 일이 일어난 거죠.

광원과 작은 구멍만 있으면 이중 슬릿 실험을 할 수 있습니다. 태양에서 오는 빛도 됩니다. 슬릿은 작은 구멍을 말합니다. 태양에서 오는 빛이 작은 구멍으로 들어오게만 만들면 돼요. 영은 영국의 '로열 소사이어티Royal Society'라는 학회에서 실험 결과를 발표하면서 "누구든지 종이만 있으면 이 실험을 할 수 있다."고 얘기합니다.

작은 구멍 두 개를 만들어서 빛을 통과시키면 어떻게 보일까요? 뉴턴이 말한 것처럼 빛이 입자라면 야구공을 구멍으로 쏴 준다고 생각하면 됩니다. 한쪽 구멍을 통과하는 것 하나, 다른 쪽 구멍을 통과하는 것 하나 해서 두 군데에 큰 모양이 생기고 나머지 부분에는 빛이 안 나타날 거예요. 그런데 실험 결과는 어땠을까요?

두 군데만 크게 빛 모양이 생기는 게 아니라 밝았다 어두웠다 하는 연속적인 무늬가 나타납니다. 간섭무늬interference fringe라고 하죠. 어떻게 이런 무늬가 생기는 걸까요?

빛을 파동이라고 생각하면 간섭무늬를 설명할 수 있습니다.[1-4] 빛의 파동을 물결파, 파도라고 생각해 보죠. 슬릿이 하나일 때 물은 슬릿을 통과하면서 마치 새로 시작하는 물결처럼 퍼져 나갑니다. 또 파도는 올라갔다 내려갔다 하잖아요. 높은 데(마루)가 있고 낮은 데(골)가 있어요. 이제 양쪽에서 물결이 퍼져 나간다고 생각해 보죠. 양쪽에서 오는 물결이 모두 파도가 높을 때 만나면 물결의 높이는 두 배가 되죠. 하지만 한쪽에서 오는 물결에 마루가 생기고 다른 한쪽에서 오는 물결에 골이 생기는 순간 파도가 만난다면 굴곡이 없어집니다. 빛도 마

1-4
이중 슬릿 실험의 간섭무늬는 빛의 파동성으로만 설명된다.

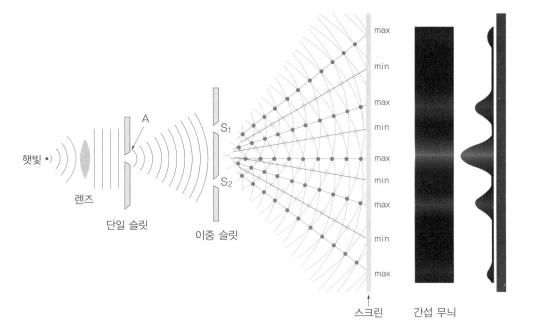

햇빛

렌즈

단일 슬릿

이중 슬릿

S₁

S₂

max

min

max

min

max

min

max

min

max

스크린

간섭 무늬

찬가지예요. 빛의 파동이 어떻게 만나느냐에 따라 빛이 아주 강해질 수도 있고 없어질 수도 있습니다. 이건 입자의 성질과는 완전히 다른 거예요.

또한 영의 이중 슬릿 실험에서는 두 슬릿의 간격을 알고 슬릿과 스크린 사이의 거리를 알면 빛의 파장을 잴 수도 있습니다. 이 실험으로 '빛이 입자냐 파동이냐' 하는 싸움에서 입자론은 완패하고 말았습니다.

영이 실험으로 빛의 간섭 현상을 보이고 난 뒤 사람들은 '빛은 확실하게 파동이구나.' 하고 받아들이기 시작했습니다. 뉴턴이 죽은 다음이었어요. 뉴턴이 살아 있었으면 굉장히 반발했을 거예요.

> **빛의 파장**
$\lambda = \Delta x d / L$
Δx: 간섭무늬의 간격
d: 두 슬릿 사이의 간격
L: 슬릿과 스크린 사이의 거리

영의 이중 슬릿 실험은 빛이 파동이라는 것을 보여 줄 뿐 아니라, 빛의 파장을 측정할 수도 있다.

우리는 왜 일상생활에서 빛이 파동인 것을 못 느꼈을까

여기서 질문 하나. 빛이 파동이라면 이중 슬릿 실험에서처럼 장애물 너머에서도 빛이 보여야 해요. 그런데 왜 일상생활에서는 장애물 너머에 그림자가 지는 걸까요? 실험에서는 확실히 보이는데 왜 우리 일상생활에서 볼 수 없는 걸까요?

이는 어떤 규모에서 보느냐의 차이 때문입니다. 장애물 구멍의 크기가 빛의 파장과 거의 비슷하면 파동 현상이 확실하게 보여요. 하지만 장애물 구멍이 빛의 파장보다 훨씬 크면 빛은 직진하는 것처럼 보입니다.

이중 슬릿 실험에서 장애물 너머에서도 빛이 보이는 것은 빛의 회절 diffraction 때문이에요.[1-5] 파동이 휘어지는 현상을 말합니다. 장애물을 만나는 지점에서 파동이 휘어져 물결이 장애물 너머로 퍼져 나가는 것과 같죠. 빛의 회절 현상은 빛의 파장과 거의 비슷한 크기로 구멍을 내서

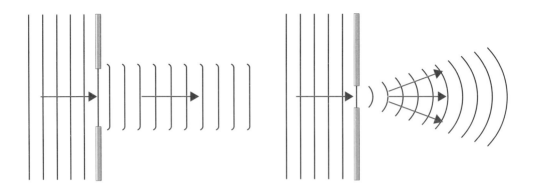

1-5
회절 현상

실험했을 때 나타납니다. 빛의 파장은 몇 천 옹스트롬(Å, 1억 분의 1센티 미터)이에요. 머리카락 굵기보다 짧습니다. 우리가 보는 구멍이나 장애 물은 그에 비하면 굉장히 크죠. 우리 눈에 보이는 것은 아무리 작아 봐 야 센티미터, 밀리미터 정도니까요. 그러면 회절 현상이 거의 나타나지 않고 빛이 직진하는 것처럼 보입니다. 일상생활에서는 그런 현상을 보 기가 힘들기 때문에 빛은 직진한다고 배우죠. 영이 이중 슬릿 실험을 하고 간섭무늬를 발견할 수 있었던 것은 당시 아주 작은 슬릿을 만드 는 게 가능했고, 아주 작은 걸 보기 시작한 시기였기 때문입니다.

빛을 파동이라고 여기니까 빛의 여러 가지 현상에서 파동의 특성이 발견되기 시작합니다. 비눗방울을 보면 휘황찬란한 색깔이 나타나 죠.[1-6] 그런데 비눗물 자체를 보면 아무 색깔이 없어요. 마찬가지로 비 온 다음에 자동차에서 기름이 조금 흘러나온 자리를 보면 무지개 색 이 보이잖아요. 하지만 석유통에 담긴 석유에서는 무지개 색이 나타 나지 않아요. 왜 그럴까요? 간섭 현상 때문입니다. 비눗방울 바깥 표 면에서 반사되는 빛이 있고 비누 막을 통과했다가 안쪽 표면에서 반 사되는 빛이 있는데, 두 빛이 만나면서 간섭 현상이 일어나는 거예요. 그래서 어떤 부분은 붉은색이 강하게 나타나고 어떤 부분은 푸른색이 강하게 나타나죠. 비누 막이나 기름 막의 두께가 조금씩 다르기 때문

굴절률 >1

두께

1-6
비눗방울의 무지개 색은 빛의
간섭 현상 때문에 나타난다.

이기도 해요. 두께 차이가 색깔의 차이로 나타나는 겁니다. 막의 두께가 빛의 파장과 비슷한, 몇 천 옹스트롬 정도의 얇은 막에는 간섭 현상이 나타납니다.

맥스웰 방정식과 전자기파

뉴턴의 입자론에 결정적으로 타격을 입힌 사람은 제임스 클러크 맥스웰James Clerk Maxwell이었어요. 이 사람도 영국 사람이에요. 맥스웰은 전기·자기에 관한 이론을 연구하다가 전기장과 자기장이 합쳐지면 또 다른 파동이 생길 수가 있다는 것을 알게 됐어요. 바로 전자기파예요. 전기장과 자기장 파동의 관계를 나타낸 것이 맥스웰 방정식 Maxwell's equations입니다. 맥스웰이 파동의 속도를 이론적으로 계산해 봤

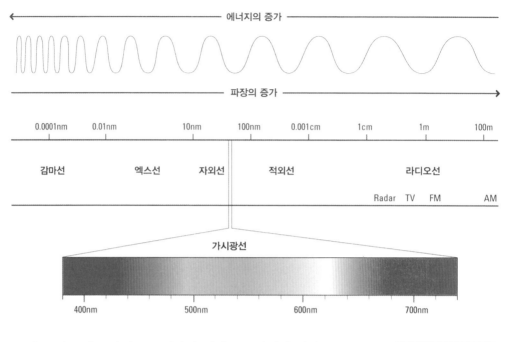

에너지의 증가

파장의 증가

| 0.0001nm | 0.01nm | 10nm | 100nm | 0.001cm | 1cm | 1m | 100m |

| 감마선 | 엑스선 | 자외선 | 적외선 | 라디오선 |

Radar   TV   FM   AM

가시광선

| 400nm | 500nm | 600nm | 700nm |

1-7

빛은 전자기파다.

는데 그 속도가 놀랍게도 그때까지 실험으로 알려져 있던 빛의 속도와 굉장히 비슷했어요. 그래서 맥스웰은 "빛은 전자기파다."라고 얘기했죠. 그러면서 "빛은 전자기파인데, 전자기파는 파장이 다양하고 우리가 보는 빛은 그중에 아주 일부분이다."라고 주장합니다. 지금은 모두 받아들이고 있는 내용이죠.

전자기파에서 우리가 볼 수 있는 영역을 가시광선可視光線, visible light이라고 합니다.1-7 아주 좁은 영역이에요. 가시광선보다 파장이 긴 쪽으로 가 볼까요? 적외선赤外線, infrared ray은 가시광선의 붉은색 바깥에 있다고 해서 붙여진 이름이에요. 광고를 보면 '열을 내는 원遠적외선'이라는 말이 나오죠. 야간 투시경 카메라는 적외선 영상을 찍어서 밤중에도 사물을 볼 수 있게 해요. 적외선보다 파장이 긴 전자기파는 마이크로파microwave라고 합니다. 전자레인지를 영어로 '마이크로웨이브microwave'라고 하는데, 말 그대로 마이크로파가 쓰입니다. 더 긴 파장의 전자기파는 FM 라디오, AM 라디오에 쓰이는 라디오파radio wave고요.

파장이 짧은 쪽으로 가면 자외선紫外線, ultra violet이 있어요. 가시광선의 보라색 바깥에 있다는 의미예요. 자외선을 많이 쬐면 유전자 변형이 일어날 수 있어서 건강에 나쁘다고 알려져 있죠. 적외선, 가시광선과 함께 자외선도 태양에서 오는 겁니다. 엑스선x-ray은 자외선보다 파장이 짧은 빛이죠. 엑스선은 살갗을 뚫고 들어가지만 뼈는 통과하지 못해요. 그래서 뼈가 부러졌는지 볼 때 엑스선 사진을 찍죠. 엑스선은 1895년 독일의 물리학자 빌헬름 콘라트 뢴트겐Wilhelm Konrad Röntgen이

발견했는데, 이 사람이 노벨상 1호입니다. 뢴트겐은 "음극선관에서 뭔가가 나와서 필름을 감광시키는데 뭔지는 모르겠다." 해서 '엑스선'이라고 이름을 붙였어요. 사실 엑스선은 맥스웰의 이론에서 어느 정도 예측을 했던 거였어요. 뢴트겐은 그걸 실험으로 발견했죠. 감마선gamma ray은 원자 폭탄이 터지거나 할 때만 나오는 에너지가 높은 전자기파예요. 보통 때 잘 안 쓰는 겁니다.Q1

전자기파는 휴대 전화나 비행기 운행 등 일상생활에 큰 변화를 가져왔고, 학문에도 영향을 끼쳤습니다. 천문학에서는 별에서 오는 빛을 여러 가지 파장으로 따로따로 분석하는 전파천문학radio astronomy이 굉장히 유명해졌고, 빛의 스펙트럼을 해석해 물질을 분석하는 분광학

Q1 :: 빛의 파장을 임의로 조작하는 게 가능한가요? 파란빛을 빨간빛으로 만들거나 마이크로파를 라디오파로 바꾸는 게 가능한지 궁금합니다.

파장은 매질을 통해서 바꿀 수 있습니다. 찬드라세카라 벵카타 라만Chandrasekhara Venkata Raman이라는 인도 물리학자가 이에 관한 연구로 1930년에 노벨 물리학상을 받았습니다. 물리학자들은 가장 간단한 광학 재료인 석영에 붉은 레이저 빛을 보내면 푸른빛이 나오는 걸 실험으로 밝혔어요. 기술이 발달한다면 레이저의 파장을 적외선에서 자외선까지 변환할 수 있을 겁니다.

spectroscopy도 발달했습니다.

이렇게 전자기파의 종류가 밝혀지니까 '가시광선은 파동인 전자기파다.'라고 말하는 맥스웰의 이론에 반론할 수 없었죠.

광전 효과와 콤프턴 효과

'그럼, 이제 얘기는 다 끝났다. 빛은 파동이야!' 누가 감히 이걸 반대할까요. 이론도 실험도 빛이 파동이라는 걸 보여 줬는데 말이죠. 그런데 아인슈타인이 용감하게 '아니올시다!' 하고 반론을 제기합니다. 이게 참 과학 역사에서 재미있는 일인데요. 과학에서는 뭐든지 다 완전히 이해했다고 생각하면 그걸 깨는 실험 결과가 나와요.

19세기 말 뉴턴 역학이 한창 발전했을 때 어느 유명한 물리학자가 한 말이 있어요. 어떤 학생이 와서 "물리학을 전공하고 싶습니다." 했더니 "하지 마라. 뉴턴이 다 해 놔서 물리학에서 할 게 하나도 없다." 그랬거든요. 그런데 20세기에 들어서면서 뉴턴 역학으로 설명되지 않는 현상들이 잇따라 발견됩니다. 빛도 그중 하나고요. 분광학과 현미경 기술이 발전하면서 우리가 일상생활에서 볼 수 없었던 작은 세계를 보게 됐는데, 뉴턴 역학으로는 설명할 수 없는 현상들이 나타난 거죠. 물리학에서 원자 세계를 보기 시작한 거예요. 그중에 하나, 광전 효과photoelectric effect를 아인슈타인이 설명했어요. 광전 효과란 뭘까요?

1887년 독일의 물리학자 하인리히 루돌프 헤르츠Heinrich Rudolph Hertz는 진공 상태에서 금속판에 빛을 쬐어 주면 뭔가가 튀어나온다는 것을 발견했어요. 그리고 10년쯤 뒤인 1899년에 영국의 물리학자 조지프 존 톰슨Joseph John Thomson은 금속판에서 튀어나오는 게 전자라는 걸 밝혀냅니다. 그래서 '광전 효과'예요. 빛을 쬐어 주면 전자가 튀어나온다는 의미죠. 광전 효과는 전혀 설명될 수 없는 게 아니에요. 빛은 전자기파니까 전기장의 특성을 가지고 있고, 금속판에서 자유롭게 돌아다니는 전자는 전하를 띠고 있으니까 에너지를 받으면 튀어나올 수 있겠죠. 그래서 광전 효과 자체는 입자니 파동이니 따질 필요 없이 '빛 에너지가 전자에 전달돼서 전자가 튀어나오는 거다.' 하면 충분히 이해가 될 것 같았죠.

그런데 그렇게 간단하지 않았어요. 에너지만 필요한 거라면 붉은빛이든 푸른빛이든 빛을 강하게 주면 전자가 튀어나와야 할 텐데 실험 결과가 그렇지 않았어요. 붉은빛은 아무리 강하게 쬐어 줘도 전자가 안 튀어나와요. 그런데 푸른빛은 아주 약하게 쬐어 줘도 전자가 튀어나와요. 당시 사람들에게 이런 현상은 굉장히 이상한 일이었습니다. 왜냐하면 당시에 빛 에너지는 파동의 세기, 즉 진폭에만 관계된다고 알려져 있었기 때문이에요. 여기서 빛의 세기는 진폭과 관련된 의미였죠. 진동수와의 관계는 전혀 알려지지 않았어요. 그런데 광전 효과 실험에서는 짧은 파장, 즉 진동수frequency(주파수라고도 한다.)가 큰 빛을 쬐어 줄수록 튀어나온 전자의 에너지가 커진다는 것을 발견했어요. 빛의 세기와는 관계없이 진동수에 관계된다는 거죠.

1905년 아인슈타인은 중요한 논문을 세 편 연달아 발표합니다. 아인슈타인은 특허청에서 일하고 있었고, 아직 알려지지 않은 학자였어요. 논문 중 하나는 다들 알고 있는 특수 상대성 이론special theory of relativity이고, 다른 하나는 광전 효과, 또 다른 하나는 브라운 운동Brownian motion에 관한 것인데, 이를 통해 원자의 존재를 확실히 밝혔죠. 그러면서 아인슈타인은 '빛은 파동이 아니라, 에너지 덩어리다. 그리고 그 에너지의 크기는 진동수에 비례한다. 그래서 전자의 최대 운동 에너지

> 광전 효과를 나타내는 식
광자의 에너지 $E=h\nu$
전자의 최대 운동 에너지 $K_{max}=h\nu-W$

h: 플랑크 상수, ν: 광자의 진동수, W: 전자를
금속에서 나오게 하는 최소한의 에너지

는, 쫴인 빛 에너지에서 금속이 전자를 붙들고 있는 속박 에너지binding energy를 뺀 만큼이 나와야 한다.'고 제안했어요. 빛이라는 에너지 덩어리가 전자와 부딪히면서 전자에 에너지를 줘서 전자를 튀어나가게 한다고 설명할 수 있다는 거죠. 진동수의 중요성을 설명하는 동시에 빛의 파동 이론과 반대되는 빛의 입자적 성질을 제안한 거였어요.

당시 학계에서는 이 설명을 쉽게 받아들이지 않았어요. 아인슈타인은 아주 엄청난 과학자니까 자신만만했을 거라고 생각하지만 그의 논문을 보면 아니었다는 걸 알 수 있어요. 저도 실제 아인슈타인의 논문을 보고 깜짝 놀랐습니다. 〈빛의 생성과 변환에 관한 발견적 관점에 관하여On a Heuristic Point of View Concerning the Production and Transformation of Light〉라는 논문에서 막 변명을 해요. 당시 과학계에서는 아인슈타인의 논문이 말도 안 된다고 여기는 사람이 아주 많았고, '빛이 파동이라는 것은 누구나 다 아는데 덩어리라고? 말도 안 돼. 덩어리라는 성질이 어디에서 나타나?'라고 여러 사람이 인정하지 않았어요. 아주 유명한 과학자들도 아주 바보 같은 아이디어라고 했죠. 그런데 어쨌든 출판을 합니다. 조심스러운 제목을 달고요.

이 설명은 나중에 로버트 앤드루스 밀리컨Robert Andrews Millikan이라는 미국 과학자에 의해서 실험적으로 입증이 됐고, 아인슈타인은 1921년 노벨 물리학상을 받습니다. 상대성 이론이 아니라, 광전 효과를 설명한 업적으로 노벨상을 받습니다. 결국 광전 효과는 빛 덩어리가 하나씩 부딪힌다고 생각해야만 설명할 수 있다는 거죠.

1923년에는 미국의 물리학자 아서 홀리 콤프턴Arthur Holly Compton이 금속에 엑스선을 쫴서 전자가 튀어나오는 실험을 했어요. 이를 콤프턴 효과Compton effect라고 하는데, 이게 또 파동 이론과 안 맞아요. 파동 이론은 전자가 튀어나오면서 전자기파가 산란되는 현상에 대해서 빛의 에너지만 조금 줄어든다고 설명해요. 빛의 진동수가 바뀐다는 내용은 전혀 없어요. 그런데 실험해 보니까 진동수가 바뀌는 거예요. 파장이 길어진 겁니다.

빛이 입자라면 설명이 가능해요. 당시에는 전자를 관측하지 못했는데, 빛을 쬐어 주는 각도에 따라 빛이 어떻게 바뀌는지 측정해 보니까 빛이 전자하고 부딪히는 모양이 마치 당구공이 서로 부딪히는 것처럼 보이는 겁니다. 빛이 입자처럼 보이는 거죠. 운동량도 있고요. 그래서 사람들이 '어, 빛이 입자의 성질도 있나 봐.'라고 생각해서 광자 photon(빛알이라고도 한다.)를 받아들이게 된 겁니다.^{Q2}

그래서 입자야 파동이야

그런데 이상하잖아요. '어떨 때는 입자처럼 보이고, 어떨 때는 파동같이 보여? 그럼 뭐야? 입자하고 파동하고 서로 완전히 다른 건데 이거 어떻게 설명할 거야?' 당연히 이상하죠. 아인슈타인도 "누구나 광자가 뭔지 안다고 생각하지만, 아니다. 나도 사실 이해가 잘 안 된다."고 얘기했죠. 그리고 1965년 노벨 물리학상을 받은, 20세기 최고의 물리학자라고 불리는 리처드 필립스 파인만Richard Phillips Feynman도 "아무도 모른다. 차라리 생각하지 않는 게 낫다."고 했어요.

빛의 본질에 관한 논란은 한참 동안 이어졌어요. 입자야 파동이야?

Q2 :: 광자, 양자, 전자기파는 어떤 관계인가요?
꼭 가시광선만 '광자'라고 하지는 않습니다. 엑스선도 광자입니다. 전자기파 전체를 '광자'라고 해요. 전자기파와 광자의 관계를 제 방식으로 설명하면, 광자 하나하나의 알갱이들이 있는데 그것이 수없이 많이 모이면 파동처럼 보이고, 그것을 '전자기파'라고 하죠. 파동처럼 보이는 전자기파를 들여다보면 조그만 알갱이가 무수히 많은 거고요. 양자는 쉽게 말해, 원자보다 작은, 아주 적은 양의 에너지를 가진 덩어리를 말합니다.

어떤 때 보면 파동의 성질이 있어요. 간섭 현상, 회절 현상이 대표적이죠. 또 입자의 성질도 있어요. 광전 효과, 콤프턴 효과. 개념적으로 서로 모순되는 현상을 어떻게 설명하느냐가 문제인데, 사람들은 설명이 잘 안 되면 적당히 덮으려고 해요. '빛은 두 가지 성질 다 갖고 있어.'라고요. 이를 빛의 이중성이라고 합니다. 빛은 입자이자 파동이다. 루이 빅토르 드브로이Louis Victor de Brogile라는 프랑스 물리학자가 말했어요. "빛은 입자도 파동도 아니야. 둘 다야."

입자냐 파동이냐는 규모의 문제로 생각해 볼 수 있습니다. 아주 정확한 설명은 아니지만, 비유하자면 물이 흐르는 것을 어떻게 보느냐와 비슷해요. 강물은 연속적으로 흐르는 것처럼 보이잖아요. 그런데 물은 물 분자가 수없이 많이 모여 있는 거예요. 강물이 흐르는 것은 연속적으로 보이지만, 물 분자를 가지고 실험을 한다면 물 분자가 하나냐 두 개냐 구분하는 것과 마찬가지죠. 현상을 어떻게 보느냐에 따라서 어느 때는 파동이 보이고 어느 때는 입자가 보인다고 할 수 있습니다.

새로운 물리학의 탄생

알고 보니, 빛만 그런 게 아니에요. 우리가 입자라고 생각했던 전자도 파동의 성질을 갖고 있습니다. 나중에 드브로이가 이것으로 1929년에 노벨 물리학상을 받죠. 이제 입자도 빛도 똑같이 생각할 수 있게 됐습니다. 파동이라고 생각했던 게 입자의 성질을 갖고 있고, 입자라고 생각했던 게 파동의 성질을 갖고 있어요. 그래서 사람들이 이해하기 어려워하는데요, 오늘날 양자물리학quantum physics은 미시 세계, 즉 원자의 세계를 들여다볼 수 있는 틀을 제공합니다.

양자물리학이 없었으면 우리는 반도체도 만들지 못했을 거고 휴대 전화도 못 만들었을 겁니다. 양자물리학은 직관적으로 이해하기는 어려워도 현실에서 유용하게 쓰이고 있어요. 반면 과학철학philosophy of science에서는 양자물리학을 이해하는 것이 굉장히 중요한 논쟁거리입니다. 고전역학classical mechanics에서는 항상 결정론적이죠. 내가 돌을 던지면 어디에 떨어질지, 포탄을 쏘면 어디에 가서 맞을지 예측할 수 있어요. 그런데 양자역학quantum mechanics에서는 '어디에 떨어질 확률이 몇 퍼센트입니다.'라고 밖에 얘기할 수 없거든요. 이 말은 '우리가 관측하기 전까지는 결과를 정확히 알 수 없다.'라는 의미죠. 굉장히 철학적인 논쟁이에요.

또한 특수 상대성 이론에서는 '빛의 속도는 관찰자의 상태와 무관하다. 따라서 시간은 절대적인 양이 아니고 관측자의 운동에 따라서 정해지는 양이다.'라는 결론이 나왔습니다. 여기에 근거해서 특수 상대성 이론의 유명한 식 $E=mc^2$가 나왔고요.

빛을 연구하는 과정에서 고전 물리학에서 현대 물리학으로 넘어가는 가교 역할을 한 두 가지 큰 이론, 특수 상대성 이론과 양자론이 탄생한 겁니다. 빛의 성질에 관한 연구는 물리학의 역사에서 아주 중요한 역할을 했습니다.

science talk

1 빛은 우리 생활에 어떤 영향을 미쳤을까
빛에 대한 호기심과 기초 과학의 힘

사회

엄지혜
아나운서

토론

오세정
전 서울대학교 물리천문학부
교수

우정원
이화여자대학교 물리학과 교수

유정아
서울대학교 강사

엄지혜 휴대 전화로 셀카를 찍을 때 빛을 어떻게 받느냐에 따라 모습이 달라지거든
요. 빛이 우리 삶에 가까이 있음에도 빛에 대해 잘 몰랐던 것 같아요. 빛 연구는 또
우리 생활에 어떤 영향을 끼쳤을까요?

우정원 20세기를 반도체의 시대라고 부릅니다. 전자의 성질을 이용해서 만든 메모
리 칩이 컴퓨터 등에 많이 쓰였어요. 21세기는 빛의 시대라고 해요. 광통신, LED 조
명 등 우리나라는 디스플레이 산업에서 세계 1위를 차지하고 있습니다. 빛은 기초적
인 이해를 바탕으로 산업적으로 중요한 물품으로 응용돼서 경제에도 크게 영향을
미치고 있죠.

유정아 엑스선이 제1차 세계 대전 때 많은 병사를 진료하는 데 도움이 됐지만, 자연
과학은 원래 어떤 쓸모에서 시작된 학문이 아니잖아요. 저는 아리스토텔레스가 했
다는 이야기 중에 "어떤 지식은 쓸모에 의해서 만들어지는 것이 아니다. 모르는 것

과 마주하면 호기심이 생기고 그런 호기심에 의해서 앎에 접근해 간다."라는 말이 인상적이었어요. 저도 그런 사람인 것 같아요. 내가 살고 있는 세상에 대한 호기심, 모르는 것을 알고자 하는 궁금증 때문에 과학에 관심을 갖게 됐죠.

우정원 기초 과학은 어떤 면에서 시인이 시를 쓰거나 빈센트 반 고흐Vincent van Gogh가 그림을 그리는 것처럼 창의성이 발휘되는 분야입니다. 기초 과학에서는 필요성보다는 자연에서 통일성을 찾는 즐거움, 추상화 과정을 통해 자연을 이해하는 즐거움이 원동력이죠. 그런 면에서 빛은 호기심을 강하게 발동시키는 주제입니다. 입자인지 파동인지 설명에 일관성이 없고, 점점 새로운 사실이 밝혀지니까요. 빛을 통합적으로 이해하려는 노력 끝에 나온 결론이 이중성이에요. 빛의 이중성은 단순히 빛의 이해에서 끝나지 않고 양자 세계라는 엄청나게 넓은 세계를 열어 주었죠. 나아가 양자물리학 분야는 반도체 산업의 바탕이 되었고요. 기초 과학은 나무의 뿌리에 비유할 수 있을 겁니다. 나무의 뿌리가 튼튼하면 잘 자라서 열매를 맺고 우리가 먹을 수 있듯이, 기초 과학이 튼튼하면 자연스럽게 이득이 생기는 것 같아요.

2 입자냐 파동이냐, 꼭 둘 중 하나를 선택해야 할까
빛의 이중성과 미시 세계 이해하기

엄지혜 빛이 입자인지 파동인지 논란이 많았는데 결국은 입자이기도 하고 파동이기도 하다는 결론을 냈다는 내용을 설명해 주셨습니다. 두 분께서는 이 부분에 대해 어떻게 생각하시는지 여쭤 보고 싶습니다.

유정아 저는 '입자냐 파동이냐.'라는 문제가 어쩌면 우리가 그런 개념 혹은 정의로 나눠 놓았기 때문에 생긴 것이 아닐까, 둘 중 하나로 결론을 내려고 해서 수백 년 동안 고민을 해 온 것이 아닐까 궁금했어요.

오세정 그게 어떻게 보면 언어의 한계일지도 몰라요. 언어는 일상생활에서 보는 것을 묘사하는 데 적합하게 발달했잖아요. 일상에서 안 보이는 현상은 일상 언어의 틀로 설명이 안 되는 거죠. 입자니 파동이니, 상대성 이론이니 양자역학이니, 원자 수준의 미시 세계를 보는 거예요. 일상에서 결코 볼 수 없는 세계죠. 그러니까 일상 언어의 개념들이 미시 세계에서 일어나는 현상을 제대로 반영하지 못할 수 있어요. 이상한 게 아니죠. 견강부회牽強附會 같기도 하지만 이중성은 우리가 알고 있는 언어로 우리 눈에 보이지 않는 세상을 설명하려는 과정 속에서 인정하게 된 거죠. 인식과 언어의 한계일 수도 있지만 우리는 최대한 이해하려고 노력한 거예요.

우정원　중요한 지적인데요. 불확정성의 원리uncertainty principle를 이야기한 베르너 하이젠베르크Werner Heisenberg라는 물리학자는 "언어란 인간들 사이에 펼쳐진 그물"이라고 했어요. 언어의 그물코에 잡히지 않는 경험도 있는 거예요. 양자 세계에서 일어나는 현상은 일상생활에서는 경험할 수 없기 때문에 일상 언어의 그물코로 잡히지 않는 거예요. 인간 언어의 한계죠. 그래서 빛을 입자이자 파동인 이중성을 지닌다고 이해하고 있습니다.

3 빛은 왜 긍정적인 의미로 통할까
빛의 본질과 문학적 표현의 관계

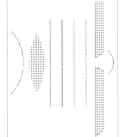

엄지혜　'빛'이라는 용어는 과학에서도 쓰이지만, 문학에서는 희망을 의미하는 표현으로도 쓰이잖아요. 빛의 본질과 희망에 어떤 관계가 있는지, 문학적인 질문을 던져보고 싶거든요.

유정아　'베리타스 룩스 메아veritas lux mea, 진리는 나의 빛'이라는 말도 있고 사랑하는 사람이나 미인이 들어설 때 빛이 나는 것 같다고 말하기도 하고요. 저는 우리가 뭔가를 받아들일 때 어떤 의미나 형식이 일치하는 부분이 있다고 생각하거든요. 빛의 본질 가운데 환하고 희망적이고 아름답고 좋은 것이라는 것을 상징할 만한 부분이 있는지 저도 궁금해요.

오세정　파인만의 친구인 어느 시인이 그랬다고 해요. 과학자들은 재미있는 걸 참 재미없게 만든다고. 그 재미있는 질문에 대해 재미없는 대답을 하면 이렇습니다. 저는 이렇게 생각해요. 사람이 정보를 처리하는 것 중에 거의 80퍼센트가 시각이거든요. 캄캄한 곳에 들어가면 굉장히 불편하잖아요. 밝은 곳으로 나오면 환해지고 기분이 좋아지고요. 그게 깜깜한 곳에서 정보를 얻을 수 없는 상태에 있다가 자기가 주위 정보를 확실히 안다는 자신감이 생긴다는 의미인 것 같아요. 그러니까 미인이 나타나면 갑자기 환하게 보이는 것은 굉장히 많은 정보가 들어오고 있다는…….

유정아 그게 주위 정보 때문이에요? (웃음)

오세정 재미없게 만든다고 그랬잖습니까.

우정원 생명을 어떻게 설명하느냐에 따라 다르겠지만, 진화론의 설명을 따른다면 생명은 바다에서 처음 탄생했고 광합성은 가장 기본적인 생명의 에너지를 만드는 방법이었잖아요. 그런데 광합성을 가능하게 하는 빛이 가시광선이에요. 태양 표면의 온도는 약 6,000도인데, 그때 전자기파 스펙트럼에서 가장 밝게 나오는 빛이 바로 가시광선이에요. 그래서 생명과 빛이 바로 연관이 되고, 그게 생명의 새로운 힘, 우리에게 '희망'이라는 단어를 연상케 하는 게 아닌가 생각합니다.

QnA

질문1 성경 첫 구절을 보면 '빛이 있으라.'라고 해서 세상이 생겼다고 하잖아요. 그런데 과학적으로 봐도 실제로 세상이 빛으로부터 시작되었다고 할 수 있나요?

오세정 과학적으로 보면, 빛은 빅뱅big bang이 일어나고 조금 뒤에 생겼어요. 빅뱅 이론에 따르면 우주는 부피가 없는 점 상태에서 시작했습니다. 그 점을 '특이점singularity'이라고 하는데, 엄청난 에너지가 어마어마하게 큰 밀도로 부피가 없는 점에 응축된 상태였습니다. 특이점이 터지면서 처음에는 소립자들이 왔다 갔다 하고 전자가 흩어져 있는, 플라스마plasma 상태였어요. 빛이 생기려면 전자와 원자핵이 합쳐져서 중성이 되어야 해요. 중성 원자가 되어야만 빛이 통과할 수 있어요. 그렇지 않으면 빛이 통과할 수 없어요. 그래서 빛이 우주에 퍼지게 된 것은 빅뱅 후 조금 지난 다음입니다. 우주의 탄생과 함께 빛이 시작된 것은 아니죠.

우정원 현대 우주론으로는 그렇습니다. 이게 또 언제 깨질지 모르지만요. 《최초의 3분 The First Three Minutes》이라는, 스티븐 와인버그Steven Weinberg가 쓴 유명한 책이 있어요. 그 책에 나온 이론에 따르면 빛은 태초가 아니라 얼마 있다가 생긴 겁니다.

질문2 조금 전에 빅뱅 이후에 빛이 생기면서 그

사이에는 빛이 없는 상태가 있다고 하셨는데 그런 현상이 현재에도 있는지 예를 들어서 간단하게 설명 부탁드립니다.

오세정 빛은 전하를 갖고 있는 물질과 굉장히 강하게 반응하기 때문에 전하가 있으면 통과하지 못하고 산란돼서 그냥 흩어집니다. 원자는 핵의 양전하와 전자의 음전하가 합쳐져서 중성이 되잖아요. 그런 경우는 빛이 원자를 통과할 수 있는데, 핵과 전자가 흩어져 있으면 빛이 통과를 못 하고 산란이 돼요. 부유물이 많으면 빛이 통과 못 하는 것과 비슷하다고 생각하면 될 겁니다. 그래서 원자라는 중성 입자가 생기기 전까지 빛은 그 자리에서 흩어져서 빛을 내지 못했을 거라고 생각하고 있어요. 우주 초기에 전자와 원자핵이 분리되어 제멋대로 움직이는 상태를 플라스마 상태라고 하고, 현재 우주의 많은 부분이 플라스마 상태로 있다고 생각합니다. 지구에서도 플라스마 상태를 만들 수 있습니다. 예를 들어 굉장히 높은 에너지로 핵융합 반응을 시킬 때 인위적으로 플라스마 상태를 만듭니다.

질문3 원자는 거의 빈 공간이라고 들었는데, 그래서 빛이 통과하는 게 아닌가요?

오세정 원자는 원자핵과 전자로 되어 있는데 전자 구름의 크기가 축구장만 하다면 원자핵은 축구공만 하죠. 그래서 '원자는 대부분 비어 있다.'라고 얘기를 하는데요. 빛은 원자를 통과합니다. 그런데 그건 빈 공간이라서가 아니라 전하가 어떻게 분포되어 있느냐의 문제입니다. 전하는 반응성이 무척 세요. 그래서 빛은 전자를 통과하지 못해요. 지나가지 못하고 팅겨나가는 거죠. 그런데 전자가 원자핵과 만나서 중성이 되면 전하가 없는 셈이 돼 버리니까 통과하는 거죠. 통과한다는 것은 서로 반응을 안 하고 그냥 지나간다는 얘기예요.

질문4 빛의 속도를 실제로 어떻게 측정을 했는지, 그리고 움직이는 물체에서 빛이 나간다고 해도 빛의 속도는 변함이 없다고 하는데, 그런 사실은 어떻게 밝혀냈는지 궁금합니다.

우정원 빛의 속도를 측정하는 데는 여러 가지 방법이 있습니다. 가장 쉽게 생각할 수 있는 것은 거울에 빛이 반사되는 거리와 시간을 이용해서 측정하는 거예요. 거울 앞에 톱니바퀴 모양으로 구멍을 뚫은 원판을 둡니다. 그리고 거울에 빛을 비추면 빛이 반사되는데, 원판을 빨리 돌리면 빛이 구멍 뚫린 원판을 통과해 나오고 다시 다음 틈새로 빛이 나오는 걸 관측할 수 있어요. 그 시간을 톱니바퀴 원판이 돌아가는 속도와 톱니 사이의 거리로 알 수 있겠죠. 그렇게 거울에 반사된 빛의 속도를 측정해보니 그게 1초에 30만 킬로미터인 거예요.

오세정 아인슈타인의 실험으로부터 빛의 속도가 일정하다는 것을 받아들이면 시간과 공간의 개념이 바뀌어야 하죠. 비유하자면 나는 100미터 트랙의 한가운데 지점, 즉 50미터 지점에 있어요. 한쪽 끝에 있는 사람은 불빛을 들고 나를 향해 달려오고, 다른 쪽 끝에 있는 사람은 불빛을 들고 나를 향해 걸어오고 있어요. 그런데 두 불빛이 동시에 도착했어요. 어떻게 된 일일까요? 아인슈타인은 시간이 다르게 갔다고 생각한 거죠. 상대적으로 빠르게 달린 사람에게 시간이 느리게 간 거예요. 즉 빛의 속도가 일정하니까 시간과 공간이 변하는 거예요. 그러면서 시간과 공간이 묶이는 거죠. 20세기에 일어난 인식의 혁명입니다.

특수 상대성 이론의 첫 번째 가정은 '빛의 속도는 어떤 경우에든 일정하다.'입니다. 그리고 결론은 이렇습니다. '그건 실험에서 나왔다. 왠지는 모르겠지만 세상이 그렇다. 그렇다면 우리가 알고 있는 시간의 개념을 바꿔야 한다.'

질문5 빛은 대부분 열에너지로 전환할 수 있다고 하는데, 열에너지도 빛으로 전환할 수 있나요?

우정원 빛과 열은 어떤 면에서 다른 현상입니다. 열은 '뜨겁다, 차갑다'를 얘기할 수 있죠. 그런데 빛은 '전자기'라는 파동으로 되어 있거든요. 모든 빛을 열로 바꿀 수 있는가? 빛을 열로 바꾸기는 매우 쉽습니다. 빛을 흡수하면 열로 바뀌죠. 겨울에 검은 옷을 입으면 안이 따뜻하잖아요. 반대로 물체의 온도를 올려서 빛을 만들어 낼 수도 있어요. 용광로를 보면 온도를 약 2,000도까지 올리는데, 쇳가루가 쇳물이 되어서 빛을 내죠. 빛과 열은 상관관계가 있습니다.

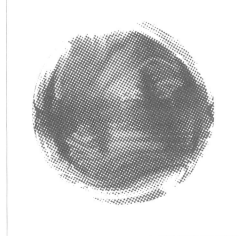

우리는 빛을 어떻게 인지할까

최철희

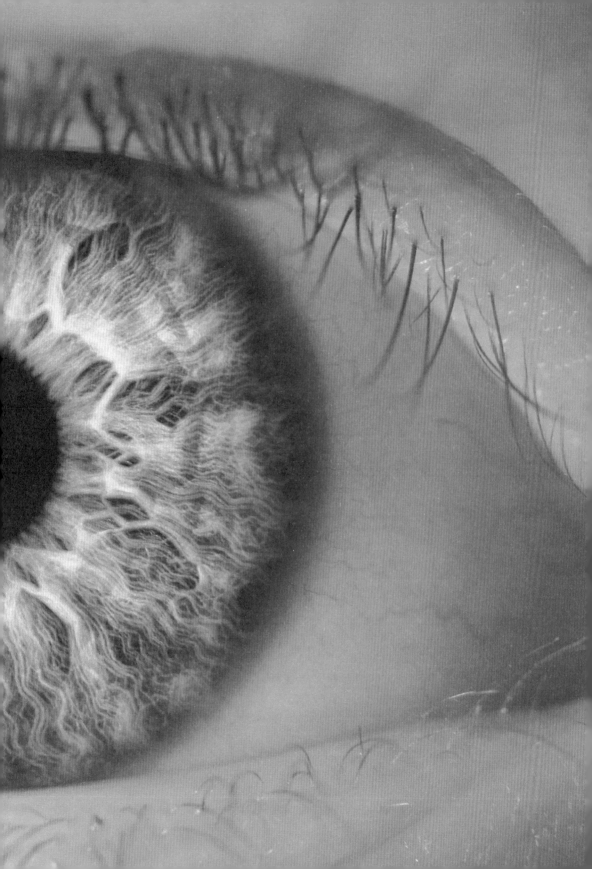

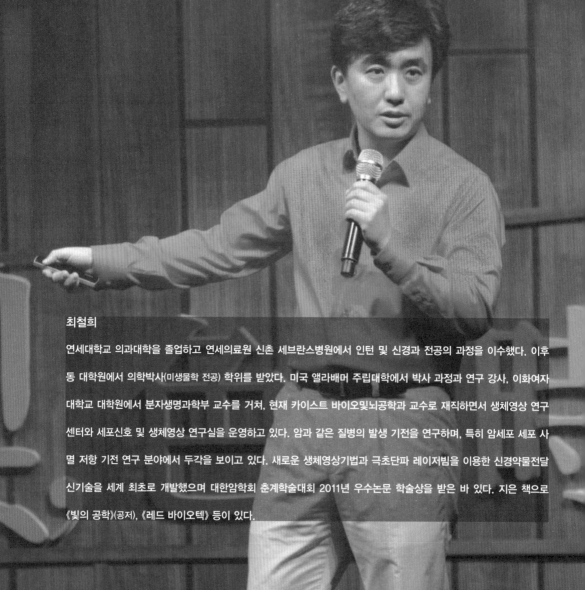

최철희

연세대학교 의과대학을 졸업하고 연세의료원 신촌 세브란스병원에서 인턴 및 신경과 전공의 과정을 이수했다. 이후 동 대학원에서 의학박사(미생물학 전공) 학위를 받았다. 미국 앨라배머 주립대학에서 박사 과정과 연구 강사, 이화여자대학교 대학원에서 분자생명과학부 교수를 거쳐, 현재 카이스트 바이오및뇌공학과 교수로 재직하면서 생체영상 연구센터와 세포신호 및 생체영상 연구실을 운영하고 있다. 암과 같은 질병의 발생 기전을 연구하며, 특히 암세포 세포 사멸 저항 기전 연구 분야에서 두각을 보이고 있다. 새로운 생체영상기법과 극초단파 레이저빔을 이용한 신경약물전달 신기술을 세계 최초로 개발했으며 대한암학회 춘계학술대회 2011년 우수논문 학술상을 받은 바 있다. 지은 책으로 《빛의 공학》(공저), 《레드 바이오텍》 등이 있다.

지금부터 함께 살펴볼 내용은 우리는 빛을 어떻게 보는가에 관한 주제입니다. 저는 주로 동물이 빛을 이용해서 사물을 보는 이야기를 하겠습니다. 몇 가지 흥미로운 질문을 통해서 이 주제를 풀어 보려고 합니다.

물질과 빛이 만날 때 일어나는 일

첫 번째 질문은 '투명 인간도 빛을 볼 수 있을까?'입니다.[2-1] 투명 인간은 안 보이는 존재죠. 투명 인간의 입장에서 본다면 그는 과연 빛을 볼 수 있을까요? 우리가 빛을 어떻게 보는지부터 살펴보죠.

우리 몸은 물질로 이루어져 있기 때문에 먼저 물질과 빛이 어떻게 만나는지 이해해야 합니다. 간유리를 생각해 보죠. 간유리가 불투명한 정도에 따라 빛의 일부는 투과되고, 일부는 반사되거나 산란됩니다. 산란은 빛의 원래 경로가 바뀌는 걸 말합니다. 그리고 일부는 유리에 흡수되는데, 대부분 열에너지로 바뀝니다. 우리는 빛이 할퀴고 지나간 흔적을 보는 거예요. 빛을

2-1
보이지 않는 존재인 투명 인간도 빛을 볼 수 있을까?

보려면 반드시 흔적을 남기는 흡수가 일어나야 합니다. 투과해 버리거나 경로만 바꿔서 지나쳐 버리면 흔적을 남기지 못하죠.

물질의 특성을 나타내는 가장 작은 단위는 분자죠. 분자는 원자로 이루어져 있습니다. 모든 원자는 중심에 양전하를 띠는 원자핵이 있고 태양 주위를 도는 행성들처럼 원자핵 바깥쪽을 일정 궤도로 도는 전자들이 있습니다. 인공위성이 추진력을 세게 받을수록 지구에서 더 멀어지듯 전자가 에너지를 받으면 더 먼 궤도를 돌게 됩니다. 하지만 차이가 있습니다. 인공위성은 속도를 약간 높이면 지구로부터 거리를 조금씩 늘려 나갈 수 있어요. 반면 전자는 조금씩 멀어지는 게 아니라 불연속적인 에너지 준위를 가진 궤도로만 위치를 변경할 수 있습니다. 그게 바로 양자물리학의 가장 기본적인 내용입니다.

물질과 빛이 만났다는 것은 원자 단위에서 설명하면, 광자가 전자와 만나 전자가 빛 에너지를 받았다는 의미입니다. 빛 에너지를 받으면 높은 에너지 준위의 궤도로 넘어갈 수 있는데, 이때 꼭 에너지 준위 차이만큼의 에너지를 가진 빛만 받아들입니다. 그보다 적거나 많은 에너지를 받으면 전자가 에너지 준위의 궤도를 변경하지 못합니다. 철봉을 잡으려고 뛰어올랐다가 봉에 미치지 못해 뚝 떨어지는 것과 같아요. 너무 높이 뛰어올라도 철봉을 잡지 못하고 밑으로 떨어지겠죠. 두 경우 모두 전자가 에너지 준위를 바꾸는 데 알맞지 않아요.

빛 에너지의 세기는 파장으로 설명할 수 있습니다. 파장이 짧아 빠르게 진동할수록 에너지가 큽니다. 가시광선 영역대에서만 본다면 빨간빛이 에너지가 가장 낮습니다. 빨간빛은 궤도 하나 정도밖에 못 올라가죠. 반면 파장이 짧고 에너지가 높은 파란빛은 에너지 준위가 더 높은 궤도까지 뛰어오를 수 있습니다.[2-2]

원자가 빛을 받아들인 뒤에는 어떤 일을 할까요? 에너지 넘치게 운

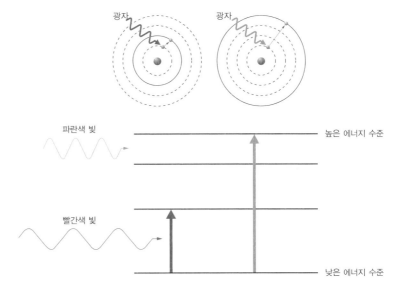

동하다가 힘들면 편안한 자리에 가서 눕고 싶죠. 전자도 마찬가지입
니다. 에너지를 받아서 높은 곳에 올라가 때를 노리다가 아래에 빈자
리가 생기면 적당한 때 다시 원래대로 돌아갑니다. 그럴 때는 에너지
를 다시 잃어야 해요. 잃어버리는 에너지의 크기는 받았을 때와 똑같
아요. 받았던 빛을 똑같이 내보내는 겁니다.

에너지를 다른 형태로 바꾸다

'받은 만큼 다른 것을 만들겠다.' 오늘 강연에서 가장 중요한 개념
입니다. 빛도 에너지잖아요. A라는 화학 물질이 빛을 받으면 전자는
높은 에너지 상태가 됩니다. 그 에너지는 A를 B라는 약간 성질이 다
른 화합물로 바꿀 수 있습니다. 이런 현상을 '광화학 반응'이라고 합니
다. 광화학 반응은 광합성을 일으키거나 신경세포를 활성화시키는 가
장 기초적인 반응입니다. 이 점들을 기억하세요.

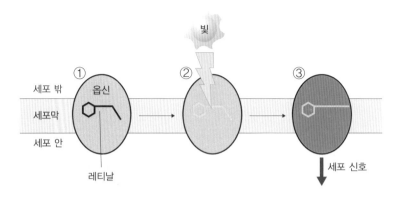

눈은 카메라와 비슷합니다. 빛을 받아들이는 부분은 눈 뒤쪽에 있는 망막입니다. 카메라의 필름에 해당하죠. 망막에 빛을 받아들이는 세포의 특정 부분에 숨어 있는 레티날retinal이라는 화합 물질은 빛을 받아들이는 데 가장 기본적인 구조물이죠. 레티날의 화학 구조를 눈여겨봐야 해요.[2-3] 팔처럼 구부러져 있어요. 레티날이 빛을 받아들이면 에너지를 받아 힘이 나서 팔을 쭉 펼칩니다. 화학 구조가 바뀌는 것이죠. 이런 미세한 작용이 바로 우리가 빛을 보게 하는 가장 기본적인 분자 활동 메커니즘입니다.

레티날은 '옵신opsin'이라는 단백질에 결합돼 있습니다. 레티날은 원래 팔을 굽힌 모양인데 쭉 펴지면 옵신의 모양이 같이 바뀌죠. 옵신은 몸에서 시각을 감지하는 굉장히 중요한 생체 분자입니다. 옵신이 잡고 있는 레티날에 의해서 빛이 감지되는 것은 세 번째 파트에서 자세히 설명을 할게요.

그래서 투명 인간은 빛을 볼 수 있을까

처음 질문으로 돌아갑시다. 투명 인간은 빛을 볼 수 있을까요? 투명하다는 것은 빛이 어디에도 흡수되지 않고 다 지나간다는 것이죠. 어디엔가 조금이라도 빛이 흡수된다면 흡수된 만큼 그곳이 어둡게 보일 거예요. 따라서 이론적으로 100퍼센트 투명하다면 그 투명 인간은 장님이 될 수밖에 없어요.

하지만 투명 인간이 빛을 못 보는 더 실제적인 이유가 있습니다. 먼저 눈의 구조를 알아봅시다. 동물의 눈은 다양한데, 사람의 눈은 우리가 특별히 '카메라눈camera eye'이라고 불러요. 카메라의 구조·기능과 거의 똑같기 때문이죠. 눈 앞쪽에는 카메라의 렌즈와 조리개처럼 빛을 광학적으로 다루는 부분이 있어요. 카메라의 뒤쪽에는 빛을 실제로 감지하는 부분이 있습니다. 옛날엔 필름이 있었고 지금은 CCD 모듈이 들어 있죠. 사람의 망막에 해당하는 부분입니다.

아날로그 카메라를 사용할 때 꼭 확인해야 할 게 있어요. 필름을 넣고 반드시 뚜껑을 닫아야 해요. 카메라 뚜껑을 열고 찍으면 빛이 들어가서 사진이 새하얗게 나오죠. 우리 눈도 똑같습니다. 눈은 여러 개의 막으로 싸여 있어요. 앞쪽에서 들어온 빛은 일부가 흡수되고 나머지는 뒤쪽으로 가는데, 뒤쪽은 검은 막으로 싸여 있어서 빛이 투과되는 것을 막아 주죠. 그렇기 때문에 앞에서 들어오는 빛만 볼 수 있어요. 그런데 투명 인간은 그런 암실이 없으니까 앞을 보고 있다고 해도 뒤에서 오는 빛까지 망막에 들어오니까 어디에서 들어오는 빛인지 모르게 됩니다. 설령 투명 인간이 존재한다고 해도 그런 이유 때문에 앞을 보지는 못할 겁니다. 보디 페인팅을 한 경우는 다르겠지만, 그렇다면 이미 투명 인간이 아니죠.

두 번째 질문은 '왜 가시광선만 우리 눈에 보일까?'입니다. 우리 눈에 보이는 빛을 가시광선이라고 합니다. 그렇다면 거꾸로 생각해 보죠. 가시광선만 우리 눈에 보이는 이유는 무엇일까요? 빛은 전자기파고 전자기파의 스펙트럼은 굉장히 넓은데, 우리 눈은 왜 특정한 빛만 가려서 보게 되었을까요? 크게 두 가지 설명이 가능합니다.

태양에서 오는 빛의 양은 지구 바깥에서 측정했을 때와 땅 위에서 측정했을 때 약간 다릅니다. 빛은 지구의 대기 중에서 흡수됩니다.[2-4] 파장별로 흡수율이 다른데, 가시광선 영역대는 흡수되는 분량이 매우 적죠. 약 4~5퍼센트만 흡수되고 가시광선이 다 지표면까지 온다는 얘기예요. 가시광선은 공기와 별로 친하지 않아서 대기를 투과하는 거예요. 반면 가시광선보다 에너지가 높은 자외선, 엑스선, 감마선은 대기를 지날 때 오존 등 필터 역할을 하는 공기 분자에 걸려서 지표면까지는 도달하지 못합니다. 적외선 영역도 비슷합니다. 가시광선은 수증기 형태의 물 분자와 만나면 산란되지만, 적외선이 물 분자와 만나면 불투명해집니다. 즉 적외선은 물 분자에 많이 흡수되어서 지표면으로 많이 못 와요. 일기 예보할 때 보여 주는 구름 사진은 인공위성에서 적외선 카메라로 찍은 다음에, 우리 눈에 보이는 다른 색을 입혀서 예쁘게 표시해 주는 겁니다. 결국 지표면에 가장 많이 도달하는 빛은 가시광선입니다.

또 다른 측면에서 한번 보겠습니다. 빛을 인지하려면 반드시 그 빛이 흔적을 남겨야 해요. 가시광선보다 파장이 조금 더 긴 영역대인 적외선, 마이크로파, 라디오파는 물질에 화학 변화를 일으킬 만큼 에너지가 크지 않아요. 촛불로 라면을 끓이려는 것과 같죠. 전자레인지 안

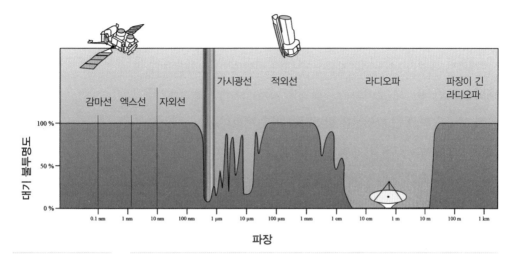

태양빛은 파장별로 지구에서
흡수되는 양이 다르다.

에 물을 넣으면 뜨거워지지 않느냐고요? 그것은 물 분자가 마이크로
파에 따라 춤을 추면서 분자 운동 에너지가 커지기 때문이에요. 하지
만 전자의 궤도를 바꾸기에는 너무 약합니다. 가시광선보다 파장이 짧
은 빛은 어떨까요? 자외선, 엑스선, 감마선은 전자의 궤도를 바꿔 놓
을 정도로 세요. 하지만 너무 세서 전자가 궤도를 이탈해 멀리 떨어져
나가죠. 모든 원자, 분자는 양성자와 전자의 숫자가 같으니까 전기적
으로는 중성인데, 전자 하나가 빛을 받아서 궤도를 이탈해 버리면 남
아 있는 전자는 +1의 전기적인 성질을 띠게 돼요. 그걸 화학적으로
'이온ion'이라고 하고, 그런 현상을 '이온화ionization'라고 합니다. 생물학
적으로 이온은 우리 몸에서 활성이 굉장히 강해요. 활성이 강하다는
얘기는 쉽게 말해 다른 분자나 세포에 시비를 건다는 겁니다. 우리 몸
에 큰 해를 입힐 수 있어요. 가스레인지에서 라면을 끓이려고 했는데
불이 너무 세서 냄비까지 홀라당 타 버리는 셈입니다. 결국 우리가 적
절하게 이용할 수 있는 세기의 에너지는 가시광선이죠. 따라서 이 영
역대의 빛을 볼 수 있도록 진화한 것입니다.

자외선의 응용

자외선 얘기가 나왔으니 자외선에 대해 한번 알아볼까요? 여름에 태닝을 하면 건강해 보이는 구릿빛 피부가 되죠. 왜 그럴까요? 우리 몸에 해로울 수 있는 자외선을 방어하기 위해 멜라닌melanin 색소가 증가하기 때문이에요. 멜라닌 색소는 자외선을 흡수해서 자외선의 에너지를 완충해 주는 역할을 하죠. 마치 높은 곳에서 물건을 떨어뜨리면 와장창 깨지지만 계단에서 굴리면 한 칸씩 내려가면서 비교적 온전한 모습으로 밑에 다다르는 것과 같아요.

우리 몸이 자외선을 방어한다는 것은 그만큼 손상을 받는다는 의미죠. 자외선을 100퍼센트 방어할 수는 없어요. 자외선은 암을 유발할 수 있습니다. 암은 생명 현상의 설계도인 유전 물질이 변한다는 의미예요. 돌연변이가 생기는 거죠. 심할 경우에는 세포나 생체 분자가 죽습니다. 자외선보다 에너지가 센 방사능에 피폭된 경우도 그렇죠.

우리 몸은 약 60조의 서로 다른 세포로 이루어져 있어요. 60조의 세포가 하나의 개체로 온전히 역할을 하려면 각각의 세포는 개체 차원에서 보내는 신호를 잘 따라야 돼요. '넌 이제 성장을 하고 분열을 해야 할 때야. 넌 이제 필요 없으니까 죽어야 할 때야.'라고 신호를 보내면 세포가 그대로 잘 따릅니다. 하지만 돌연변이를 일으킨 세포가 갑자기 '난 나대로 살 거야.' 하고 제멋대로 분열하면 그게 바로 암이에요. 그걸 예방하기 위해서 선크림을 바르는 거죠.

선크림을 바른 모습을 가시광선 영역에서 보면 하얗게 보이죠. 빛이 반사가 되니까. 하지만 자외선 영역에서 보면 검게 보여요. 멜라닌 색소처럼 자외선을 흡수해서 피부에 침투되지 않게 만드는 거죠. 이것이 선크림의 원리입니다.[2-5]

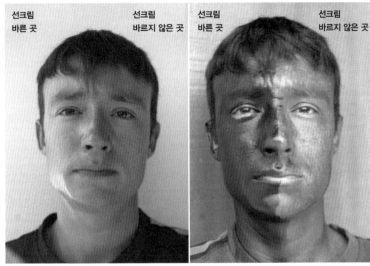

가시광선 촬영　　　　**자외선 촬영**

　　자외선이 꼭 나쁘기만 할까요? 그렇지는 않아요. 질병을 진단하고 치료하는 데 쓰입니다. 암의 진단과 치료에도 쓰이죠. 햇빛을 많이 받으면 피부암으로 의심되는 병변이 생기기도 하는데, 암인지 아닌지 검사하려면 그 부분을 떼어 내야 하잖아요. 이 경우, 환자에게 검사 하루 전날 암세포에서만 화학 물질이 바뀌는 약을 줍니다. 자외선을 쬐어 주면 붉은색 형광을 띕니다. 그러면 그 부분만 떼어서 검사를 할 수 있고, 떼어 내면서 치료를 하기도 하죠.

　　폐암은 암이 작아도 확실하게 치료하려고 한쪽 폐를 떼어 내기도 합니다. 폐는 하나만 있어도 살 수 있으니까요. 하지만 뇌암은 반쪽을 떼어 낼 경우 암은 치료돼도 사람으로서 존엄성을 유지하며 살아가기가 어려워요. 그러니 뇌암은 어느 부위에 암이 생겼는지 정확히 아는 것이 굉장히 중요합니다. 이런 방식으로 표시를 하면 정확하게 그 부위를 절개할 수 있습니다.

에너지가 높은 빛, 낮은 빛

가시광선보다 파장이 훨씬 짧은, 즉 진동이 더 많은 빛은 에너지가 세기 때문에 분자와 부딪히면 그것을 이온화시킬 수 있습니다. 반면 가시광선보다 파장이 긴, 즉 진동이 더 적은 빛은 에너지가 약해 분자를 이온화할 수 없기 때문에 '비이온화 복사 에너지'라고 합니다.

비이온화 복사 에너지는 광자 하나하나의 에너지가 작아서 파괴적 치료 목적으로는 쓸 수 없어요. 대신 여러 영상 장비에 응용할 수 있습니다. 근赤적외선은 깊숙이 투과하고 열 효과가 있기 때문에 근육이나 관절에 문제가 있는 경우 온열 치료 용도로 제한적으로 응용되기도 합니다. 염증이 생기면 열이 나기 때문에 열화상 카메라를 이용하면 환자의 무릎에서 관절염이 심한 부위가 어디인지 곧바로 알 수 있죠. 중환자실에서 환자의 혈액에 산소 포화도가 얼마나 되는지, 호흡을 잘 하고 있는지 등을 측정하는 의료 장비들도 적외선을 활용한 것들입니다. 그 외에 적외선보다 파장이 조금 더 긴 테라헤르츠파Terahertz Wave 는 공항에서 보안 검사를 할 때 쓰입니다. 라디오파는 자기 공명 영상magnetic resonance imaging, MRI에 이용됩니다. 인체에 강한 자기장을 걸어 준 후 풀어 줄 때 발생하는 전자기파를 분석해 몸 안에 깊숙이 있는 장기의 모양을 자세히 보여 주죠.

단일 가시광선의 에너지는 약하지만 아주 많은 광자를 집적해 놓으면 특수하게 사용할 수 있습니다. 바로 레이저입니다. 의료적으로 나이프처럼 사용할 수 있어요. 라식 수술이 대표적이죠. 각막의 앞부분을 살짝 도려내서 굴절률을 바꿔 시력을 교정하는 수술입니다.

가시광선보다 파장이 짧은 빛은 광자 하나의 에너지가 높아서 파괴적인 효과를 낼 수 있습니다. 하지만 방사선 양을 조절하면 여러 가지로 유용하게 이용할 수 있습니다. 대개 병을 진단할 때는 방사선의 양을 최소화합니다. 엑스선의 경우 투과력이 좋아 단순 엑스선 사진이나 사람을 단면으로 잘라 보는 것과 같은 컴퓨터 단층 촬영 기법computed tomography, CT에 이용되죠. 암 진단에 많이 사용되는 양전자 단층 촬영positron emission tomography, PET는 방사성 동위 원소를 몸에 주입하고 그것이 돌아다니는 곳을 영상으로 찍는 기법입니다. 민감한 부위에 발생한 암을 치료할 때는 방사선을 강하게 사용합니다. 수술 대신 감마선이나 엑스선을 쬐어 치료하는데, '감마 나이프gamma-knife'라고 부르는 것이 이런 원리입니다.

우리는 왜 가시광선만 볼 수 있는가? 우리는 가시광선에 최적화돼서 진화해 왔기 때문이에요. 우리가 적절히 다룰 수 있는 빛이 바로 가시광선이에요. 나머지 빛은 우리에게 너무 약하거나 너무 세죠.

빛이 눈에 들어왔을 때 일어나는 일

마지막 질문은 '본다는 것은 무엇이고, 과연 인간만이 볼 수 있을까?'입니다. 본다는 것의 가장 기본적인 메커니즘은 빛을 화학적인 형태로 바꾸는 것입니다. 빛을 실제로 감지하는 부분은 눈알의 안쪽 뒷부분에 있는 망막입니다. 망막은 전깃줄 다발과 같은 신경 다발, 보통 시신경을 통해 대뇌로 연결되죠. 망막을 좀 더 자세히 보면 여러 층으로 이루어져 있는데, 두 종류의 세포를 볼 수 있습니다.[2-6] 하나는 막대처럼 생긴 간상세포rod cell고, 다른 하나는 원뿔처럼 생긴 원추세포cone cell입니다. 이 두 종류의 세포가 빛을 감각하는 세포입니다. 이 세포들은 다른 세포들과 달리 끝부분이 독특하게 원반이 쌓인 모양으로 분화 되어 있어요. 바로 이 광디스크 부위에 레티날과 옵신이 굉장히

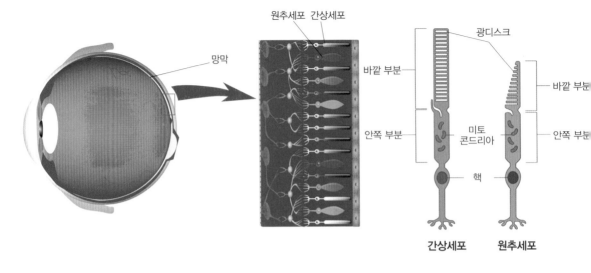

많이 집적되어 있어요. 빛을 감지하는 안테나가 몰려 있다는 의미죠. 흥미로운 사실은 빛을 감지하는 부분이 망막의 제일 끝부분에 있다는 점이에요. 빛은 일반적으로 세포에 부딪힐 때 대부분 산란돼요. 하지만 눈에서 빛은 각막과 유리체를 통과해 제일 안쪽 끝에 있는 망막의 세포까지 도달합니다. 그래야 볼 수 있습니다.

간상세포와 원추세포의 끝부분을 자세히 보면 원반 형태로 되어 있어요. 약간씩 모양이 다릅니다. 하지만 이 안에 들어 있는 내용물은 똑같아요. 팔처럼 구부러진 레티날이 옵신이라고 하는 단백질에 싸여 있습니다. 앞서 설명한 것처럼 빛을 받으면 옵신의 모양이 바뀝니다. 비유하자면 권총의 방아쇠에 손가락을 걸어 놓고 있다가 신호를 받아 방아쇠를 당기는 겁니다. 손가락의 움직임은 미약하나 결과는 엄청나죠. 도미노가 넘어지듯 일련의 과정을 거쳐 신경세포에 도달하면 신경세포는 이 변화를 전기화학적인 신호로 바꿔 신호 다발을 통해 대뇌까지 전달합니다. 이런 과정을 거쳐서 우리가 빛을 인지하게 되는 것입니다.

간상세포와 원추세포의 역할

눈은 색을 어떻게 구별할까요? 간상세포는 한 종류지만 원추세포는 세 종류입니다. 원추세포를 유심히 보면 색깔도 제각각입니다. 각기 다른 색소를 가지고 있죠. 우리가 보통 어두울 때 색을 구별하지 못하고 형체만 겨우 식별할 때는 간상세포가 활성화되고, 제가 입은 빨간색 셔츠를 여러분이 볼 때는 빨간색을 인지하는 원추세포가 신호를 감지합니다.

'빛의 삼원색'이라고 하잖아요. RGB라고 하는 빨강Red, 초록Green, 파랑Blue 세 가지 색으로 실제 우리가 인지할 수 있는 모든 색을 만들어 낼 수 있어요. 우리 뇌는 기본적으로 빛을 RGB의 조합으로 인지합니다. 전자 제품도 모두 RGB의 조합으로 색을 만듭니다.

세 가지 원추세포가 각기 다른 파장대의 빛을 흡수합니다. 그래프에서 X축은 파장을, Y축은 간상세포와 원추세포에 있는 색소의 흡수도를 나타냅니다.[2-7] 세 가지 안테나는 어떤 색에 반응하는 안테나인지 보여 주죠. 파란색과 보라색 계열을 인지하는 S원추세포Short-wavelength cone cell는 파장이 짧은 빛을 흡수합니다. M원추세포Medium-wavelength cone cell는 녹색 계열, L원추세포Long-wavelength cone cell는 빨간색 계열의 빛에 민감하게 반응합니다. 그런데 놀랍게도 녹색과 빨간색은 그렇게 멀리 떨어져 있지 않아요. 실제 빛의 물리학으로 보면 무척 가까운 빛인데 우리의 필요에 따라 빨간색과 녹색으로 구별해서 인지하는 겁니다. 그 중간에 있는 많은 영역대들은 우리가 굳이 색으로 구별해서 볼 필요가 없는 거죠. 진화적으로 보면 그렇습니다.

망막에서 간상세포와 원추세포의 분포를 보면 간상세포는 실제로 초점이 맺히는 부위가 아니라 그 주변에 있어요. 밤에 멀리 있는 것을

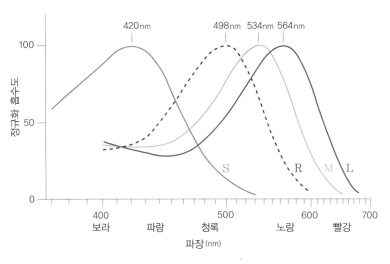

자세히 보려고 해도 초점이 잘 안 맞는 게, 원래 우리가 그렇게 생겼기 때문이에요. 딱 초점이 맺히는 부위에는 주로 낮에 작용하는 원추세포가 밀집되어 있습니다. 그래서 우리는 멀리 주변에 있는 것들의 색을 실제로 잘 못 봐요. 보려면 곧장 쳐다보든지 눈동자를 돌려야 합니다.

다른 동물은 어떻게 볼까

봄날의 아름다운 풍경을 다른 동물들은 어떻게 볼까요? 우리가 보기에 알록달록한 꽃밭이 개나 소, 말 같은 포유류에게는 밋밋하게 보입니다. 빨간색과 녹색이 구별이 안 돼요. RGB에서 빨간색이 빠져 녹색과 파란색만으로 세상을 보죠. 그리고 포유류 대부분은 자외선을 일부 포함하기도 합니다.

곤충은 어떨까요? 의외로 우리와 비슷하게 세 가지 빛을 구분합니다. 그런데 그중 하나는 인간과 다릅니다. 우리가 못 보는 것을 봐요.

2-8
벌은 빨간색이 아니라 노란색
에 반응한다.

곤충은 자외선 영역대를 볼 수 있습니다. 반면 붉은색 영역대에서 녹색과 붉은색의 차이를 못 느낍니다. 곤충한테 붉은색이란 좀 더 짙은 녹색이나 마찬가지예요. 실제로 벌은 빨간색 꽃이나 이파리를 구별하지 못 합니다. 그래서 벌은 빨간색을 좋아하지 않아요. 주로 노란색을 좋아합니다.²⁻⁸ 다 이유가 있어요.

새는 네 가지를 봅니다. 세 가지 색소가 인간보다 잘 분화되어 있고 여기에 자외선도 볼 수 있어요. 우리보다 훨씬 더 화려한 세상을 봐요. 포유류는 두 가지를 볼 수 있었죠. 왜 다를까요? 여러 가지 이론이 있지만 진화적으로 설명해 보면, 포유류가 갈라지기 전, 포유류와 조류의 공통 조상은 가시광선은 물론 자외선까지 볼 수 있는 능력을 다 가지고 있었어요. 그런데 포유류가 막 진화하기 시작할 무렵에는 지구의 주인이 공룡이었어요. 포유류는 지금처럼 덩치가 크지 않았고

2-9
갯가재

설치류 같은 작은 동물이었죠. 그리고 겁이 많아 낮에는 돌아다니지 않았어요. 야행성이었죠. 그러니 생존하는 데 색깔이 그다지 중요한 요소가 아니었어요. 이때는 색을 포기합니다. 그렇게 진화하다가 나중에 포유류가 영장류로 올라오면서 색깔을 볼 필요가 생겼어요. 잘 익은 빨간색 과일을 좋아하기 시작했죠. 그래서 영장류는 녹색과 붉은색을 구별할 필요가 생기면서 이렇게 진화해 왔습니다.

이제 '갯가재Mantis shrimp(사마귀새우라고도 한다.)'라는 아마존 열대 민물에서 사는 새우를 한번 보세요.²⁻⁹ 이 새우는 빛을 보는 색소가 자그마치 열두 종류입니다. 얼마나 화려한 세상일까요. 더 놀라운 것은 편광까지 볼 수 있다는 점이에요. 빛이 진동하는 것까지 보는 거예요. 왜 그렇게 되었을까요? 원래 물에 사는 조그만 플랑크톤은 투명해요. 그러니 그냥 빛을 보면 플랑크톤을 잘 못 잡아먹겠죠. 하지만 투명해도 빛이 플랑크톤을 투과할 때 편광 정도가 약간 바뀝니다. 이 새우는 그것을 볼 수 있어요. 먹이를 잡아먹으려고 눈이 그렇게 진화한 거죠.

다른 예를 봅시다. 인간 남성은 100명 중 한 명이 빨간색과 녹색을 구별하지 못하는 색맹 유전자를 가지고 있습니다. 파란색B, 녹색G과 관련된 유전자는 상염색체에 들어 있는데, 빨간색R은 사람의 성을 결정하는 X염색체에 위치하고 있어요. X염색체를 두 개 가지고 있으면 여자가 되고 X염색체를 하나만 가지고 있으면 남자가 됩니다. 여자는 만약 X염색체에 있는 빨간색과 관련된 유전자에 문제가 생겨도 예비 유전자가 하나 더 있는 거예요. 하지만 남자는 X염색체가 하나밖에 없으니까 문제가 생기는 거죠. 적록 색맹은 남자가 100명 중 한 명, 색맹이고 여자는 약 1만 명 중 한 명꼴로 빈도가 나타납니다.

색맹인 사람은 영장류 이외의 포유류가 보는 스펙트럼으로 세상을 본다고 할 수도 있죠. 굉장히 불편할 것 같죠? 그런데 실제로 그분들은 잘 모릅니다. 태어날 때부터 그랬기 때문에 자신이 뭘 못 보는지도 인지하지 못하는 거예요. 유명한 화가 빈센트 반 고흐도 색맹이었다고 합니다. 이 그림 잘 아실 겁니다.[2-10] 색상이 화려하긴 한데 약간 이상해요. 어떤 사람이 색맹인 사람은 이 그림이 어떻게 보이나 하고 실험했는데, 일반인이 보는 것과 유사했다고 합니다. 이 그림뿐만 아니라 고흐의 다른 그림에서도 그랬답니다. 100퍼센트 확신은 아니지만 90퍼센트 이상 고흐가 색맹이었을 거라고 보고 있습니다. 색맹이어도 이렇게 훌륭한 예술 작품을 만들 수 있어요. 물론 색맹이 위험할 수도 있어요. 신호등도 색이 아니라 위치로 구분하죠.

레티놀, 옵신은 과연 얼마나 오래전부터 있었을까요? 물에 떠다니는 세포 하나로만 이루어진 아메바 비슷한 생명체를 생각해 봅시다. 이 생물은 아메바처럼 움직여요. 꼬리를 막 움직여서 자기가 원하는

곳을 찾아가 먹이를 먹죠. 재미있는 사실은 이 생명체가 식물처럼 엽록소를 가지고 있어서 광합성도 할 수 있다는 점이에요. 그러려면 지금이 낮이라서 활발하게 돌아다니며 광합성을 해야 하는지, 아니면 빛이 없는 밤이니까 가만히 있어야 하는지 알아야 해요. 어떤 식으로든 빛을 감지하는 거죠.

사람처럼 복잡한 수준까지는 아니지만, 이 생명체도 빛을 인지하는 메커니즘이 있어요. 놀랍게도 우리 망막에 있는 옵신과 매우 유사한 분자가 존재합니다. 우리 몸은 진화할 때 미약한 신호라도 그것을 증폭하기 위해서 앞에서 설명한 메커니즘들을 개발했지만, 단세포는 그럴 필요가 없어요. 단세포는 빛을 받아들이는 자체가 스위치 같은 작용을 합니다. 아주 즉각적이에요. 말 그대로 단순 무식합니다. 신경과학자들이 이런 생체 스위치를 연구하고 있어요. 원래 쥐나 다른 동물에 없는 유전자인데, 스위치 역할을 하는 유전자를 유전공학적인 방법으로 특정한 신경세포에 옮길 수 있어요. 쥐에 유전자를 이식한 다음에 빛을 쬐어 주면 이 쥐는 공포 자극이 없는데도 인위적으로 공포 자극을 느끼게 됩니다.

본다는 것의 역할

이제 재미있는 사례 몇 가지를 들면서 이 강연을 마무리하려고 합니다. 우리가 봄으로써 무엇이 바뀌었을까요? 진화해서 눈이 생기기 전에는 대부분의 생명체가 엄청나게 느렸어요. 그리고 해파리처럼 흐물흐물했죠. 눈이 생기면서부터 생물이 엄청나게 빨라졌습니다. 포식자가 눈을 가졌기 때문이에요. 사냥감이 되는 동물은 그 포식자의 눈을 피해 재빨리 달아나야 합니다. 또 하나, 골격을 가지기 시작했어요.

게처럼 외골격이든 우리처럼 내골격이든 몸을 유지하고 움직이기 시작하는 형태로 진화했습니다. 움직임은 생존에 직결되는 문제니까요.

생명체는 생존하는 것도 중요하지만 유전 정보를 후손에 남기는 번식이라는 중요한 임무를 수행해야 합니다. 공작새는 왜 이렇게 화려하게 되었을까요? 번식을 위해서입니다. 암컷을 유혹하기 위해서죠. 너무 화려해도 포식자한테 걸릴 확률이 높아요. 번식과 생존, 둘 중에서 어디에 더 중점을 두느냐 하는 문제인데, 내 한 몸은 포식자에게 먹힐지라도 자손을 남기고 죽겠다는 지점에서 균형을 찾게 된 거죠.

RGB가 다 합쳐지면 우리는 흰색으로 인지합니다. 색은 감법減法이에요. 뭘 빼고 난 나머지를 색으로 인식하는 겁니다. 우리가 나뭇잎을 녹색으로 인지하는 것은, 녹색 이외의 다른 색들은 나뭇잎이 가지고 있는 색소에 다 흡수되어서 광합성에 사용되고 나뭇잎이 폐기 처분한 녹색 빛이 우리 눈에 보이기 때문입니다. 남아 있는 색을 흡수색이라고 해요. 그렇다면 공작의 화려한 날개는 흡수색일까요?2-11 이런 식으로 물어 보면 답은 당연히 '아니다'겠죠.

2-11
공작의 깃털과 모르포 나비의 청색, 백인의 푸른 눈은 색소색이 아닌 구조색이다.

공작과 비슷한 예가 모르포Morpho 나비예요. 무척 화려하죠. 한번 보면 단번에 매료되죠. 공작이나 모르포 나비는 워낙 예뻐서 100년 전만 해도 사람들은 모르포 나비 날개를 갈아서 염료를 얻으려고 했어요. 그런데 갈아 보니까 엄청나게 안 예쁜 색만 나오는 거예요. 그럼, 대체 어디서 색이 나왔을까요? 최근에 그 이유가 밝혀졌습니다. 날개의 구조를 살펴봤더니 빛의 파장 길이 정도에 해당하는 나노 구조가 아주 규칙적으로 있는 거예요. 오세정 선생님 강연에서 비누 거품에서 무지갯빛이 나오는 것이 간섭을 통한 구조색structural coloration이라고 했죠. 하늘은 왜 파란색으로 보이죠? 빛이 쭉 지나가는데 파란색 빛은 산란돼서 우리 눈에 들어오니까 하늘이 파란색으로 보이는 거잖아요. 어떻게 보면 하늘의 색도 구조색이죠. 이와 같이 색소가 아닌 구조색이 화려한 색을 내기도 합니다. 구조색은 감법이 아니기 때문에 우리 눈에 더 화려하게 보여요.

백인종의 파란색 눈동자를 생각해 보세요. 눈동자는 카메라로 따지면 조리개에 해당해요. 광량이 많은 곳에서는 조리개를 작게 해야 사진이 잘 나오고, 어두운 데 가면 최대한 크게 해서 빛을 많이 받아들여야 합니다. 카메라는 사람 눈을 본떠 만든 거예요. 홍채가 조리개 역할을 해요. 홍채에서 뻥 뚫린 부분을 눈동자라고 하죠. 홍채는 내 마음대로 조절할 수 없어요. 어두운 곳에 가면 홍채 근육이 수축합니다. 그러면 눈동자가 커져서 빛을 많이 받아들여 어두운 데서도 잘 볼 수 있는 거예요.

조리개는 빛을 잘 차단해야 합니다. 여러분이나 저처럼 황인종들은 홍채에 멜라닌 색소가 굉장히 많아요. 그래서 갈색, 진한 갈색, 검은색 눈을 가지고 있고 빛을 차단하는 역할을 합니다. 그런데 일부 백인들은 멜라닌 색소가 없어요. 없는데 왜 파란색으로 보일까요? 아까 모르포 나비가 파란색으로 보이는 것과 같은 이치예요. 홍채에 파란색 색소가 있는 게 아니라 홍채를 이루는 근육들의 배열이 빛의 파장대와 맞기 때문에 간섭 현상이 일어나는 거예요. 이때 파란색이 선택적으로 반사되어서 눈동자가 파란색으로 보이는 것입니다.

동물이 색을 만들어 내는 데는 번식 등의 목적이 있죠. 심해 물고기 가운데 어떤 종은 먹이를 먹어서 만든 화학 에너지를 빛으로 만드는 능력이 있어요. 빛이 전혀 도달하지 않는 아주 깊은 바닷속에 사는 물고기인데 눈은 왜 가지고 있을까요? 자기가 빛을 내기 때문이죠. 이 경우는 빛으로 먹이를 유도하는 것입니다.

해파리도 형광을 이용해서 아름다운 빛을 냅니다. 해파리는 보통 수면 위에 떠 있습니다. 형광을 내는 목적이 심해 물고기와는 다릅니다. 수면 밑에서 해파리가 포식자들 위에 있으면 그림자가 지겠죠. 그러면 포식자가 '아, 위에 뭐가 있구나.' 하며 잡아먹으려고 할 텐데, 해파리가 빛을 냄으로써 물결이 출렁거리는 것처럼 보이게 위장술을 쓰는 거예요.

멕시코의 지하 동굴에 사는 장님동굴물고기Astyanax mexicanus는 눈이 없어요.[2-12] 동굴에는 빛이 없죠. 광합성을 할 수 없는 환경이라 먹이도 없고 포식자도 없기 때문에 먹이나 포식자를 볼 눈이 없어졌어요. 흥미로운 것은 눈이 없어지니까 몸에 색도 없어진다는 점이에요. 몸에 화려한 색을 내는 것은 보여 주기 위해서예요. 보여 줄 일이 없으니까 몸도 투명해집니다.

'위장술' 하면 카멜레온이 떠오르죠. 카멜레온이 여러 가지 색을 갖고 있다는 점으로 보아 한 가지 짐작할 만한 게 있습니다. 카멜레온도 그 색을 잘 볼 수 있을 거예요.

마지막으로 하고 싶은 얘기는, 봐서 아는 것도 있지만 무엇보다 아는 만큼 보인다는 것입니다. 오늘 강연을 통해서 여러분이 볼 수 있는 세상이 조금이라도 더 넓어지고 조금 더 다채로워지기를 바랍니다. 감사합니다.

science talk

1 푸른 눈을 가진 사람들은 선글라스를 선호한다?

푸른 눈과 검은 눈은 어떤 차이가 있을까

엄지혜 눈의 색깔이 다른 것이 빛이나 색을 보는 데 어떤 영향을 미치나요? 푸른 눈, 검은 눈은 빛이나 색을 다르게 보나요?

석현정 강연에 나오듯이 푸른 눈은 색소가 아니라 구조색이에요. 그래서 푸른 눈은 멜라닌 색소가 많은 검은 눈보다 빛을 차단하는 커튼 역할을 잘 못 합니다. 그래서 같은 빛을 보더라도 푸른 눈을 가진 사람들은 검은 눈을 가진 사람들보다 빛이 굉장히 세다고 느끼기 때문에 선글라스를 써서 빛의 세기를 줄이려고 하죠.

정용 그럼, 서클 렌즈는 괜찮나요? 저희 딸애가 중학교 때 서클 렌즈를 껴서 한번 혼낸 적이 있었는데…….

최철희 서클 렌즈의 색은 흡수색이죠. 그러니까 또 다른 차단막을 두는 효과가 있을 것 같은데요. 저는 선글라스를 끼는 것과 유사하다고 생각해요. 서클 렌즈가 문

사회

엄지혜
아나운서

토론

최철희
카이스트 바이오및뇌공학과 교수

석현정
카이스트 산업디자인학과 교수

정용
카이스트 바이오및뇌공학과 교수

제가 된다면 렌즈를 너무 오래 착용해서 각막이 손상되는 경우일 겁니다.

석현정 우리나라 사람이 눈이 파란 사람들이 많은 유럽이나 북아메리카에 가면 조명이 좀 어둡다고 합니다. 동북아시아 사람들이 유럽인보다 더 밝은 조명을 선호한다는 것을 그런 원리와 연결시켜서 생각하는 사람들도 있습니다.

최철희 저도 3년 넘게 미국에서 유학 생활 할 때 너무 어두워서 힘들었어요. 그게 파란색 눈을 가진 사람 입장에서 만든 집이라 그랬을 것 같네요.

유전 질환 중에 멜라닌 색소가 아예 없는 백색증albinism이 있습니다. 백색증 환자는 빛이 밝은 환경에 가면 무척 힘들어해요. 홍채에도 멜라닌이 없는데, 안구를 싸고 있는 망막에도 멜라닌이 없어요. 망막은 카메라 박스에 해당하는 부분인데, 망막의 검은색도 멜라닌이 만들죠. 그래서 백색증 환자는 밝은 곳에 가면 안구를 통과한 빛이 뒤에 있는 자기 뇌에 비치는 것까지 볼 수도 있어요. 그게 꼭 뇌라고 볼 수는 없지만 얼비쳐 보이는 거죠. 그러니까 눈을 가리려고 합니다.

빛도 무서워하고 눈동자도 빨갛게 보이고, 뭐가 연상되나요? 이런 사실을 잘 몰랐던 시대에, 소설 속의 드라큘라는 백색증과 일맥상통하는 면이 있다고 생각합니다.

엄지혜 그러면 교수님, 우리가 많이 쓰는 휴대 전화나 컴퓨터 화면의 밝기에 따라 눈이 파란 사람과 눈이 검은 사람이 다르게 반응하나요?

석현정 아무래도 선호도 면에서 차이가 있겠죠. 우리나라 사람들은 밝은 스마트폰을 선호하는 반면 서양 사람들은 좀 어두운 화면이 더 낫다고 판단하죠.

이와 관련해서, 우리는 밤늦게까지 너무나 많은 시간을 스마트폰을 들여다보는 데 사용합니다. 스마트폰은 기계 자체가 발광하는 것이기 때문에 굉장히 강렬한 빛인데, 우리가 그 빛을 눈에 바로 주입하고 있어요. 특히, 우리는 수백만 년 동안 밤에는 자야 하는 것으로 진화해 왔기 때문에 밝은 빛을 밤늦은 시간에 보면 호르몬 체계에도 많은 문제가 생깁니다. 최근에 진행된 실험 결과에 따르면 밤에 스마트폰을 볼 경우 수면에 필요한 호르몬을 분비하는 데 영향을 받는 것으로 밝혀졌습니다.

최철희 빛 신호는 대뇌까지 전달되지 않아도 생체 기능을 조절하는 역할을 하기도 합니다. 시각 장애인이라도 안구가 있어서 낮인지 밤인지 아는 사람은 비장애인과 똑같이 24시간의 주기를 가지고 생활해요. 반면 똑같이 앞을 못 보지만 안구를 적출한 분들은 하루의 시간이 훨씬 더 깁니다. 몸이 빛의 주기에 맞춰 반응한다는 의미죠. 아까 봤던 장님동굴물고기는 하루 주기가 40시간이라고 합니다. 생체 주기는 어떻게 의지대로 할 수 없는 부분이 있죠.

정용 해가 뜨고 지는 것이 주기를 조절해 준다고 이해하는 것이 맞을 것 같습니다. 예를 들어 시차를 겪고 이후에 극복되는 것은 외부에서 들어오는 햇빛의 양에 따라 생체 리듬이 다시 맞춰지기 때문이죠.
　눈으로 들어온 빛은 말씀하신 대로 호르몬에 영향을 주는데 중요한 것 중에 하나가 멜라닌 색소예요. 선글라스를 끼고 선탠을 하는 사람과 선글라스 없이 선탠을 하는 사람 중에 누가 더 많이 탈까요? 선글라스 벗고 하면 더 많이 탄다고 합니다. 아무래도 빛이 더 많다고 느껴서 호르몬이 멜라닌 생성을 더 촉진시키기 때문이죠.

2 색은 뇌에서 어떻게 인지되는가
색의 인지에 관여하는 것들

엄지혜 빛이 뇌에서 어떻게 인지되는지 말씀해 주셨는데요. 우리 눈은 카메라 조리개 역할만 하고 색은 뇌에서 다 인지되는 건지 궁금합니다.

정용 세상에 정말 빨간색이 존재하느냐. 오늘 강연을 들었으면 아실 거예요. 색깔은 실제 존재하는 게 아니라, 파장에 반응하는 수용체가 있어서 그 수용체가 활성화된 상태를 우리가 빨갛다, 파랗다고 느끼는 거예요. 이런 과정은 의식을 연구하는 분들에게 중요한 주제죠. 제가 보는 빨간색과 최철희 교수님이 보는 빨간색이 정말 같은 색일까요? 각각 느끼는 색깔에 차이가 있다면 수용체에 차이가 있을 텐데, 재미있는 것은 우리가 보는 시각 정보는 뇌에서 부분별로 처리된다는 겁니다. 어떤 뇌영역은 모양, 어떤 뇌 영역은 색깔, 어떤 뇌 영역은 움직임, 어떤 뇌 영역은 위치를 처리합니다. 만약 중풍이나 뇌졸중 때문에 색깔을 처리하는 부분이 망가지면 그분들은 색깔을 못 봐요. 세상이 흑백으로 변합니다. 만약 한쪽 눈이 살아 있으면 한쪽은 컬러, 다른 쪽은 흑백으로 보일 수도 있습니다. 움직임을 처리하는 영역이 손상되면 움직이는 걸 못 봐요. 예를 들어 자동차 경주를 보면 자동차는 안 보이고 광고판만 보이는 증상이 나타날 수 있습니다.

엄지혜 결국 우리가 인지하는 대로 색을 다르게 받아들인다면 감성적인 부분도 좀 여쭤 보고 싶은데요. 어떤 색을 보면 어떻게 느낀다 하는 감성적인 것도 뇌에서 판단하나요?

정용 궁금한 게, 빨간색은 따뜻하고 파란색은 춥다고 느끼는 것들이 커 가면서 배워서 그런 건가요, 태어나면서부터 그런 건가요? 여자아이는 분홍색을 좋아하고 남자아이는 파란색을 좋아하는 게 부모 때문인가요?

석현정 굉장히 중요한 사회 이슈죠. 부모가 사회적 통념에 따라 교육해서 선호도가 형성된 것이라는 이론도 있어요. 빨간색을 인지하는 유전자가 X염색체에 있고, 여성은 X염색체가 두 개여서 장파장의 영역, 즉 붉은색 계열을 지각하는 곳이 세분화되어 발달했기 때문에 아무래도 그쪽 계열의 색을 더 잘 지각하고 선호도도 높아지지 않았나 하는 견해도 있죠?

최철희 네. X염색체에 있는 빨간색 인지 유전자가 아예 문제가 되기도 하고, 일부의 경우 감지하는 파장 영역대를 약간 변형시키는 돌연변이가 생기기도 합니다. 예를 들어 590나노미터의 빛을 받아들여야 하는데 600나노미터로 바뀌었다고 가정해 보죠. 그러면 남자는 그 둘 중에 하나를 가지고 있으니까 590이든 600이든 삼원색은 봐요. 그런데 여자는 X염색체가 두 개잖아요. 590과 600나노미터의 빛을 모두 보게 되니까 사원색을 보는 겁니다. 그래서 여자들은 붉은색 계열의 빛을 다양하게 볼 수 있다는 거죠. 아직 정확한 통계는 없어요. 전체 인구를 대상으로 다 조사하지는 않았지만 과학적으로 분명하게 밝혀진 부분들이 있습니다.

QnA

질문1 색맹 장애가 있는 사람을 다시 보게 할 수 있는 기술이 있나요?

정용 선천적으로 색맹일 수도 있고 후천적으로 그럴 수도 있는데, 후천적인 경우는 100퍼센트 색맹인 경우가 별로 없어요. 우리 뇌는 가소성 plasticity, 즉 회복할 여지가 있기 때문에 보통 뇌가 망가져서 흑백으로 보게 되는 경우에도 100퍼센트는 아니지만 많이 회복됩니다. 회복을 촉진하기 위해서는 다른 질병과 마찬가지로 줄기세포를 생각할 수도 있죠. 만약 선천적인 색맹이라면 아직 인간에게 허용되지 않은 기술이지만 미래에는 유전자 가위로 유전자를 조작해서 색맹을 사전에 방지할 수 있겠죠. 기술적으로 가능한 이야기라고 생각합니다.

최철희 색각이 아니라 아예 시각으로 좀 넓혀서 생각해 보면, 시각 장애인에게 앞을 보게 해 주려는 시도는 많이 있어요. 그런데 본다는 것은 빛이 눈에서부터 시신경을 통해 뇌로 가서 뇌에서 인지하기 때문에 그중 어디가 망가져도 못 보는 건 비슷할 거예요. 하지만 종류에 따라 접근 방법은 다릅니다. 안구 쪽에 문제가 있지만 시신경이 살아 있으면 몇 가지 대안이 있습니다.

하나는 인공적으로 CCD 카메라 모듈 같은 걸 설치하는 거예요. 빛을 받는 곳이 꼭 눈일 필요는 없죠. 이마에 CCD 모듈을 장착하고, 마치 보청기처럼 그 모듈을 시신경과 연결하는 거예요. 문제는 그게 바로 물체로 인식되는 게 아니라 전혀 다른 형태의 신호가 들어오는데, 환자가 그 신호에 익숙해지도록 계속 훈련을 해야 합니다.

또 다른 가능성은 유전자 치료도 말씀하셨지만 좀 더 현실성 있는 것은 줄기세포예요. 망가진 세포를 다른 세포로 바꾸는 것이죠. 이 경우도 마찬가지예요. 빨간색을 감지하는 안테나에 해당하는 세포를 망막에 심어 줬어요. 문제는 환자가 완벽하게 사물과 연결 지으려면 그게 대뇌까지 굉장히 정교하게 연결되어야 한다는 겁니다. 그 연결 통로가 너무 복잡하기 때문에 우리 기술로는 안 되고, 이 사람이 어떤 형태든 감각한다고 하면 세포를 심은 다음 긴 재활과 학습을 반드시 거쳐야 합니다. 현재 기술은 그 정도가 아닐까 싶습니다.

질문2 우리 몸 중 제일 피곤한 부위가 눈이라고 생각합니다. 그런데 손을 비벼서 눈에 대면 눈의 피로가 풀린다고 하는데 그 원리가 뭔지 궁금합니다.

최철희 원리는 잘 모르지만 추정해 볼 수는 있을 것 같습니다. 눈은 여러 막으로 싸여 있습니다. 망막도 그중 한 층이에요. 신경과 혈관이 굉장히 많이 분포되어 있어요. 에너지를 많이 쓰는 데니까 당연히 혈액도 많이 공급되어야 해요. 그래서 혹시 안구를 마사지하거나 손바닥을 비벼 열을 내서 눈에 대면 아무래도 따뜻해지기 때문에 혈관이 확장되겠죠. 혈액 순환을 좋게 하는 효과가 있을 것 같습니다.

또 대부분의 민간요법은 위약 효과가 상당히 큽니다. 환자는 효과가 있다고 느껴도 과학적으로 입증하려면 훨씬 더 심층적인 연구를 해야 합니다.

위약 효과가 나쁘다는 것이 아니라 그만큼 우리의 믿음이 훨씬 더 큰 힘으로 작용한다는 거죠.

눈이 피로하다고 느낀다면 그것은 눈을 싸고 있는 눈 근육의 통증일 가능성이 커요. 망막세포 같은 곳에는 피로를 느끼는 신경이 없습니다. 칼로 잘라도 못 느껴요. 안구는 한시도 가만히 있지 않습니다. 항상 움직여요. 눈은 물체의 움직임에서 정보를 많이 가져오죠. 눈동자가 가만히 멈춰 있으면 많은 정보를 얻을 수 없습니다. 그래서 눈은 늘 조금씩 움직여요. 눈을 움직이는 여섯 개의 근육이 쉴 새 없이 움직입니다. 또 어지럽지 않으려면 눈 두 개가 같이 움직여야 하니까 그 과정에도 많은 노력이 들어갑니다. 물론 이때도 마사지가 혈액 순환 개선이 도움이 됩니다.

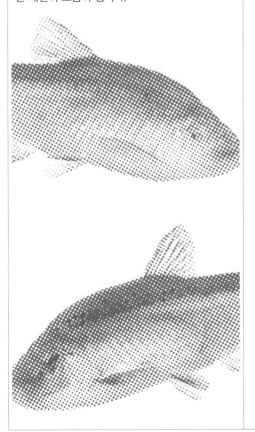

3강

별빛이 우리에게
밝혀 준 것들

윤성철

윤성철

초등학교 시절 바이킹 호가 화성에서 찍은 사진을 보고 우주를 동경하기 시작했다. 우주는 어떻게 탄생했을까, 저 우주에 외계인은 있을까 같은 질문에 사로잡혀 천문학을 공부해야겠다는 결심을 하기에 이른다. 석사 과정을 마친 후 잠시 방황하기도 했으나, 우연히 얻게 된 기회에 유럽 문화를 처음 접하며 현대 사회에서 천문학이 얼마나 중요한 가치를 갖는지 다시 생각하게 되었다. 네덜란드에서 항성 진화 이론으로 박사 학위를 받은 후, 초신성의 기원과 물질의 생성, 최초의 별 등을 탐구하고 있다. 네덜란드 암스테르담 대학교, 미국 산타크루즈 대학교, 독일 본 대학교의 연구원을 거쳐 현재 서울대학교 교수로 있다. 교양 과목 강의와 대학 밖에서 대중 강연을 하면서, 일반인들이 과학이라는 창을 통해 우리가 사는 세상을 바라보는 기회를 가질 수 있도록 돕고자 노력하고 있다.

'별빛이 우리에게 밝혀 준 것들'이라는 제목으로 한 강연에 모든 것을 담기에는 부족합니다. 별빛이 우리에게 알려준 것이 셀 수도 없이 많기 때문이죠. 그 수많은 내용 중에서 어떤 걸 골라야 할지 무척 고심했습니다만, 크게 세 가지로 간추려 봤습니다.

처음에 오염된 빛, 그다음엔 따뜻한 빛, 마지막에는 깜빡이는 빛이라는 화두로 진행하겠습니다. 이 세 가지 화두를 관통하는 주제가 있어요. '별이라는 게 도대체 무엇이고, 별을 통해서 밝혀진 우주의 비밀은 무엇인가?' 이것을 가지고 여러분께 말씀드리려고 합니다.

밤하늘의 움직임을 따라 촬영한 사진을 보면 별빛이 정말 아름답습니다.[3-1] 옛날 사람들이 별빛을 보면서 느꼈던 감정이 아마 이랬을 겁니다. 정말 아름답다. 질서 있다. 영원하고 순수하다. 하늘에서 뭔가 질서를 발견하면 폭풍우와 지진 화산 폭발 등 이 땅의 변화무쌍한 환경을 벗어날 만한 어떤 실마리를 찾을 수 있지 않을까, 신의 뜻을 찾을 수 있지 않을까 생각하지 않았을까요? 그래서 옛날 사람들, 특히 고대 그리스 사람들은 천구天球가 변하지 않는다고 생각했어요. 이데아Idea에 속한 영역이고 신에 속한 영역이라서 순수하고 변함이 없고 영원할 거라고 생각했습니다.

그러나 가끔가다 혜성 같은 게 나타났습니다. 믿을 건 하늘밖에 없다고 생각했는데, 심지어 하늘까지 변한다니 사람들은 얼마나 두려워했을까요? 옛날 우리나라 사람들은 긴 꼬리를 드리우고 나타나는 혜성이나 새롭게 폭발하는 초신성 같은 것들을 객성客星 또는 '손님별'이

3-1
밤하늘의 별빛

라고 불렀습니다. 갑자기 찾아온 별이라는 뜻이죠. 이런 것을 보면서 상당히 불안해했을 겁니다.《조선왕조실록》에는 조선의 임금들이 객성이 나타난 걸 보고 이게 혹시 전쟁의 징후가 아닐까, 덕이 부족해서 이런 일이 발생하는 게 아닐까 두려워해서 하늘에 제사를 지냈다는 기록이 남아 있거든요. 한편 고대 그리스 사람들은 하늘의 변화가 천구가 아니라 지구 대기 어딘가에서 발생하는 것이라고 생각했어요. 왜냐하면 천구는 변하면 안 되니까요.

천문학의 발달과 우주관의 변화

1550년 무렵부터 1600년대 중반까지의 기간을 '천문학의 99년'이라고 합니다. 튀코 브라헤Tycho Brache, 요하네스 케플러Johannes Kepler, 갈릴레오 갈릴레이가 활동했던 시절이죠. 이 시기를 기준으로 하늘을 바라보는 사람들의 관념이 급격하게 바뀌었습니다. 그 계기가 된 사건 중 하나는 브라헤가 초신성을 관측한 자료를 바탕으로 초신성의 위치를 측정한 일이에요. 초신성의 위치가 하늘에서 변하지 않는다는 것을 브라헤가 발견한 겁니다.

여러분은 항성恒星과 행성行星을 이렇게 배웠을 겁니다. 항성은 스스로 빛을 내는 천체, 행성은 별빛을 받아서 빛이 나는 천체라고 말이죠. 그런데 보다 더 엄밀하게 말해, 항성은 하늘에서 그 위치가 변하지 않는 별이라는 뜻입니다. 항상 제자리를 지키고 있는 천체라는 뜻이죠. 행성은 움직이는 별이라는 뜻입니다. 하늘에서 그 위치가 자꾸 변한다는 뜻이에요. 그런데 초신성은 마치 사람들이 천구에 있다고 믿은 항성처럼 제자리를 지키면서 움직이지 않았는데 밝기가 변하는 거예요. 갑자기 나타났다 사라진 거죠. 충격적인 결과였습니다. 천구는 변하지 않는 신의 영역에 속해야 했는데, 그렇지 않다는 것을 처음 발견한 거예요.

갈릴레오에 와서는 더욱 놀랄 만한 일들이 벌어집니다. 당시에는 네덜란드를 필두로 항해술이 발달하면서 망원경 개발도 활발했어요. 갈릴레오는 직접 망원경을 만들어 천체를 관측한 최초의 과학자였습니다. 태양을 보니까 흑점이 있어요. 태양빛이 순수하지 않고 오염되어 있다는 것을 발견한 것이죠. 당시 태양은 신을 상징하는 천체였습니다. 그러니까 순수해야 마땅한데 그렇지 않은 거예요. 태양빛을 반사하는 달에도 수많은 분화구가 있다는 것을 발견했습니다.

요즘은 은하수를 보기 힘들지만 시골에 가면 보여요. 하늘을 가로지르며 펼쳐져 있죠. 은하수에 뭔가 거무튀튀하게 오염돼 보이는 것들이 있는데, 사람들은 역시 그게 천구가 아니라 지구 대기에 있는 무엇 때문일 거라고 생각했습니다. 갈릴레오는 은하수에 별이 무수히 많다는 것을 발견했어요. 그리고 하늘에 있는 별이 그냥 두루 퍼져 있는 게 아니라, 하늘을 가로지르며 불균등하게 분포해 있다는 것을 처음 알게 됐죠. 하늘의 질서에 대해서 다시 생각해 보는 계기가 되었습니다. 물론 이런 관측들을 바탕으로 지동설을 주장하게 된 건 유명한 이야기죠.

빛의 재발견

빛에 대한 관념도 아이작 뉴턴에 와서 바뀌기 시작합니다. 당시에는 흰빛은 순수한 빛, 빨갛고 노랗고 파란빛은 오염된 빛이라고 생각했어요. 흰빛은 프리즘을 통과하면 여러 가지 색깔로 분리됩니다. 뉴턴은 여기에 프리즘을 하나 더 갖다 댔어요. 그러자 빛이 모여서 흰빛으로 바뀌었습니다. 색깔이 있는 빛이 오염된 것이 아니라는 의미예요. 빛이 여러 가지 색으로 나뉘는 것은 빛 자체가 지닌 고유한 성질이라는 것을 알게 된 거죠. 이것 역시 충격적인 결과였습니다. 하지만 뉴턴은 이 사실을 어떻게든 기존의 질서에 맞추려고 했던 것 같아요. 피타고라스Pythagoras의 7음계에 맞추기 위해서 색이 일곱 가지 빛으로 갈라진다고 얘기했던 겁니다. 실제로 빛의 색이 일곱 가지인 건 아니죠. 색은 연속적으로 변하니까요.

과학기술이 발전하면서 빛은 파동이라는 걸 알게 됐습니다. 파동의

전파　　　적외선　　　가시광선　　　자외선　　　엑스선

3-2
안드로메다 은하

파장에 따라서 빛이 여러 가지 색깔로 나뉠 뿐만 아니라 가시광선 외에 감마선, 엑스선, 자외선, 적외선, 전파 등 다양한 형태의 빛이 있다는 것도 알게 됐어요. 이런 다양한 빛의 발견 덕분에 현대 천문학자들은 여러 방식으로 천체를 관측할 수 있게 되었죠. 가시광선, 즉 눈으로 보는 은하, 자외선으로 보는 은하, 엑스선으로 보는 은하 모두 다르게 생겼습니다.³⁻² 천체가 방출하는 다양한 빛을 관측하게 되면서 천체가 우리에게 어떤 정보를 주는지 자세히 알기 시작합니다.

1800년대 초에 특별한 사건이 또 발생합니다. 태양빛이 여러 가지 색으로 나뉜다는 건 자연스럽게 받아들이던 때였어요. 이 시기에 독일의 물리학자 요제프 폰 프라운호퍼Joseph von Fraunhofer나 영국의 물리학자 윌리엄 하이드 울러스턴William Hyde Wollaston 같은 사람들이 성능 좋은 분광기를 만들기 시작합니다. 빛 분해가 잘 되는 분광기였죠. 이 분광기에 태양빛을 통과시키면 빛이 빨주노초파남보로 색이 깨끗하게 분해될 거라고 기대했습니다. 그런데 기대와 달리 중간중간에 까만 선들이 지저분하게 끼어들어 있는 겁니다.³⁻³ 자연이라는 것이 그렇게 완벽하지가 않습니다. 태양빛은 이렇듯 지저분합니다. 하지만 이런 사실은 천문학자들에게는 굉장히 좋은 일이에요. 모든 것이 깔

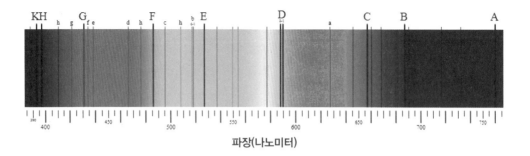

끔한 데이터에서는 얻을 수 있는 정보가 많지 않습니다. 오히려 지저분한 것들에 새로운 정보가 포함돼 있죠.

프라운호퍼가 발견한 까만 선에서 어떤 정보를 알아냈을까요? 20세기에 양자역학이 발전하면서 이런 까만 선들은 수소와 헬륨, 리튬, 산소, 철 등 여러 원소가 특정한 파장대의 빛을 흡수하기 때문에 만들어진다는 사실을 알게 되었습니다. 그래서 이것을 '흡수선absorption line'이라고 합니다. 흡수선이 중요한 이유는 원소마다 흡수선을 만들어내는 파장이 다르기 때문이죠. 수소, 헬륨, 리튬, 산소 흡수선의 형태가 모두 다릅니다. 그렇기 때문에 별빛을 잘 분석해서 어떤 파장에서 어떤 종류의 흡수선이 나오는지 살펴보면 그 별이 어떤 물질로 구성됐는지 알 수 있어요.

현대 천문 기기로 관측한 태양의 스펙트럼spectrum을 보면 중간중간에 흡수선들이 많습니다. 이 흡수선을 자세히 관찰해 보면, 지구에서 볼 수 있는 칼슘이나 철 같은 중원소重元素에서 발견되는 흡수선들과 아주 유사해요. 그래서 사람들은 '지구를 구성하는 물질과 태양을 구성하는 물질이 크게 다르지 않겠구나. 태양이라는 것도 결국은 수많은 중원소를 포함하는 천체구나.' 하고 생각했습니다. 사실 이런 믿음은 굉장

> 중원소

우주를 구성하는 원소는 대부분 수소와 헬륨으로 이루어져 있다. 그럴 만도 한 것이 빅뱅 직후 우주에는 이 두 가지 원소밖에 없었기 때문이다. 수소와 헬륨을 제외한 나머지 원소들은 모두 별이 생성되는 과정에서 만들어지거나 초신성이 폭발할 때 만들어졌다.

중원소는 원자량이 큰 원소를 말한다. 천문학에서는 헬륨보다 무거운 원소를 중원소로 간주한다. 통상적으로 천문학자들은 수소와 헬륨 이외의 모든 원소를 '중금속'이라고도 부르는데, 우리가 일반적으로 일컫는 중금속과는 전혀 다른 개념이다. 예컨대 질소, 산소, 네온 등을 화학에서는 비금속으로 취급하지만, 천문학에서는 금속으로 다룬다. 천문학자들이 말하는 중금속은 '중원소'와 같은 의미라고 봐야 한다.

히 오래전부터 이어져 왔어요. 고대 사람들은 하늘에 관한 과학적 정보를 얻을 기회가 없었겠죠. 유일하게 하늘로부터 얻을 수 있는 정보라곤 가끔가다 하늘에서 떨어지는 운석이었습니다. 그 운석을 살펴봤는데 지구의 돌멩이하고 별반 차이가 없어요. 그래서 옛날 사람들은 하늘을 구성하는 물질과 지구를 구성하는 물질이 다르지 않다고 결론 내렸던 겁니다. 후대에 발견된 스펙트럼, 흡수선들은 그런 사고방식을 확증해 주었고요.

태양의 구성 성분

1800년대 말에 조지프 노먼 로키어 Joseph Norman Lockyer 라는 영국의 천문학자가 아주 흥미로운 발견을 했습니다. 태양의 일식 현상을 찍은 사진을 보면, 달그림자 주변이 밝게 빛나는 것을 볼 수 있습니다. 태양이 방출하는 코로나 corona 예요. 이 코로나는 온도가 굉장히 높아요. 로키어는 코로나를 관측해서 강한 방출선 emission line 이 나오는 것을 발견했습니다. 로키어가 이걸 분석해 봤어요. 그런데 지구에 있는 그 어떤 원소하고도 들어맞지 않는 거예요. 그래서 이 방출선과 관련 있는 원소는 지구상에 없고 하늘에만 존재하는 원소라고 결론 내렸어요. 그리고 그리스어로 태양이라는 뜻을 가진 단어 '헬리오스 hélīos'를 차용해서 '헬륨'이라고 이름 붙였습니다. 이때부터 하늘에는 지구와 다른 게 있다는 것을 조금씩 깨닫기 시작합니다.

태양이 어떻게 구성되어 있는지 밝혀내는 데 결정적인 역할을 한 사람은 세계 최초의 여성 천문학 박사 세실리아 헬레나 페인 Cecilia Helena Payne 이었습니다.[3-4] 이전에는 흡수선을 보고 철이나 규소 같은 것들이 있겠구나 하는 정도로만 추정했어요. 하지만 페인은 태양의 흡수선들을 매우 자세하게 분석했습니다. 페인은 구성 원소들의 함량 비가 정확하게 어떠한지, 별의 온도가 달라지면 흡수선의 세기가 어떻게 변할 것인지 정량적으로 처음 계산한 사람이에요.

그러고 나서 놀라운 결론을 내렸습니다. 태양을 구성하는 주된 성분은 철이나 칼슘 같은 중원소가 아니고 수소와 헬륨이며, 질량 비율로 수소가 70퍼센트, 헬륨이 28퍼센트, 중원소는 기껏해야 2퍼센트밖에 되지 않는다는 사실을 밝혀낸 겁니다. 당시 천문학계를 발칵 뒤집어 놓은 엄청난 사건이었습니다.

별의 온도에 따라 흡수선의 세기는 달라집니다. 태양은 6,000켈빈 (K)인데요, 태양을 구성하는 물질의 70퍼센트가 수소임에도 온도가 떨어지면 수소 흡수선의 세기가 굉장히 약해집니다. 반면 철, 칼슘 등 중원소의 흡수선은 강해집니다. 이런 변화는 온도에 따라 각 원소의 이온화 정도, 즉 전자의 에너지 준위 등이 달라지기 때문이에요. 여러 가지 요소를 고려해야 별 표면의 원소 함량비를 정확하게 구할 수 있습니다. 페인이 처음 이 사실을 발견했고, 태양을 구성하는 주성분이 수소라는 것을 밝혀낸 것이죠.

페인의 발견은 태양빛의 근원에 대한 실마리를 제공했다는 점에서 중요합니다. 수소 핵융합의 가능성을 좀 더 진지하게 탐구하는 계기를 마련해 주었죠. 이것은 나중에 빅뱅 우주론을 뒷받침하는 중요한 증거로도 쓰입니다. 빅뱅 이론이 예측하는, 우주에 존재하는 수소와 헬륨의 비율은 수소 76퍼센트, 헬륨 24퍼센트입니다. 태양의 흡수선을 분석해서 얻은 결과와 크게 차이가 나지 않아요. 관측과 이론이 아주 잘 들어맞습니다.

이것이 우주를 구성하는 별, 은하 등 천체들이 어떤 성분으로 이루어졌는지 규명해 온 과정입니다. 별빛이 오염되었다는 사실로부터 알아낸 이야기죠.

태양 에너지의 근원

지금부터는 따뜻한 별빛 이야기를 하겠습니다. '도대체 무엇이 태양을 저렇게 밝게 빛나게 하는 걸까? 태양은 어떤 과정을 통해서 저렇게 많은 에너지가 나오는 걸까?' 20세기 초까지 궁금해했던 질문이에요.

태양은 엄청나게 밝습니다. 태양이 얼마나 밝으냐 하면, 태양이 1초 동안 만들어 내는 에너지는 원자력 발전소 한 기가 100억 년 동안 만들어 내는 에너지와 맞먹습니다. 엄청나죠. 많은 사람이 중력 수축에 따른 빛의 방출이 태양 빛의 근원이라고 생각했습니다. 에너지 보존법칙에 따르면, 사용 가능한 중력 에너지는 언젠가 다 소멸됩니다. 우리가 사용할 수 있는 에너지의 한도가 얼마인지, 그리고 태양의 밝기 정도로 얼마 동안 그 에너지를 쓸 수 있을지 계산해 봤더니 수천만 년밖에 되지 않아요.

20세기 초는 지질학적인 증거, 생명체 진화의 증거 등을 통해 지구의 나이가 적어도 10억 년 이상 되었을 거라고 이미 생각하고 있던 시절이었습니다. 당시 천문학자, 지질학자, 생물학자 사이에 우주의 나이, 태양계의 나이, 지구의 나이를 둘러싼 엄청난 논쟁이 있었어요.

이 논쟁에 해결의 실마리를 제공한 사람이 알베르트 아인슈타인입니다. $E=mc^2$ 이라는 유명한 공식을 만든 사람이죠. 이걸 가지고 처음으로 수소 핵융합 반응을 고려했던 사람이 아서 스탠리 에딩턴Arthur Stanley Eddington입니다. 수소가 핵융합 반응을 해서 헬륨이 만들어지려면 수소 원자 네 개가 결합해야 돼요. 수소 네 개의 총질량과 헬륨 한 개의 질량을 비교해 보면, 아주 작은 차이지만 수소 네 개의 질량이 조금 더 큽니다. 이때 줄어든 질량만큼 에너지가 방출됩니다. 그런데 $E=mc^2$, 이 공식에 따르면, 빛의 속도가 엄청나게 빠르기 때문에 아무리 작은 질량 차이라 해도 어마어마한 에너지가 방출될 수 있어요.

이 아이디어는 태양의 막대한 에너지를 설명하기에 충분했지만 문제가 전혀 없었던 건 아닙니다. 양성자와 양성자가 결합하기 위해서는 쿨롱 장벽coulomb barrier을 뛰어넘어야 합니다. 쿨롱 장벽은 전자기력 때문에 생기는 거대한 에너지 장벽을 말합니다. 양성자는 전자기적으로 양의 극을 띠고 있죠. 두 양성자가 가까이 다가가면 굉장히 강한 척력이 작용합니다. 어지간해서는 이 척력을 이길 수가 없어요. 하지만 일단 척력을 이기고 둘이 가까워지면 강한 핵력이 작용해 결합됩니다. 다시 말해, 쿨롱 장벽을 뛰어넘어 가까워지면 강한 핵력으로 두 양성자가 결합됩니다. 문제는 태양의 중심 온도가 에너지 장벽을 넘

기에 지나치게 낮았던 거예요. 당시의 계산으로는 그랬어요. 쉽게 말해서 에베레스트 산을 넘으려면 제트기가 필요한데, 태양의 중심 온도는 기껏해야 개구리가 점프하는 수준밖에 안 됐던 겁니다. 그래서 수소 융합 반응은 사람들이 일찌감치 포기했습니다.

그런데 이 아이디어에 새로운 단초를 제공한 사람이 있었어요. 고전 물리학에 따르면, 이런 수소 원자 두 개가 부딪히면 도로 튕겨 나가야 정상인데, 조지 가모브George Gamow가 '양자 터널 효과quantum tunnel effect'라는 매우 중요한 현상을 발견합니다. 에너지 장벽을 넘기에 에너지가 충분하지 않더라도 양자역학적으로는 장벽을 통과할 확률이 낮지 않다는 걸 처음 발견한 겁니다. 예를 들면 어떤 사람이 벽을 향해서 돌진했는데 갑자기 벽을 쓱 통과하는 것과 비슷합니다.[3-5] 일상생활에서는 결코 발생할 리 없고 불가능한 일인데, 양자 세계에서는 비교적 높은 확률로 발생할 수 있죠. 일상생활에서 양자역학이 무슨 필요가 있느냐고 생각하기 쉬운데, 이런 현상이 없다면 우리는 태양빛을 받으면서 이렇게 생존할 수가 없을 겁니다.

영국의 로버트 앳킨슨Robert Atkinson과 독일의 프리츠 후터만스Fritz Houtermans는 가모브의 양자 터널 효과를 받아들여서 수소 핵융합 반응이 얼마나 될 것인지 처음 계산했습니다. 하지만 이들의 계산은 가능성만 제시했던 것이지 완성된 수소 핵융합 이론을 발전시킨 건 아니었습니다. 양성자의 존재는 알고 있었지만 중성자는 몰랐던 시절이었거든요. 실제로 헬륨을 만들려면 중성자가 필요합니다. 그러다가 중성자의 존재가 밝혀지면서 한스 알브레히트 베테Hans Albredht Bethe가 핵융합 이론을 완성시켜 나갑니다.

핵융합, 현대판 연금술

좀 자세히 설명해 볼게요. 수소 원자 두 개의 핵융합 반응을 보죠. 수소의 양성자가 결합하면서 양성자 하나가 중성자로 변하고, 이 과정에서 중성미자neutrino와 양전자가 튀어나옵니다. 중성자와 양성자가 결합된 것이 중수소예요. 여기에 또 다른 수소 원자 하나가 결합하면 헬륨의 동위 원소인 헬륨-3이 됩니다. 그리고 똑같은 방식으로 만들어 낸 헬륨-3 두 개가 결합하면 여기서 양성자 두 개는 튕겨 나가고 최종적으로 중성자 두 개, 양성자 두 개로 이루어진 헬륨(헬륨-4)이 만들어집니다. 이 과정을 'pp체인proton-proton chain'이라고 하죠.[3-6] 태양 에너지의 근원은 바로 이런 과정에 있다고 생각합니다.

태양보다 좀 더 무거운 별, 그러니까 별의 중심 온도가 좀 더 높은 별에서는 'CNO사이클'이라는 핵융합 반응이 중요한 역할을 합니다. 질소가 양성자 하나와 결합하면 산소의 동위 원소가 만들어집니다. 이때 중성미자와 양전자가 나오면서 질소의 동위 원소가 만들어지고 또 양성자 하나와 결합하는 과정에서 헬륨이 만들어져요. 상당히 복잡

pp체인

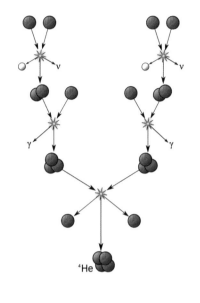

CNO사이클

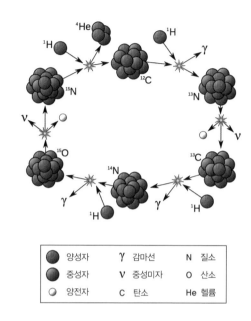

● 양성자	γ 감마선	N 질소
● 중성자	ν 중성미자	O 산소
○ 양전자	C 탄소	He 헬륨

3-6
핵융합 반응

한 과정인데, 이 과정에서 중요한 것은 탄소, 질소, 산소가 마치 촉매처럼 작용한다는 겁니다. 자신은 직접 관여하지 않지만 반응을 촉진시키는 역할을 하는 거죠. 베테가 이 과정을 밝혀냈습니다.

사실 핵융합 과정은 엄청난 발견입니다. 마치 연금술 같은 거예요. 옛날에 사람들이 금을 만들겠다고 얼마나 많은 노력을 했습니까. 수소 두 개로 헬륨이 만들어진다는 것은 새로운 물질이 만들어진다는 의미예요. 지구에서는 아무리 노력해도 어떤 원소가 다른 원소로 바뀌는 건 불가능한데, 별 내부에서는 가능하다는 것을 알게 된 거예요.

그렇다면 이렇게도 생각해 볼 수가 있어요. 별 내부에서 수소가 헬륨으로 바뀐다면, 헬륨이 탄소로 바뀌고, 또 산소가 만들어지고, 금도 만들어지고 그러지 말라는 법이 없잖아요. 별 내부의 온도가 높으니까 말이에요. 실제로 항성 진화stellar evolution 계산을 해서 이 모든 과정이 다 가능하다는 것이 밝혀졌습니다.

우주에 존재하는 원소들 중에 결합 에너지가 가장 높은 것이 철입니다. 적어도 철까지는 핵융합 반응을 통해서 원소가 만들어질 수 있다고 항성 진화 이론에서 검증을 끝냈습니다.

철보다 무거운 것을 만들어 내는 과정은 쉽지 않아요. 철과 철이 결합해서 핵융합 반응을 한다는 건 극도로 어렵습니다. 아까 얘기한 전자기력의 척력이 워낙 강하기 때문이죠. 그리고 온도가 지나치게 높아지면 철이 핵융합 반응을 하는 게 아니라 오히려 분해되기 시작합니다. 그래서 철보다 무거운 원소는 웬만해서 만들어지지 않아요.

그런데 초신성이 폭발할 때 별 내부에서 중성자가 많이 쏟아져 나오면 중성자 자체는 아무런 전하를 갖고 있지 않기 때문에 쉽게 다른 원소와 결합할 수 있습니다. 그 과정을 '중성자 포획neutron capture'이라고 하는데, 그런 방식으로 철보다 무거운 원소들이 만들어질 거라고 추정합니다. 실제로 이를 뒷받침하는 관측 증거도 많습니다.^{Q1}

Q1 :: 별 내부에서 만들 수 있는 원소보다 더 무거운 원소를 만들어 내는 방법이 있을까요?

별 내부에서 합성할 수 있는 가장 무거운 원소는 철이에요. 철보다 무거운 원소를 만들려면 '중성자 포획'이라는 특별한 과정이 필요합니다. 중성자가 철 같은 무거운 중원소하고 결합하는 거죠. 중성자는 전하량이 없기 때문에 서로 반발력을 느끼지 않아요. 그래서 아주 낮은 온도에서도 중성자는 다른 물체하고 쉽게 결합할 수 있어요. 그런데 중성자는 반감기가 굉장히 짧습니다. 기껏해야 십 분이면 중성자는 양성자로 변해요. 결국 중성자를 짧은 순간에 얼마나 많이 만들어 내느냐가 관건인데, 초신성 폭발이나 두 개의 중성자 별이 병합할 때 중성자들이 순간적으로 많이 나옵니다.

'점근거성열Asymptotic giant branch'이라는 특별한 별도 중성자를 많이 방출합니다. 태양 같은 별이 죽어 가는 과정 맨 마지막 단계에서 표층을 잃어버리기 직전 단계의 별인데요, 별의 핵 표면에서 격렬한 핵반응이 일어나 중성자들이 순간적으로 방출되는 경우가 있습니다.

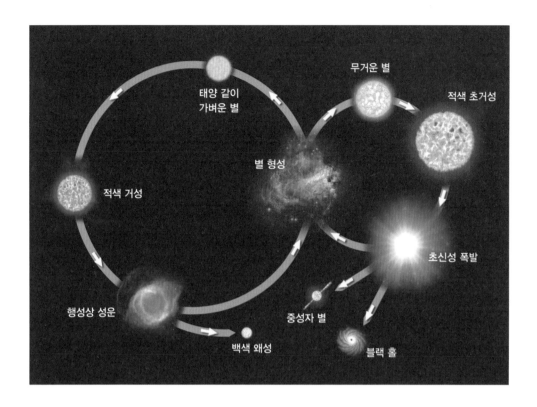

3-7

별과 물질의 순환

진화하는 우주

'별은 왜 따뜻할까? 도대체 별은 어떻게 에너지를 만들까?' 하는 질문으로부터 사람들은 '이제 우리 몸을 구성하는 물질은 어디에서 왔는가?' 하는 중요한 사실을 알기 시작합니다. 그리고 별과 물질이 순환한다는 것도 알게 됩니다.[3-7] 어떤 성간 물질 내부에서, 그러니까 별 사이에 존재하는 구름 내부에서 무거운 별, 예컨대 태양보다 열 배 이상 무거운 별이 만들어지면, 궁극적으로는 초신성 폭발을 하면서 산소, 규소, 황 같은 수많은 중원소를 우주 공간으로 방출합니다. 반대로 별의 질량이 태양만큼 작다면 어떻게 될까요? 태양도 언젠가는 죽겠죠. 가벼운 별은 적색 거성이 됐다가 별의 표피층을 우주 공간으로 다

날려 버립니다. 이 과정에서 탄소와 질소 등 수많은 원소가 우주 공간으로 퍼져 나갑니다.

우주는 빅뱅과 함께 탄생했습니다. 우주 초기에 탄생한 별빛의 스펙트럼을 관측했다면 흡수선은 거의 발견되지 않았을 겁니다. 수소와 헬륨에 해당하는 흡수선만 있었겠죠. 우주 초기에는 중원소가 없었으니까요. 그러다가 별과 물질이 순환을 하면서 우주 내부에 철, 산소, 탄소 등 중원소가 점점 많아졌습니다. 흡수선이 점점 늘어났겠죠. 별빛 스펙트럼이 점점 지저분해집니다. 다시 말해, 우주는 과거와 현재, 미래의 모습이 다릅니다. 우주는 진화하고 있습니다.^{Q2}

우주가 정말 진화하고 있는지 알아보려고 관측을 많이 했습니다. 이 그래프는 현재부터 약 120광년 전까지 우주의 중원소 함량비를 관찰한 결과예요.³⁻⁸ 아래쪽 X축의 적색 이동 red shift은 일종의 시간입니

Q2 :: 가장 오래된 별은 어떻게 찾나요?

오늘날 천문학자들이 하고 있는 일 중 하나가 우주에 존재하는 가장 오래된 별을 찾는 겁니다. 가장 오래된 별은 빅뱅 직후에 만들어진 별이겠죠. 그걸 과연 어떻게 찾느냐? 찾는 방법 자체는 굉장히 간단해요. 빅뱅이 만들어 낸 물질은 수소하고 헬륨으로만 구성되어 있거든요. 수소와 헬륨으로만 구성된 별을 찾으면 '아, 이게 빅뱅 직후에 만들어진 별이구나.'하고 쉽게 알 수 있습니다.

이론은 간단한데 실제로 찾기는 상당히 어렵습니다. 138억 년이 넘는 시간 동안 살아 있으려면 별의 질량이 좀 작아야 합니다. 별의 질량이 크면 중력이 크다는 얘기고, 큰 중력을 상쇄하려면 별의 압력이 높아야 하고, 압력이 높아지기 위해서는 별의 온도가 높아야 하죠. 그런데 핵융합 반응은 온도에 굉장히 민감합니다. 온도가 높으면 연료가 빨리 탑니다. 질량이 아무리 커도 무거운 별들은 그만큼 빨리 타기 때문에 금방 죽어서 사라집니다. 반면 질량이 작은 별은 상대적으로 온도가 적당히 낮아서 핵융합 반응이 격렬하지 않아요. 천천히 진행되면서 아주 오래 살 수가 있어요. 핵융합 반응이 천천히 진행된다는 것은 다른 말로 하면 그 별이 굉장히 어둡다는 얘기예요. 어둡기 때문에 찾아내기 쉽지 않습니다. 그런 어두운 별을 분광 관측을 하는 건 더더욱 어렵죠.

우리나라는 구경 24미터짜리 거대 망원경을 칠레에 건설하는 거대 마젤란 망원경 Giant Magellan Telescope, GMT 프로젝트에 참여하고 있습니다. 우리나라는 10퍼센트 지분을 가지고 있어요. 그 정도 크기의 망원경이라면 아주 어두운 별의 분광 관측도 가능하리라고 생각합니다. 2020년이나 2021년쯤에 가동될 겁니다. 그걸 통해서 빅뱅 직후에 만들어진 가장 오래된 별, 천문학자들이 'First Star'라고 하는 최초의 별을 찾을 거라고 생각합니다.

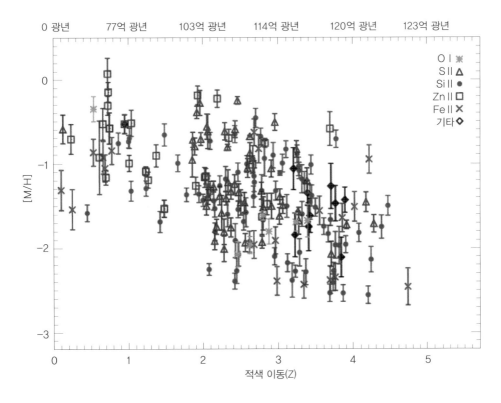

(그래프 범례)
O I ✳
S II △
Si II ●
Zn II ☐
Fe II ✖
기타 ◇

3-8

과거에서 현재로 올수록 중원소의 함량비가 높아진다. X축에서 0광년은 현재의 우주를 나타낸다. 숫자가 클수록 과거의 우주다. Y축은 우주의 중원소 함량비를 나타낸다. (O: 산소, S: 황, Si: 규소, Zn: 아연, Fe: 철)

다. 이 값이 클수록 과거의 우주입니다. Y축은 다양한 중원소의 함량비를 로그log 단위로 나타낸 값입니다. 즉 0은 태양계의 구성 물질에 해당하는 값, -1은 태양계의 10분의 1, -2는 태양계의 100분의 1이라는 뜻입니다. 120광년 전의 과거에는 평균적으로 봤을 때 우주의 중원소 함량비가 태양계의 100분의 1 정도밖에 되지 않아요. 과거에서 현재로 올수록 산소, 황, 규소, 아연, 철 등 중원소의 함량비가 전체적으로 점점 높아지고 있습니다.

여기에는 중요한 의미가 있습니다. 지구는 수소와 헬륨이 아니라, 철, 산소, 규소 등 중원소로 구성되어 있습니다. 수소와 헬륨으로는 생명체가 생성되지 않아요. 그러니까 이 그래프는 생명체 탄생의 가능성이 우주의 진화와 더불어 점점 증가해 왔다는 것을 얘기해 주고 있습니다. 우리가 우주 역사의 일부라는 것이죠. 우리 몸에는 138억 년 우주의 역사가 고스란히 담겨 있습니다. 우리 몸을 구성하는 물질들이 과거 어느 시점에는 별 안에 있었을 테니까요. 이것이 따뜻한 별빛으로부터 알아낸, 우리 인간에 대한 소중한 발견입니다.

별의 수명이 긴 이유

이제 깜빡이는 별빛을 얘기하려고 합니다. 그 전에 이 얘기를 해야할 것 같군요. 왜 별은 영원불멸인 것처럼 보일까요? 옛날 사람들은 별이 영원하다고 생각했어요. 인간이 살아가는 시간 척도 내에서는 별이 거의 변하지 않기 때문에 그렇게 생각했을 겁니다. 실제로, 태양의 나이가 46억 년 정도인데 태양의 중심 온도는 5퍼센트 정도밖에 변하지 않았어요.

그렇다면 태양은 나이가 왜 그렇게 많고, 왜 그토록 안정적일까요? 태양은 특별한 성질을 갖고 있어요. 일상생활에서는 경험하지 못하는 현상이 태양에서 발생하죠. 라면을 끓이는 경우를 생각해 봅시다. 물에 에너지를 공급하는 과정이 라면을 끓이는 과정이에요. 물질이 에너지를 받으면 온도가 올라가겠죠. 이것이 우리가 일상적으로 경험하는 상식입니다. 하지만 별은 반대로 작동합니다. 별에 에너지가 공급되면 별의 온도는 떨어져요. 신기하죠. 물에서 에너지를 뺏으면 어떻게 됩니까? 물의 온도가 떨어지죠. 물이 얼기도 합니다. 태양이 에너지를 빼앗기면 오히려 온도가 증가합니다.

왜 이런 신기한 일이 벌어질까요? 별이 거대한 중력을 가지고 있기 때문에 그래요. 한편으로는 중력이 별을 찌그러뜨리려 하고, 다른 한편으로는 강한 기체 압력이 중력을 상쇄합니다. 이런 특별한 성질 때문에 에너지를 공급하면 온도가 떨어지고 에너지를 뺏어 오면 온도가 올라가는 특이한 현상이 발생하는 겁니다.

어떤 이유로 핵융합 에너지가 급격하게 증가하면 별 내부의 압력이 갑자기 증가합니다. 중력을 이겨 낼 정도로 압력이 커지면 별이 약간 팽창하죠. 팽창하면서 별 내부의 온도가 떨어져요. 그렇게 되면 온도에 무척 민감한 핵융합 에너지는 급격히 감소합니다. 에너지가 갑자기 감소하니까 압력이 약해지겠죠. 압력이 약해지면, 별은 엄청난 중력을 지닌 천체라서 다시 수축해요. 별이 수축하다 보면 다시 온도가 올라갑니다. 별의 온도가 올라가면 다시 핵융합 에너지가 증가하고, 그럼 압력이 증가하기 때문에 다시 별이 팽창해서 온도가 떨어지고……. 이런 순환 과정을 겪으면서 특정 온도를 기가 막히게 잘 유지하는 겁니다. 별은 정말 극도로 안정적인 시스템이에요. 그렇기 때문에 태양은 생명체가 진화하기에 충분한 시간 동안 지구에 안정된 에너지를 제공할 수 있었습니다.

우주를 살펴보면 태양처럼 수십억 년 이상을 살 수 있는 별이 엄청나게 많아요. 우리 은하에만도 그런 별이 수천 억 개가 됩니다. 그토록 오랜 시간 동안 안정된 에너지를 공급할 수 있는 별이 이 우주에 무수하게 많다면 저기 어딘가에 다른 곳에도 생명이 존재하지 않을까요? 우주 어딘가 우리와 닮은 외계 생명체가 있지 않을까요? 이런 질문이 당연히 나올 수밖에 없습니다. 그래서 외계 행성계를 찾는 일, 외계 생명체의 증거를 찾는 일에 많은 사람이 매달리고 있습니다.[3-9]

사실 이런 논의는 최근에 나온 게 아니에요. 엔리코 페르미Enrico Fermi라는 유명한 물리학자가 똑같은 질문을 던졌어요. 우리 은하에 태양계와 같은 시스템이 1000억 개가 있고, 그중 일부에 지적 생명체가 있다면, 왜 우리는 그들의 흔적을 아직 찾지 못했을까? 이것을 '페르미

3-9
이 드넓은 우주에 우리만 존재하는 걸까? 지구에만 생명체가 존재하는 걸까?

의 역설Fermi paradox'이라고 부릅니다.

지구는 특별한 곳인가

외계 생명체의 존재와 관련해서 먼저 생각해 봐야 할 게 있어요. '과연 생명체는 얼마나 흔할까? 생명체의 탄생은 쉬운 것일까?' 일단 지구를 가지고 생명체 출현의 가능성을 추론해 봐야겠죠. 지구는 어떤 면에서 특별한지, 지구는 생명체 생존에 얼마나 좋은 조건을 갖추고 있는지 정리해 보면 다음과 같은 요소들이 도출됩니다.

우선, 태양처럼 오랫동안 안정적으로 에너지를 공급해 줄 수 있는 별이 필요해요. 이런 별은 우주에 굉장히 흔합니다. 특별한 조건은 아니에요. 다음으로, 우리 은하는 우주의 진화 과정에서 비교적 많이 진화한 은하예요. 다시 말해, 중원소 함량비가 꽤 높습니다. 행성이나 생명체를 만들어 낼 만한 물질들이 충분히 존재한다는 것이죠. 이것도 사실 특별한 조건은 아니에요. 우리 은하만큼 오래된 은하는 우주에 널려 있습니다.

은하 중심으로부터의 거리는 중요한 조건일 수 있어요. 은하 중심부에는 엑스선, 감마선 등 여러 가지 고에너지 입자들이 많아서 생명체가 거주하기에 좋은 조건이 아니죠. 그래서 태양계처럼 은하 중심에서 한참 떨어진 한적한 곳이 좋습니다.

적당한 크기의 질량은 굉장히 중요한 조건입니다. 지구는 지나치게 크지도 작지도 않은, 대기를 유지시킬 만한 중력이 있는 적당한 크기예요. 화성은 중력이 좀 약해요. 지구의 38퍼센트 정도밖에 되지 않습니다. 화성의 대기 밀도는 지구의 1퍼센트 정도밖에 되지 않아서 생명체가 살기에 적당하지 않습니다.

자기장도 중요한 역할을 합니다. 지구는 내부의 핵이 일종의 발전기dynamo 역할을 해서 자기장이 만들어지고, 그 자기장이 태양으로부터 오는 여러 고에너지 입자를 막아 줍니다. 화성에는 자기장이 없어요. 그래서 태양에서 오는 여러 고에너지 입자를 그대로 받습니다.

지각 활동도 굉장히 중요합니다. 지각 활동 덕분에 지구 내부에서 이산화탄소가 대기로 공급되고, 그것이 적당히 온난화 역할을 해서 지구 대기의 온도를 일정하게 유지해 줍니다.

이런 모든 조건을 다 갖춘 행성이 얼마나 될까요? 아주 중요한 질문입니다. 어떤 사람들은 지구가 굉장히 특별하다고 생각합니다. 하지만 반론도 있어요. 우리가 우연히 지구라는 행성 위에 생명체로 존재한다는 사실 자체가 우주의 다른 곳에 생명체가 존재할 가능성이 매우 높다는 것을 말해 준다고 주장하는 사람들도 있습니다. 이것을 '코페르니쿠스 원리Copernican principle'라고 하죠.

그럼 무엇을 어떻게 해야 우리 지구가 특별한지 여부를 알아낼 수 있을까요? 지구와 닮은 행성을 찾는 거예요. 이때 가장 중요한 조건은 생명체 거주 가능 영역, 이른바 골디락스 존goldilocks zone에 있는 행성을 찾아야 한다는 겁니다. 어떤 행성이 별에 지나치게 가까이 있으면 너무 뜨겁겠죠? 너무 떨어져 있으면 추울 거예요. 생명체가 거주하기 위한 가장 중요한 조건 중 하나가 물이 액체 상태로 존재하는 거예요. 물은 우주에서 가장 흔한 분자 중 하나예요. 결코 특별한 분자가 아닙니다. 생명체에 중요한 것은 물 분자 자체가 아니라 물 분자가 기체, 액체, 고체 중 어떤 상태로 있는가 하는 겁니다. 생명체가 존재하기 위해서는 물이 액체 상태로 존재할 수 있는 적당한 온도의 환경이 갖춰져야 합니다.

그렇다면 별과 적당한 거리에 있는 행성이 우리 은하에 얼마나 될까요? 이런 질문들을 고려해 우주에 지적 생명체가 얼마나 있는지 계산할 수 있는 공식이 있어요. 바로 드레이크 방정식Drake equation입니다. 이를테면 태양과 같은 별의 개수는 얼마나 되고, 그런 태양이 행성을 갖고 있는 비율은 얼마나 되고, 또 그 행성이 골디락스 존 안에 있을 확률은 얼마나 되는지 다 따져 보면 외계에 우주 생명체가 얼마나 있는지 알아낼 수 있다는 것이죠.

> 드레이크 방정식
$$N = R^* \cdot f_p \cdot n_e \cdot f_l \cdot f_i \cdot f_c \cdot L$$

N : 우리 은하 내에 존재하는 지적 문명체 중 외부와 통신을 시도하는 문명체의 개수

R^* : 태양처럼 오래 사는 별들의 탄생률.

f_p : 행성을 가지고 있는 별들의 비율

n_e : 한 행성계당 거주 가능 지역에 존재하는 행성의 평균 개수

f_l : 거주 가능 지역의 행성들에서 실제로 생명체가 발생하는 비율

f_i : 생명체가 발생한 행성 중에서 지적 생명체가 나타날 비율

f_c : 지적 생명체가 다른 별과 통신하는 문명을 가지고 있을 비율

L : 그런 통신 문명이 지속될 수 있는 기간

외계 생명체를 찾아서

사실 별들은 너무나 멀리 떨어져 있어서 행성을 직접 관측하기가 매우 어렵습니다. 대부분 행성과 별을 구분하지 못해요. 그래서 우리가 사용하는 방법은 별빛이 깜빡이는 것을 살펴보는 겁니다. 아이디어는 굉장히 단순해요. 별이 하나 있습니다. 그리고 그 별 바깥쪽, 우리가 보는 쪽으로 행성 하나가 지나가면 행성의 표면만큼 별이 가려지기 때문에 별빛이 좀 어두워지겠죠. 행성이 완전히 지나가면 다시 예전의 밝기로 돌아올 겁니다. 행성이 별 주위를 공전하고 있다면 이런 현상이 주기적으로 나타나겠죠. 이걸 통해서 행성의 존재 여부, 행성의 공전 주기, 크기, 질량까지도 알아낼 수 있습니다.

이 별빛과 행성이 지나갈 때 별빛의 밝기 차이가 불과 1만분의 1 정도밖에 되지 않아요. 아주 미세한 차이입니다. 그런데 현대 천문학의 수준이 워낙 발전했기 때문에 그 정도는 쉽게 가려낼 수 있어요. 그걸 통해서 많은 외계 행성체를 찾았습니다.

다른 방법도 있습니다. 행성이 별 주위를 돈다고 했을 때, 별과 행성의 공전 축은 중심에서 살짝 벗어나 있기 때문에 별도 같이 공전하기 마련입니다. 도플러 효과Doppler effect를 이용해서 그 움직임을 관측할 수 있어요. 우리에게 가까이 다가오는 빛은 별빛의 파장이 약간 짧아지고 멀어지면 늘어나는데, 이런 현상을 이용해서 별의 움직임을 측정할 수 있죠. 행성의 존재 유무는 물론 행성의 질량 등 여러 정보도 알아낼 수 있습니다.

또 다른 방법은 중력 렌즈를 이용하는 방법이에요. 아인슈타인의 상대성 이론에 따르면, 빛은 직진하지만 강한 중력장 주변에서는 휘어집니다. 별이 하나 있어요. 그 앞에 또 다른 별이 있습니다. 그러면

이 별빛이 별 주위를 지나다가 휘어집니다. 마치 렌즈를 통과하는 빛처럼 휘어요. 그러다 별빛이 한곳에 모이면 평소보다 밝은 빛을 내는 거예요. 그래서 별빛이 별 사이를 지나가다 갑자기 번쩍하고 밝아지는 현상을 관찰할 수 있습니다. 그런데 이 별 주변에 행성이 있으면 이 별이 지날 때 한 번 번쩍했다가 행성이 지나갈 때 또다시 별빛이 휘니까 다시 번쩍하는 현상이 발생할 수 있어요. 실제로 이런 현상이 관측됐습니다. 이 방법으로도 행성의 질량, 행성의 공전 궤도 등을 쉽게 알아낼 수 있습니다.

우리나라도 이런 일을 하고 있습니다. 'KMTnet 프로젝트'라고 해서 미세 중력 렌즈를 이용해 외계 행성을 찾고 있어요. 남아프리카공화국, 칠레, 호주 세 군데에 망원경을 세웠습니다. 세 대륙에서 실시간으로 하루 종일 태양빛의 영향을 받지 않고 별이 반짝이는 것을 모니터할 수 있죠. 이 프로젝트가 2015년에 시작됐습니다. 이걸로 외계 행성을 많이 찾게 되리라 기대합니다.

우리 은하에는 별이 수천억 개 있어요. 지구처럼 골디락스 존에 존재하는 지구형 행성은 우리 은하에 과연 몇 개나 될까요? 통계적으로 약 110억 개로 추정하고 있어요. 상당히 많죠? 2014년 기준으로, 현재까지 발견된 외계 행성은 1,000개가 넘습니다. 그중 골디락스 존에 있는 것이 50개가량 됩니다. 우리와 제일 가까이 있는 게 11.9광년 정도 떨어져 있어요. 지구에서 이 행성으로 이주하기에는 조금 먼 거리군요. 빛의 속도로 가더라도 12년이나 걸리니까 현재 기술로는 불가능하죠.

물론 아직 결론은 안 났습니다. 다른 조건들이 필요하기 때문이에요. 지구와 같은 자기장, 적당한 질량, 행성 내부에서 발생하는 화산 활동 등을 다

> **새로운 지구형 행성의 발견**
2016년, 태양계에서 가장 가까운 별인 프록시마 켄타우리Proxima Centauri의 주변, 거주 가능 지역에서 지구형 행성이 발견되었다. 지구에서 그곳까지의 거리는 4,243광년이다.

따져 봐야 하죠. 그래도 현재까지 관측으로는, 어쩌면 생명체가 그다지 드문 것이 아닐지도 모른다는 결론을 내리고 싶습니다.

끝으로 말씀드리고 싶은 게 있어요. 천문학자는 도대체 뭘 하느냐 하는 질문을 많이 받아요. 우리는 하늘을 바라봅니다. 하늘을 바라보는 이유는 바로 인간에 관심이 있기 때문이에요. 외계 행성을 찾는다는 것은 우리 자신의 정체성과 관련된 중요한 문제거든요. 이런 일들을 천문학자가 하고 있어요. 여러분도 천문학에 많은 관심 가져 주시길 바랍니다. 여기서 마치겠습니다. 감사합니다.

science talk

1 별을 만들 수 있을까

핵융합 에너지와 인공 태양

엄지혜 그냥 문학적으로 생각해도 좋잖아요. 하늘의 별도 따다 준다는데 진짜 별을 만들어서 줄 수 있다면 얼마나 좋을까 생각해 봤어요. 대표님은 어떻게 생각하시나요?

원종우 정말 별을 만들어서 주려고 하면 절대 안 됩니다. 아시다시피 별은 불지옥입니다. 어쨌든 별은 에너지원이라는 측면에서 의미가 있는데, SF에서 종종 별을 만드는 얘기가 나옵니다. 〈스타트렉Star Trek〉이라는 아주 유명한 미국 드라마가 있습니다. 한 에피소드에서 목성 같은 천체에 에너지를 주고 압력과 온도를 높여서 별로 변하게 만드는 프로젝트를 진행하는 이야기가 나와요. 물론 드라마니까 사고가 나고 복잡한 얘기가 펼쳐집니다만, 그걸 보고 있으면, 재료가 있고 온도하고 압력을 갖춰 줄 수 있다면 별을 만들 수도 있겠다는 생각이 듭니다.

엄지혜 이론상으로는 별을 만들 수 있다? 그런 일들이 직접 실행된 경우가 있나요?

사회

엄지혜
아나운서

토론

윤성철
서울대학교 물리천문학부 교수

정애리
이화여자대학교
천문우주학과 교수

원종우
'과학과 사람들' 대표

정애리　네, 있어요. 에너지는 가벼운 원소를 융합시키는 핵융합을 통해서 만들어 낼 수 있고, 조금 무거운 원소를 분열시키는 핵분열로도 만들어 낼 수 있습니다. 현재 원자력 발전소에서 만들어지는 핵에너지는 거의 다 분열을 통해서 나오는 에너지예요. 하지만 핵을 분열시킬 때 방사능이 많이 나오기 때문에 여러 모로 해롭죠. 핵융합으로 얻는 에너지는 깨끗한 에너지고, 원자력 발전소에서 만드는 에너지보다 훨씬 더 높은 에너지거든요. 그러면 핵융합 에너지를 왜 만들지 않을까요? 그 에너지를 만든다고 해도 그걸 제어할 수 있는 기술이 필요합니다. 상당히 고급 기술이 필요해요.

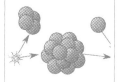

　그렇다고 포기할 것이냐? 핵융합 에너지를 만들어 내면 정말 엄청난 거예요. 여러 나라에서 핵융합을 통해서 에너지를 만들려고 노력하고 있습니다. 우리나라에도 K-STAR라고 하는 한국형 핵융합 프로젝트가 있어요. 그게 아주 성공적이고 상용화될 만했다면 이미 우리가 들어 보지 않았겠어요? 인공 태양을 만드는 것은 기술적으로 상당히 어려운 일입니다.

윤성철　강연에서 말씀드린 것처럼, 얼마나 안정적으로 에너지를 만들어 내느냐가 관건입니다. 별이 안정적인 상태를 유지할 수 있는 것은 별이 무척 크고 중력과 압력이 균형을 이루기 때문이에요. 하지만 지구 상에서는 그렇게 큰 중력을 만들어 낼 수 없죠. 그러다 보니까 핵융합 에너지를 안정적으로 만들어 내는 기술을 개발하기가 생각보다 쉽지 않을 것 같습니다.

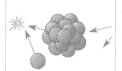

　높은 온도에서는 모든 원자가 이온화된 상태로 존재하고 그런 이온화된 물질을 '플라스마'라고 합니다. 원자들이 초고온의 플라스마 상태일 때 핵융합 반응이 일어나는데요. 플라스마는 자기장에 굉장히 민감하게 반응하기 때문에 강한 자기장을 가지고 플라스마를 안정적인 상태로 유지시키는 기술이 필요하다고 합니다. 최근 우리나라에서 플라스마 상태를 55초간 안정적으로 유지하는 성과를 냈다고 해요. 안정된 상태가 좀 더 오래 지속된다면 상용화도 가능하겠죠.

2 외계 생명체는 존재할까
　　외계 행성 탐사와 생명의 정의

엄지혜　과연 외계 생명체는 있을까요? 있다면 어느 별에 살고 있을까 많이들 궁금해하실 것 같은데요.

윤성철 천문학자라면 누구나 있기를 바란다고 대답하겠죠. 있다면 우리의 삶이 훨씬 더 흥미로워질 테니까요. 제가 가장 궁금한 것은 외계 생명체도 지구의 생명체처럼 탄소를 기반으로 하는가, 지구의 생명체와 동일한 방식의 유전자를 갖고 있을까, 아니면 전혀 다른 방식의 메커니즘이 존재하는가 하는 것들이에요. 정말 하나라도 밝혀낼 수 있다면 기쁘겠습니다.

원종우 저도 외계인이 있기를 바라고, NASA가 외계인을 숨겨 놨기를 바랍니다. 일단 가능성은 충분하다고 보죠. 우주가 워낙 크고 별도 많으니까 그중 어딘가에는 우리와 비슷한 게 있지 않을까요? 칼 에드워드 세이건Carl Eward Sagan이 이런 말을 했다고 해요. "만약 우주에 우리밖에 없다면 그건 엄청난 공간의 낭비일 것이다." 그 말도 일리가 있는 것 같습니다.
 과학자 대부분은 외계 생명체를 아주 보수적으로 미생물부터 찾으려고 하는 것 같아요. 그런데 한편으로는 세티Search for Extra-Terrestrial Intelligence, SETI 프로젝트처럼 인류 문명보다 앞선 외계 문명이 보내는 전파를 찾으려는 노력도 해 오고 있습니다. 40년이 넘었죠. 말씀하신 대로 외계의 존재가 인간하고 조금이라도 비슷할 것인지 아니면 완전히 다를 것인지, 천문학계에서도 논의가 계속되고 있는 부분이죠. 어떤 분들은 아주 다를 거라고 하고, 그래도 지적 생명체의 어떤 조건들 때문에 인간과 크게 다르지 않을 거라고 얘기하시는 분도 있어요.

정애리 생물학이 어려운 학문인 게, 우리가 찾아야 하는 대상이 무엇인지 정의부터 내려야 하는데 아직 생명이 무엇인지 정확히 말할 수가 없어요. 유기물, 즉 탄소를 기반으로 한 분자를 찾는 방향이 있고요, 탐사선을 보내서 아주 단순한 미생물 같은 유기 생명체를 찾는 방향, 지적인 능력을 가지고 있는 외계 지성체와 접촉하려는 방향이 있죠. 한 가지 분명한 것은, 우주에는 유기 분자가 상당히 많다는 거예요. 초기 우주 때부터 존재했어요. 생명체가 만들어질 만한 재료는 매우 풍부해요. 다만 왜 이런 형식으로 진화했는지는 잘 모릅니다. 지구에서도 유기 분자가 유기 생명체로 진화한 것은 딱 한 번 있었던 사건이라고 하더군요. 그리고 그 과정을 아직도 우리가 완전히 이해하지 못하고 있어요. 일단 재료는 굉장히 풍부한데 아직까지 생명체는 못 찾았어요.

엄지혜 덧붙여서 골디락스 존에 대해서도 자세하게 설명해 주세요.

원종우 온도 말고도 조건이 많죠. 중력도 적당해야 하고, 또 궤도가 지나치게 찌그

러져도 안 돼요. 아주 찌그러진 타원 궤도를 돌다보면 극과 극의 날씨를 경험해야 되기 때문에 지구처럼 쾌적한 환경이 조성되기 어렵거든요. 사실 우리는 골디락스 존을 생명체가 존재하기 위한 당연한 기준이라고 생각하지만, 예외가 있을 것 같고 생각을 더 열어야 할 필요가 있어요. 사실 화성도 골디락스 존 안에 있잖아요. 화성에 생명체가 있으리라 생각하고, 수십 년 동안 많은 돈을 들여서 무인 탐사선을 마흔 번 이상 보냈어요. 그런데도 아직 미생물 하나 못 찾았거든요. 화성과 같이 골디락스 존에 있어도 다른 조건이 안 맞으면 생명체가 없을 수도 있어요.

토성의 위성 중에 타이탄이라는 게 있어요. 태양계에서 유일하게 표면에 액체 바다가 있는 곳이에요. 하지만 물이 아니고 액체 메탄이에요. 타이탄은 엄청나게 추워요. 탄화수소는 영하 170, 180도에서 액체 상태로 존재합니다. 비록 물은 아니지만 어쨌든 액체이기 때문에 과학자들은 탄화수소인 메탄 액체를 매개로 해서 살아가는 생명체가 있을지 모른다며 연구와 탐사를 거듭하고 있습니다. 얼마 전에 탐사선 카시니Cassini 호가 착륙해서 그 바다 사진을 찍어 보냈어요. 이런 식으로 우리가 전혀 기대하지 못한 상황에서 생명체가 나올 수도 있을 거예요.

3 허무주의 대 허무주의
사실 우린 아무것도 모르는 너무나 작은 존재

엄지혜 저는 강연을 들으면서, 순수 과학이 철학과 닿아 있다는 생각이 들었어요. 우주를 바라보고 별을 연구하면서 인간 존재에 대해 생각하게 된다고 말씀하셨잖아요. 저는 또 그런 궁금증이 생기더라고요. 광활한 우주를 연구하다 보면 나의 존재가 너무 허무하고 아무것도 아니게 느껴지지 않을까 생각하게 됐거든요. 그런 철학적 고찰에 한 번쯤 직면하지 않았을까 궁금한데, 어떠셨어요?

윤성철 세상을 어떻게 바라보느냐에 따라 다를 것 같아요. 이 우주를 어떻게 해석하느냐의 문제라고 생각합니다. 그것은 과학적인 문제가 아니라, 세상을 대하는 태도의 문제입니다. 지구와 비슷한 문명이 이 우주에 수없이 많다고 하더라도, 그리고 인간이 정말로 우연히 태어났다고 하더라도 그게 왜 굳이 허무주의로 빠져야 되는지 저는 잘 모르겠어요. 지구라는 것이 정말 특별하다고 생각했는데 현대 과학이 밝혀 놓으니까 이게 아무것도 아닌 것처럼 느껴질 수는 있어요. 하지만 어렸을 때 천재 소리를 듣다가 나중에 평범한 어른이 됐다고 해서 그 사람이 세상을 허무하게 살

아갈 이유는 전혀 없잖아요. 마찬가지로 우주가 어떻든 간에 지금 우리가 살아 있다는 사실 자체가 중요하다고 생각합니다.

정애리 저는 그렇게 하찮게 느끼는 감정 때문에 천문학을 시작했어요. 어렸을 때 별을 보고 있으면 '우리가 과연 어디서 왔지?'라는 생각과 함께 제 스스로 너무 보잘 것없게 느껴지는 거예요. 그런데 가진 게 없을수록 용기가 있다고, 뭔가 더 잃을 것도 없이 그 질문에 도전해 보고 싶었거든요. 별 같은 존재로 살 것인지 아니면 정말 먼지 같은 존재로 살 것인지는 여러분의 마음가짐과 스스로의 철학에 달려 있지 않나 생각합니다.

윤성철 친구한테 재미있는 이야기를 들은 적이 있어요. 전에는 한 번도 그런 생각을 해 본 적이 없는데 얘길 들어보니 그럴듯해요. 우리가 지금 여기 이 순간에 태어난 것이 아니라 아주 먼 장래에 우주가 훨씬 더 많이 진화했을 때 태어났다면 우리는 빅뱅이 있었는지도 몰랐을 거라는 얘기예요. 왜냐하면 우주는 계속 팽창하고 있기 때문에 우주 배경 복사cosmic background radiation 역시 희미해지거든요. 은하 간의 거리도 지나치게 멀어져서 관찰 자체가 불가능할 수도 있어요. 그러니까 아주 먼 장래에 우리는 우주 공간에 뚝 떨어진 존재처럼 보일 수도 있는 거예요. 그때 태어났다고 하면 밤하늘에서 천체가 보이지 않기 때문에 우주가 어떻게 생겼는지 우리를 구성하는 물질이 어떻게 나왔는지도 모르겠죠. 그 친구가 얘기하기를, "내가 이 순간에 태어난 게 얼마나 놀라운 일이냐."라는 거예요. 그 친구는 사업하는 친구인데, 그 얘기를 듣고 저도 과학을 하는 사람으로서 큰 감명을 받았습니다.
　우리가 이런 사실들, 그러니까 빅뱅이나 별의 진화 등을 알 수 있는 시기에 태어나서 이런 연구를 할 수 있는 것이 얼마나 놀라운가 새삼스레 다시 생각하고 있습니다. 그리고 실제로 그런 맛에 과학을 하는 것도 맞고요.

원종우 긴 우주의 시간을 생각해 보면 지금 우리가 아는 건 초보적일 수밖에 없죠. 그래서 좀 답답한 면도 있지만, 과학자들은 알아낼 것이 굉장히 많이 남아 있다는 데 즐거움을 느끼고 있어요. 어쨌든 여기까지 왔다는 것만 해도 대견해요.

QnA

질문1 먼 거리임에도 지구와 조건이 비슷한 행성이 그렇게 많다면 어딘가 외계인이 있을 것 같은데요, 그렇다면 그들 중 일부는 과학기술을 극한으로 발전시켜 지구를 찾아올 수 있지 않을까요?

원종우 외계인들이 오고 있기를 바랍니다. 저는 개인적으로 가능성이 없지 않다고 봐요. 왜냐하면 과학이 아주 발달한 문명이 존재할 수 있기 때문이죠. 외계인들이 찾아오기 힘든 이유가 별끼리 너무 멀기 때문이에요. 태양계에서 가장 가까운 다른 별에 가려면 빛으로만 4.3년 이상을 가야 해요. 빛의 속도가 곧 전파 속도니까 발견해서 우리가 인사를 건네고 대답을 받는 것만 해도 8.6년이 걸립니다. 가장 가까운 곳이라 해도 현재 수준의 로켓으로는 거기까지 가는데 4만 년이 걸립니다. 아무리 빨리 가도 빛의 속도로 4.3년 걸리니까 좀 멀리 떨어진 곳은 빛으로 가도 몇 백 년씩 걸리고 그러면 도저히 왕래할 수 없다는 얘기거든요. 그런데 최근에 이 문제를 극복할 수 있는 과학기술이 실험 중에 있어요. 1990년대에 멕시코의 물리학자 미구엘 알큐비에르Miguel Alcubierre가 공간을 축소하고 확대해서 광속보다 훨씬 빨리 움직일 수 있는 이론을 만들었어요. 그래서 NASA의 해럴드 소니 화이트Harold Sony White라는 사람이 아주 작은 소립자 차원에서 실제로 실험을 하고 있어요. 만약 이 이론에 기초해 만든 로켓이 제대로 작동한다면

이론적으로, 지금 로켓으로 4만 년 걸리는 거리를 2주 만에 갈 수 있다는 거예요. 2주면 할 만하잖아요. 이걸 만든 외계인도 있지 않을까 생각해 보지만, 이런 가능성만으로 지금 외계인들이 마구 찾아오고 있고, NASA가 외계인 시체를 숨기고 있다는 건 아니에요. 과학자들은 이런 얘기를 불편하게 여겨요. 저 같은 사람이 얘기해야 하는 거죠.

질문2 우주 팽창 속도가 광속을 넘을 수 있나요?

윤성철 네. 우주 팽창 속도 자체는 빛의 속도를 뛰어넘을 수 있습니다. 인플레이션inflation이 대표적인 사례예요. 우주 초기에는 우주가 빛보다 빠르게 팽창했다는 이론이죠. 빛의 속도는 말 그대로 빛의 속도지, 공간에까지 적용이 되는 법칙은 아니거든요. 우주 팽창 속도 자체는 빛의 속도에 제한을 받지 않습니다.

질문3 지구 생명체의 선입견을 깨는 다른 생명체의 예는 없나요?

원종우 바닷속 아주 깊은 곳은 압력이 엄청나요. 화산이 있는 곳도 있는데 그곳은 수온도 무척 높아요. 물이 거의 끓고 있고, 불이 나오진 않지만 황과 같은 유독 가스가 잔뜩 나오는 환경인데도 거기에 사는 생명체가 있습니다. '물곰'이라고도 하는데, 완보동물Tardigrada이 그런 종이에요. 길이가 0.1~1밀리미터 정도 되는 아주 작은 벌레인데 200년 이상을 산대요. 우주 공간에서도 살았고 방사능 환경에서도 살아남았어요. 거의 죽일 수 없는 생명체죠. 지구 상에도 이런 게 있다고 하니까 우주의 환경 조건에 맞는 전혀 엉뚱한 생명체도 찾을 수 있지 않을까요.

4강

빛과 함께하는
시간 여행

이명균

이명균

과거에는 우주에 대하여 잘 모르고 지냈으나, 현재는 우주를 연구하는 일이 우주에서 가장 재미있다고 생각하며 살고 있는 행복한 천문학자다. 축구공 같은 구상 성단을 이용하여 은하와 우주를 다양하게 연구하고 있으며, 발견의 즐거움을 만끽하고 있다. 고성능 망원경으로 하늘의 4분의 1을 관측한 자료를 분석해 처녀자리 은하단에 있는 구상 성단 지도를 최초로 완성했으며, 구상 성단 대부분이 우주에서 처음 태어난 천체라는 가능성에 대한 연구 성과를 얻기도 했다. 우주로부터 얻는 즐거움을 많은 사람과 나누고 싶은 꿈을 차근히 실현해 나가고 있다. 현재 서울대학교 물리천문학부 교수로 있다. 2012년 5월, 교육과학기술부 산하 한국연구재단에서 이달의 과학기술자상을 받았으며, 지은 책으로는 《허블 망원경으로 본 우주》(공저)가 있다.

안녕하십니까, 행복한 천문학자 이명균입니다. 여러분을 만나 대단히 반갑습니다. 오늘 저는 여러분과 여행을 떠나려 합니다. 그 여행은 빛과 함께하는 시간 여행입니다. 오늘의 일정은 이렇습니다. '시간 여행' 하면 흔히 영화와 소설을 떠올릴 텐데, 시간 여행을 같이 생각해 보고, 이런 시간 여행을 가능하게 하는 타임머신에 대해 소개하겠습니다. 그리고 타임머신으로 어떤 것을 살펴볼 수 있는지 알아본 후에, 과거와 미래로 여행을 떠나겠습니다.

100여 년 전에 한 청년이 대학을 졸업하고, 스위스 특허청에 취직해서 무료한 나날을 보내고 있었습니다. 아주 단순한 사무 관리 담당자였어요. 그는 현업보다 자기 관심사를 연구하는 데 시간을 더 많이 할애했습니다. 그 사람이 바로 알베르트 아인슈타인이었습니다.

당시 아인슈타인은 '만약 내가 빛과 같이 빠른 속도로 움직이면 이 세상은 과연 어떻게 변할 것인가?' 하는 문제에 매달렸어요. 마침내 1905년, 아인슈타인은 이 문제에 답을 내고 발표를 합니다. 아인슈타인은 그 연구 결과뿐만 아니라, 그해 한 달 동안 물리학 논문 세 편을 발표합니다. 논문 세 편 각각이 그 어떤 물리학자나 과학자가 평생에 한 번 쓸 수 있을까 말까 한 뛰어난 논문이었습니다. 그중 하나가 특수 상대성 이론에 관한 논문입니다.

어느 청년 과학자의 대담한 가설

특수 상대성 이론은 아주 간단해요. '물체가 빛의 속도든 다른 속도든 일정한 속도로 움직일 때 주변의 상황이 변할 것인가, 안 변할 것인가?'라는 주제를 다룬 이론입니다. 가만히 있을 때 본 것과 움직일 때 본 것이 과연 같을까, 다를까 하는 문제를 고민해 나온 결과물이었습니다. 이론을 전개하려면, 먼저 상황을 가정하거나 가설을 세워야 합니다. 중요한 가정 중 하나가 '빛의 속도는 일정하다.'는 거예요. 빛은 어떤 상황에서 보든지 같은 속도로 움직인다는 것이죠. 그런데 곰곰이 생각해 보면 이치에 맞지 않아요. 가만히 있는 사람이 일정한 속도로 움직이는 대상을 볼 때는 그 속도 그대로 보이지만, 달려가는 사람이 볼 때는 서로 반대 방향으로 지나갈 경우 상대적으로 더 빠르게, 서로 같은 방향으로 움직일 경우 더 느리게 움직이는 것처럼 보이기 때문입니다. 아인슈타인의 가정은 일상생활에서 접할 수 없습니다.

사람들은 시간이 일정하다고 생각합니다. 시간이 흘러가는 속도와 우리가 보는 물체의 길이는 어디서 누가 봐도 같다고 얘기합니다. 그러나 그렇지 않은 현상이 발생합니다. 빛처럼 굉장히 빠른 속도로 움직이면 시간이 천천히 갑니다. 그리고 그 물체의 길이가 줄어들게 됩니다. 아인슈타인은 이런 현상을 특수 상대성 이론에서 설명합니다. 그 덕분에 오늘날 우리가 시간 여행이라는 주제로 얘기할 수 있게 됐습니다. 특수 상대성 이론도 매우 중요하지만 그 이론을 정립하기 위해 대담한 가설을 세웠다는 것이 놀랍습니다.

그럼 빛의 속도는 유한할까요, 무한할까요? 인류는 아주 오랫동안 빛의 속도가 무한하다고 생각했습니다. 그러나 여러 실험과 측정을 통해서 그렇지 않다는 것을 알게 되었죠. 빛의 속도를 정말 측정했습니다. 대략 초속 30만 킬로미터입니다. 아인슈타인은 빛의 속도가 일정할 뿐만 아니라 물체가 움직이거나 정보를 주고받았을 때 가질 수 있는 가장 빠른 속도라고 했습니다. 즉 어떤 것도 빛보다 빠르게 움직일 수 없다는 얘기죠.

$$E = mc^2$$

오늘날 세계에서 가장 유명한 공식 가운데 하나입니다. 빛의 속도가 초속 30만 킬로미터라는 것을 생각하면, 이 공식은 두 가지 중요한 의미를 가집니다.

첫째, 물질은 상상할 수 없을 만큼 큰 에너지를 가지고 있습니다. $E = mc^2$, 즉 '에너지=질량×(빛의 속도)^2'입니다. 질량이 작아도 굉장히 큰 값을 곱하기 때문에 엄청난 에너지가 나오는 거예요. 그렇다면 이런 에너지원을 어디서 볼 수 있을까요? 가장 대표적인 것이 하늘에 떠 있는 별입니다. 별의 수명은 굉장히 길죠. 대략 100억 년이고 그보다 수명이 더 긴 별도 있고 짧은 별도 있죠. 그렇게 오랜 기간 동안 빛을 내려면 방법은 한 가지밖에 없습니다. 핵융합 에너지를 이용하는 거예요. 원자의 작은 질량(m)을 에너지(E)로 바꾸는 겁니다. 즉 수소 원자 네 개를 모아서 헬륨 원자 한 개를 만들고, 그때 생겨나는 질량의 차이를 에너지로 바꾸어서 빛을 냅니다. 하늘에서 별이 빛나는 이유를 설명한 아주 중요한 공식이에요.

둘째, 빛의 속도가 유한하기 때문에 빛의 속도로 가더라도 우주의 먼 거리를 여행할 때는 시간이 많이 걸립니다. 결국 멀리 떨어진 천체는 과거의 모습밖에 볼 수 없죠. 1광년 떨어진 거리에 있는 별의 모습은 1년 전의 모습입니다. 10광년 떨어져 있는 별의 모습은 10년 전의 모습이겠죠. 더욱더 멀리 있는 천체를 볼수록 우리는 더욱더 먼 과거를 보는 거예요. 10억 광년 떨어진 은하의 '현재' 모습은 어떨까요? 전혀 알 길이 없습니다. 그 모습을 보려면 앞으로 10억 년을 더 살아야 합니다.

망원경의 종류

망원경이 세상에 처음 등장한 것은 1608년이에요. 약 400년 전에 네덜란드에서 '한스 리페르세이 Hans Lippershey'라는 사람이 발명했습니다. 돈을 벌려고 망원경을 만들었다는데, 얼마나 벌었는지는 모르겠네요. 한편, 이 소식을 들은 갈릴레오 갈릴레이는 지름이 5센티미터 정도 되는 작은 망원경을 직접 만듭니다. 갈릴레오는 호기심이 많아 망원경으로 하늘을 관측했습니다. 그러다가 놀라운 사실들을 발견했고, 역사상 가장 유명한 과학자 가운데 한 사람이 되었죠.

오늘날에는 망원경의 개념을 넓게 잡습니다. 우주에서 오는 빛과 입자 등을 포착하는 기기를 통틀어 망원경이라고 합니다. 종류도 다양합니다. 전자기파, 중력파, 각종 입자 등에 따라 여러 종류가 있어요. 전자기파는 전파, 적외선, 가시광선, 자외선, 엑스선, 감마선 등이 있는데, 그중에서 가시광선을 보는 망원경을 '광학 망원경'이라고 합니다.

망원경으로 보는 빛은 과거로부터 우주 공간을 여행해 도달한 빛입니다. 우리가 보는 것은 과거 우주의 모습입니다. 그래서 망원경을 이용하면 공간 여행과 시간 여행을 같이할 수 있습니다. 망원경은 영화에 나오는 상상 속의 타임머신이 아니라 우리가 현실에서 접할 수 있는 타임머신입니다.

먼저 광학 망원경부터 살펴보겠습니다. 세계 최대의 광학 망원경은 에스파냐에 있습니다. 카나리아 대형 망원경Gran Telescopio Canarias, GTC입니다.[4-1] 돔 안에 반사 거울이 있는데, 지름이 10.4미터입니다. 이전까지는 하와이의 마우나케아 산에 있는 켁 망원경Keck Telescope이었어요. 망원경이 설치된 천문대 두 개가 나란히 있어 '쌍둥이 망원경'이라고도 합니다. 켁 망원경은 반사 거울의 지름이 10미터예요.[4-2] 우리나라 천문학자들은 2014년부터 이 망원경을 사용하고 있습니다.[Q1] 망원경은 둥그런 경통 구조일 것 같지만 실제 대형 망원경은 받침대와 구조물만 있고 둥그런 통은 없습니다.

경상북도 영천에서 북쪽으로 한 시간 거리에 보현산 천문대가 있는데, 여기에 우리나라에서 제일 큰 망원경이 있습니다. 한국천문연구원이 쓰는 지름 1.8미터짜리 망원경입니다. 1996년에 설치됐는데, 당시 소백산의 지름 60센티미터 망원경을 넘어 이제 우리가 도약할 때다 해서 '도약 망원경'이라고 이름 지었습니다. 도약을 하긴 했는데 많이는 못 했습니다. 20년이 다 된 지금까지도 이게 우리나라에서 가장 큰 망원경이에요. 다른 나라에서 아마추어들이 사용하는 망원경과 크기가 비슷합니다.

Q1 :: 망원경을 빌려 쓸 때는 어떻게 쓰는지, 그 비용은 어떻게 계산하는지 궁금합니다.

첫째, 망원경은 만들 때 많은 비용이 들어가기 때문에 혼자 만들기 쉽지 않죠. 그래서 대개 같이 만들어서 관측 시간을 나눠 사용합니다. 투자하지 않은 국가나 연구 팀에서 빌려 사용할 경우, 보통 사용 비용을 가격으로 매기지는 않습니다. 전 세계 천문학자들은 1920년대부터 연구 시설을 함께 사용한다는 정신을 공유하기 시작했고 그렇게 실천하고 있기 때문에 그냥 공개경쟁을 받습니다. 제안서를 받고 그중에서 아주 우수한 것을 뽑아서 무료로 사용하게 해 줍니다. 공개경쟁을 통해서 망원경을 쓰는 것은 굉장히 어려워요. 아주 뛰어난 아이디어일 경우에만 가능합니다.

둘째, 비용을 지불하고 사용할 경우에는 망원경에 들어간 예산과 망원경 사용 기간을 토대로 대략 산정을 합니다. 사용료가 하룻밤에 1000만 원에서 1억 원 사이입니다. 수십 년 동안 운영되는 모든 비용을 감안해서 책정합니다.

이렇게 두 가지 경로로 사용할 수 있습니다.

4-1

에스파냐의 카나리아 대형 망
원경

4-2

하와이의 켁 망원경

4-3

칠레의 VLT

칠레에 있는 망원경의 이름은 '베리 라지 텔레스코프Very Large Telescope, VLT' 말 그대로 '매우 큰 망원경'입니다.⁴⁻³ 이게 고유 명사입니다. 지름 8.2미터짜리 망원경 네 대를 같이 건설해서 지름 16미터 망원경의 효과가 나도록 했는데, 유럽의 20개국이 모여서 만들었습니다. 유럽은 여러 나라가 힘을 합쳐 과학 연구를 하고 있습니다.^Q2

이제 전파 망원경에 대해 알아보겠습니다.⁴⁻⁴ 전파 망원경은 전파를 수신하고 천체를 관측하는데, 광학 망원경과 달리 천체의 모습을 직접 볼 수 없습니다. 그 대신 전파 망원경은 다른 곳으로 전파를 보낼 수 있습니다. 아레시보 전파 망원경Arecibo Radio Telescope은 세계에서 가장 큰 전파 망원경인데, 지름이 305미터입니다. 너무 거대해서 아예 분지를 만들었습니다.

현재 세계 최고 성능의 전파 망원경은 '알마Atacama Large Millimeter/submillimeter Array, ALMA'입니다. 유럽과 미국, 아시아 여러 나라가 함께 칠레에 건설한 망원경인데, 산소가 희박한 해발 5,000미터에 설치되어 있습니다.

망원경은 지상에만 있는 게 아니라 우주에도 있습니다. 우주 망원경이라고 하죠. 가장 유명한 것은 허블 우주 망원경Hubble Space Telescope입

Q2 :: 유럽은 천문대를 전부 칠레에 세운다고 들었는데, 그 이유가 뭔가요?

천문대를 세우려면 기본적으로 건조해야 합니다. 수증기가 많으면 사진을 찍을 때 이미지가 좋지 않기 때문입니다. 구름도 없어야 하고, 비도 오지 말아야 합니다. 또 빛으로 인한 공해, 즉 광해가 없는 시골이 좋습니다. 그래서 산꼭대기와 같이 높은 곳에 많이 세웁니다. 칠레는 아주 건조한 사막이 많다는 장점이, 하와이는 건조하고 산이 4,000미터급 정도로 굉장히 높기 때문에 대기의 영향을 받지 않고 관측할 수 있는 장점이 있습니다.

그런 면에서 한국은 아주 악조건이에요. 우리나라에서 제일 큰 망원경의 구경이 1.8미터라고 했는데 우리나라에서 그보다 더 큰 망원경이 만들어질 이유가 별로 없을 겁니다. 더 큰 망원경을 만든다 하더라도 천문대를 우리나라 땅에 짓지는 않고 칠레나 하와이 같은 곳에 세우겠죠. 그러니까 구경 1.8미터 망원경은 앞으로도 우리나라에서는 제일 큰 망원경이 될 거예요. 만 원짜리 뒷면을 보면 그 망원경이 있습니다. 혼천의 옆에 희미하게 나와 있는 것이 바로 도약 망원경입니다.

니다.[4-5] 허블 우주 망원경은 1990년 4월 24일 발사되었습니다. 벌써 25년이 지났군요.

야누스의 얼굴을 한 우주

이제 다양한 망원경을 통해서 과거 우주의 모습을 살펴보겠습니다. 천체는 다양한 모습을 띠는데, 과연 눈에 보이는 것이 전부일까요? 우주도 아는 만큼 보입니다. 가장 대표적인 것이 별의 색깔입니다. 하늘을 볼 때, 별의 색깔을 느껴 본 적이 있나요? 대부분은 느끼기 어렵지만 쉽게 느낄 만한 붉은 별이 하나 있습니다. 새벽에 보이는 화성이죠. 화성을 빼고는 별의 색깔이 대개 비슷하게 보입니다. 그러나 여러분이

4-6
우리은하의 중심부

별에 색깔이 있다고 믿고 별을 응시하면 그 색깔이 보일 겁니다.

지금부터 여러분 앞에 펼쳐질 세상은 코스모스cosmos의 일부입니다. 코스모스는 카오스chaos와 대립되는 개념이죠. 고대 그리스에서 혼돈의 세계를 '카오스', 조화로운 세계, 평화로운 세계를 '코스모스'라고 했습니다. 오늘날 코스모스는 우주를 의미하는 개념으로 사용하고 있어요.

은하수 중심부를 망원경으로 들여다보면 좁쌀같이 보이는 것들이 별이고, 비교적 밝게 보이는 것들은 그보다 큰 단위의 천체입니다.4-6 깜깜한 부분은 사실 굉장히 넓은 공간입니다. 여기에 별이 1000억 개

정도 있습니다.

땅군자리 성운Rho Ophiuchi Nebula은 확대해보면 화려합니다.⁴⁻⁷ 우주는 흑백이 아니라 천연색입니다. 색깔이 다양하지 않습니까? 우주는 언제나 아름다운 모습을 보여 주고 있습니다. 공처럼 둥글게 보이는 것은 별이 구처럼 둥글게 모여 있다고 해서 '구상 성단球狀星團, globular cluster'이라고 부릅니다. 뿌옇게 보이는 곳은 성운星雲, nebula입니다. 파란 부분은 그 주변에 먼지가 많아서 그렇습니다. 주변에 먼지가 많으면 지구에서 볼 때 붉은색으로 보이는데 사실은 파란색이에요.

우주를 촬영한 사진에서 검게 보이는 부분은 아무것도 없는 것처럼

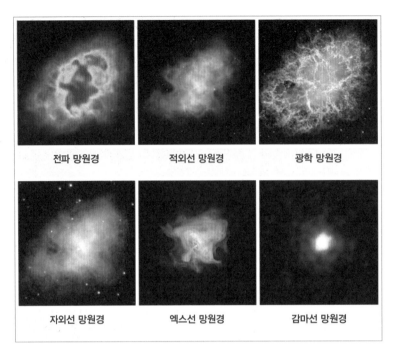

| 전파 망원경 | 적외선 망원경 | 광학 망원경 |
| 자외선 망원경 | 엑스선 망원경 | 감마선 망원경 |

4-8
다양한 망원경으로 촬영된 게
성운

보입니다. 그래서 옛날에는 이런 공간을 진공이라고 생각했어요. 아무것도 없는 빈 공간이라고 말이죠. 그런데 그곳을 적외선 카메라로 찍어 보니 수많은 천체가 보이는 거예요. 검은 공간은 아기별들이 잉태되어 태어나는 장소입니다.

게 성운Crab Nebula을 촬영한 사진을 보면 똑같은 게 성운이더라도 무엇을 가지고 어떤 빛을 보느냐에 따라 모습이 모두 다릅니다.4-8 우주는 정말로 다양한 모습을 하고 있습니다.

북두칠성은 모두 알고 있죠? 북두칠성은 거의 일 년 내내 볼 수 있어요. 북두칠성의 국자 손잡이 부분 아래쪽을 보면 보일 듯 말 듯 희미한 뭔가가 있습니다. 별도 아닌, 이것이 무엇인가 해서 확대해 보니까 은하였습니다. 처음 알게된 분들이 많을 거예요. 뭔가 빙글빙글 도는 것처럼 보이는 것은 소용돌이은하whirlpool galaxy입니다.4-9 제가 계산

해 보니까 이 안에 별이 대략 2000억 개 정도 있습니다. 그런데 맨눈으로 보면 국자 끝에 있는 별보다 작게, 있는 듯 없는 듯 보입니다. 우주는 정말 광활합니다.

과거로 떠나는 시간 여행

우주는 138억 년 전에 온도가 아주 높을 때 폭발하면서 생겼습니다. 우주의 역사를 시간 흐름에 따라 살펴볼까요?[4-10] 빅뱅으로 시작된 우주가 갑자기 이상하게 커졌고, 빅뱅 이후 38만 년이 지났을 때 '우주 배경 복사'라는 빛이 나왔습니다. 빅뱅 이후 4억 년쯤 지났을 때 별이 처음 태어났고, 이후 암흑 시대를 지나 은하도 태어났죠. 92억 년쯤 지났을 때 태양계가 태어났고, 그렇게 쭉 이어지다가 지금에 이

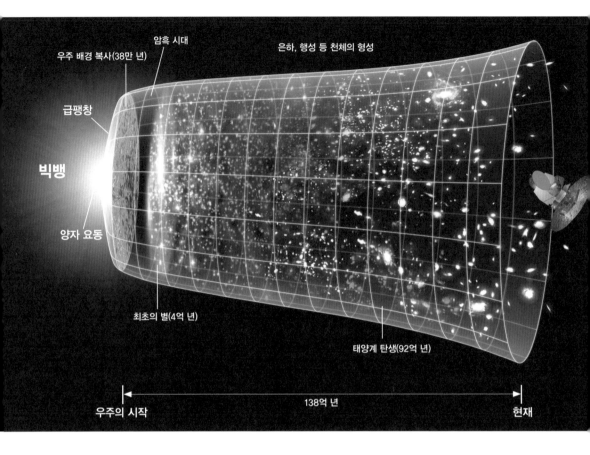

빅뱅

급팽창

우주 배경 복사(38만 년)

암흑 시대

은하, 행성 등 천체의 형성

양자 요동

최초의 별(4억 년)

태양계 탄생(92억 년)

우주의 시작

138억 년

현재

4-10
우주의 역사

르렀습니다.

　자, 지금부터 우주를 향해서 시간 여행을 떠납니다. 지구를 막 벗어
나 지구를 바라보면, 바다의 푸른색이 있고 사막의 노란색, 대기의 흰
색 구름이 어우러진 아름다운 푸른색 행성으로 보입니다. 빛의 속도
로 세 시간을 달리면 지구는 작은 점으로 보입니다. 지구의 존재가 우
주에서는 참 미미하다는 느낌을 주죠. 천문학자 칼 에드워드 세이건
은 이런 지구를 '창백한 푸른 점'이라고 이름 붙였습니다.

　조금 더 가보겠습니다. 빛의 속도로 1,400년을 달리면 '케플
러-452b Kepler-452b'라고 이름 붙인 행성을 만나게 됩니다.[4-11] 케플러

우주 망원경Kepler space telescope으로 찾아낸 452번째 천체인데, 2015년 7월 NASA가 발표한 자료에 따르면, 이 행성은 지구와 굉장히 비슷한 조건을 가지고 있습니다. 지구와 비슷한 행성이 있다면 거기에 생명체가 존재할 가능성이 높을 겁니다. 빛의 속도로 1,400년을 가면 여러분은 그곳에서 외계인을 만날지도 모릅니다.

빛의 속도로 2만 5000년을 가면 구상 성단 M13을 만나게 됩니다. 1974년에 푸에르토리코에 있는 아레시보 전파 망원경으로 인류의 정보를 담은 전파를 이 구상 성단에 보냈습니다. 지금 40년 정도 지났네요. 앞으로 2만 5000년에서 40년을 뺀 시간이 흘러야 우리가 보낸 정보가 M13에 도착하겠네요. 거기에 외계인이 있다면 우리에게 답신을 보낼지 모릅니다. 만일 그렇다면 앞으로 5만 년 후에 외계인의 신호를 받겠죠. 그 신호를 받기 위해서라도 인류는 5만 년 이상 더 살아야 합니다.

빛의 속도로 250만 년을 가면 안드로메다은하를 만날 수 있습니다. 안드로메다은하는 굉장히 큽니다. 보름달 크기의 여섯 배 정도 됩니다. 다만 밝지 않아서 서울에서 육안으로 보기는 힘듭니다. 강원도 오지 같은 아주 깜깜한 곳에 가면 안드로메다은하를 볼 수 있습니다.

봄에 보이는 별자리 중에 처녀자리가 있는데, 이곳을 향하여 광속으로 5400만 년을 가면 은하가 많이 모여 있는 곳이 있습니다. 은하가 많이 모여 있는 천체를 은하단Clusters of galaxies이라고 하는데, 이 은하단은 처녀자리에서 보이므로 처녀자리 은하단Virgo cluster of galaxies이라고 부릅니다.[4-12] 은하가 대략 2,000개 정도 있고 각 은하마다 별이 2000억 개 정도 있습니다. 바꿔 말하면 2000억 개의 별이 있는 은하가 2,000개 모여 있는 거예요. 이 은하단을 관측했더니 구상 성단이 굉장히 많이 분포해 있었습니다. 2010년에 저희 연구팀이 세계 최초

4-11 지구(왼쪽)와 케플러-452b 외계 행성의 상상도(오른쪽)

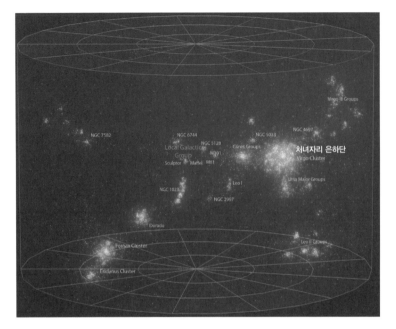

4-12
은하단의 공간 분포. 오른쪽
중간에 은하가 가장 많이 모
여 있는 천체가 처녀자리 은
하단이다.

로 이와 같이 넓은 지역에 구상 성단들이 분포한 처녀자리 은하단의
거대 구조large scale structure를 밝혀냈습니다.[4-13]

처녀자리 은하단의 중심부를 한번 볼까요?[4-14] 아무것도 없는 것처
럼 보이는 부분을 허블 우주 망원경으로 찍으면 천체들이 또 보입니
다. 2만 광년의 척도로 찍은 사진인데, 여기에서 아무것도 없는 것처
럼 보이는 작은 영역을 보니까 또 천체가 보입니다. 그렇게 관측한 은
하는 크기가 반경 1,000광년 정도 되는데, 지금까지 알려진 은하 중에

4-13
이명균 교수, 박홍수·황호성
박사로 구성된 연구팀이 처
녀자리 은하단의 거대 구조를
밝혀낸 내용의 논문이 2010
년 《사이언스Science》에 실
렸다.

처녀자리의 중심부. 이명균
교수와 장인성 대학원생은 이
주변부에서 '우주에서 가장
어두운 은하'를 찾아냈다.

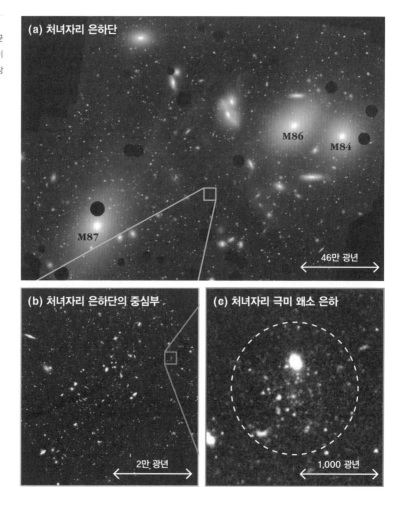

(a) 처녀자리 은하단

M86

M84

M87

46만 광년

(b) 처녀자리 은하단의 중심부

2만 광년

(c) 처녀자리 극미 왜소 은하

1,000 광년

워낙 작고 어두워서 '우주에서 가장 어두운 은하Ultra-Faint Dwarf Galaxy'
라고 합니다. 우리나라에서 붙인 이름입니다. 이런 어두운 은하는 그
동안 안드로메다은하 정도까지만 알고 있었는데, 우리나라가 몇 배나
더 먼 곳에서 이 은하를 최초로 찾아냈습니다. 지금까지 알려진 작은
은하 중에 가장 멀리 있는 은하입니다. 한국에서 이 기록을 갖고 있습
니다.

이제 수천만 년의 단위를 지나 더 먼 과거, 광속으로 억 년 이상을

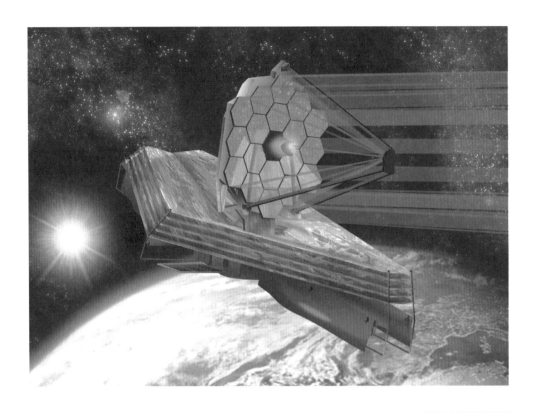

4-15
제임스 웨브 우주 망원경 가
상도

갈 수도 있습니다. 여러분이 바라보는 밤하늘에는, 아무것도 보이지 않는 곳에도 수많은 은하가 있습니다. 거리가 10억 광년, 20억 광년, 50억 광년, 100억 광년, 120억 광년, 130억 광년까지 육박하는 먼 거리에도 은하들이 존재한다는 얘기입니다. 이보다 더 멀리 떨어진 빛을 보려면 더 큰 망원경이 필요합니다. 2018년 허블 우주 망원경보다 훨씬 큰 우주 망원경이 발사될 예정입니다. '제임스 웨브 우주 망원경 James Webb Space Telescope'이라고 해서 적외선을 이용해 허블 우주 망원경보다 더 멀리 볼 수 있는 망원경이 제작 중입니다.[4-15]

그런데 더 멀리 볼 수 있는 것이 딱 한 가지 있긴 있어요. 바로 우주 태초의 빛이에요. 우주에 여기저기 퍼져 있다고 해서 '우주 배경 빛', 즉 '우주 배경 복사'라고 이름을 붙였습니다. 이 사진은 우주가 폭발하

4-16
우주 배경 복사

면서 38만 년 정도 지났을 때 물질과 빛이 분리되어 빛이 빠져나온 것을, 오늘날 화석처럼 남아 있는 것을 찍은 겁니다.[4-16] 그림에서 황갈색과 파란색은 온도 차이를 나타내요. 그 온도 차이가 10만분의 1도입니다. 온도에 차이가 있다는 건 당시에 이미 물질이 많이 몰려 있는 곳과 그렇지 않은 곳이 있었다는 것을 보여 줍니다. 아주 중요한 사실이죠. 이후 130억 년이라는 시간이 지나면서 은하가 태어나고, 별이 태어나고, 태양계가 태어나고, 지구가 태어나고, 인간이 태어나고, 그래서 지금 여기 여러분이 제 강연을 듣고 있는 것이죠.

지금까지 빛과 함께하는 과거 여행을 했는데, 미래 여행은 어떨까요? 가능하지 않습니다. 왜냐하면 과거로부터 오는 빛은 받을 수 있어도 우리가 빛을 따라갈 수는 없으니까요. 하지만 혹시 모르죠. 빛과 함께하지 않는 미래 여행은 가능할는지…….

우주의 운명

자, 우주의 미래 모습은 어떻게 될까요? 먼저 우주의 운명이 무엇에 달려 있는지 알아야 합니다. 우주를 구성하는 요소는 크게 세 가지예요. 우주에서 가장 많은 것은 '암흑 에너지dark energy'라는 이상한 이름의 에너지인데, 우리가 활용할 수 없는 에너지입니다. 그다음에 '암흑 물질dark matter'이라는 것이 우주의 4분의 1을 채우고 있고, 나머지 보통 물질이 4퍼센트 정도 차지합니다. 이 중에 빛을 내는 것은 매우 적습니다. 우리가 빛으로 보는 아름다운 천체는 사실 우주의 0.5퍼센트도 되지 않죠. 우리가 지금까지 본 것은 빙산의 일각에 불과합니다. 그런데 우주가 이런 것들로 이루어져 있기에 우리는 우주의 운명이 어떻게 되리라는 것을 쉽게 예측할 수 있습니다. 암흑 에너지는 물질을 밀어내는 척력을 갖고 있고, 암흑 물질은 서로 잡아당기는 중력을 갖고 있는데, 우주는 암흑 에너지가 대부분이니까 팽창 속도가 점점 빨라지고 팽창은 멈추지 않을 겁니다. 그러면 온도는 점점 내려가고 모든 에너지는 고갈될 겁니다. 따라서 우주의 미래는 매우 어둡습니다.

한국 천문학의 미래

우주에 있는 것은 누구나 볼 수 있습니다. 그런데 명색이 발견이라고 하면 그 대상을 가장 먼저 봐야 합니다. 가장 먼저 보려면 망원경이 좋아야 합니다. 하지만 우리나라의 망원경은 아주 소박합니다. 우리나라의 최대 망원경은 겨우 지름 1.8미터짜리 도약 망원경이라고 했습니다. 사실상, 우리나라에서 새로운 천체를 발견하는 건 거의 불가능해요. 그런데도 발견을 했습니다. 우리나라에서 새로운 천체를 발견한 것은 인간과 우주의 최대 미스터리라고 할 정도예요.

그렇다 해도 우리 천문학의 미래는 밝습니다. 2020년경에는 우리나라가 '거대 마젤란 망원경'을 설치하는 대형 프로젝트에 참여할 예정입니다. 칠레에 세워질 이 망원경은 세계 최대, 최고 성능의 망원경이 될 겁니다. 1조 원 이상이 소요되는 이 프로젝트에는 카네기천문대, 하버드 대학교 등 여러 기관이 참여하고 있는데, 우리나라의 지분은 10퍼센트입니다. 2020년이 되면 우리나라는 소박한 도약 망원경에서 벗어나 세계에서 가장 크고 좋은 망원경을 사용할 수 있게 됩니다. 그러면 우리나라의 우주 연구는 진짜 도약을 시작하게 될 겁니다.

오늘 우리는 138억 년의 과거를 거슬러 시간 여행을 했습니다. 이런 시간 여행은 아인슈타인이라는 천재 과학자의 발상 덕분이었습니다. 하지만 정작 아인슈타인은 시간 여행을 할 기회도 없었고, 우주의 모습을 볼 기회도 없었습니다. 지금까지 보여 드린 사진은 모두 아인슈타인이 세상을 떠난 후에 알려진 것들입니다. 저는 이번 카오스KAOS 강연이 '카오스chaos'에 있었던 여러분의 마음과 정신을 '코스모스'로 인도했기를 바랍니다. 감사합니다.

science talk

1 어린 시절로 돌아가서 첫사랑을 만날 수 있을까
타임머신은 실현 가능한가

사회

엄지혜
아나운서

토론

이명균
서울대학교 물리천문학부 교수

이강환 박사
국립과천과학관
천문우주전시팀장

황호성
고등과학원 물리학과 연구교수

엄지혜 첫 번째 주제는 이강환 박사님이 제안해 주셨는데요, 여러분들도 저도 가장 궁금해했던 주제입니다. 박사님, 타임머신을 만들 수 있을까요?

이강환 만들 수 있으면 좋겠습니다. 강연 제목이 '빛과 함께하는 시간 여행'이잖아요. 아무래도 타임머신 이야기가 많이 나올 것 같아서요. 단도직입적으로 말씀드리면 빛과 함께하는 시간 여행은 과거로의 여행은 가능하고 미래로의 여행은 불가능합니다. 반대로 빛과 함께하지 않는 시간 여행은 미래로의 여행은 가능하지만 과거로의 여행은 불가능합니다.

　미래로 시간 여행을 하는 장면은 영화 〈인터스텔라Interstellar〉에 나옵니다. 우주여행을 하고 돌아오니까 딸이 아버지보다 나이를 많이 먹었죠. 아버지 입장에서는 미래로 시간 여행을 한 거죠. 굉장히 빠른 속도로 움직이거나 또는 중력이 굉장히 큰 곳으로 가면 상대성 이론에 의해서 그 경험을 하는 본인의 시간은 느리게 갑니다. 본인의 시간은 느리게 가고 다른 사람의 시간은 그대로 가니까 나는 조금밖에 안 살

았고 다른 사람들은 오래 산 게 됩니다. 나는 잠깐 여행을 하고 돌아왔는데 지구의 시간은 한참 흘렀기 때문에 결과적으로 미래로 여행을 하게 된 것이죠. 그런데 미래로 여행을 했다가 다시 과거로 돌아갈 수는 없습니다.

타임머신은 영화에서 굉장히 인기 있는 주제죠. 대표적인 영화가 〈백 투 더 퓨처 Back To The Future〉 아닙니까. 1985년에 나온 영화인데, 30년 후 미래로 가는 장면이 있거든요. 그해가 바로 2015년이고, 가는 날짜가 10월 21일이에요. 원칙적으로 타임머신을 타고 우주로 나가서 굉장히 빠른 속도로 여행을 하고 돌아오면 미래를 경험할 수 있습니다. 쉽게 생각해서 내가 빠른 속도로 이동하고 있으면, 시간이 느리게 가니까 나는 미래로 여행을 하고 있는 셈이죠.

그런데 만일 지구에 있는 사람이 어느 순간 갑자기 그 우주선으로 휙 날아왔다면 지구에 있을 때보다 우주선 안은 시간이 느리게 가고 있으니까 그 사람은 과거의 사람을 만나게 된 거예요. 이와 같이 빛의 속도보다 빠른 뭔가가 와서 우주선에 올라타는 과정은 웜홀worm hole을 통해서 가능한데, 우선은 빛보다 빠른 우주선이 미리 만들어져야 해요. 그러니까 웜홀을 통해서 과거로 여행을 한다면 타임머신이 만들어지는 그 순간 이후에 진행되는 과거로만 갈 수 있어요. 타임머신이 만들어지기 전의 과거로 갈 수 있는 방법은 현재 이론적으로도 사실상 없어요. 어렵게 얘기했지만, 간단히 말해서 과거로 가는 건 불가능합니다. 우리는 아직 타임머신을 만들지도 못했죠.

엄지혜 영화에서 보는 것처럼 조선 시대로 가거나 하는 건 불가능한 이야기네요, 황호성 교수님, 덧붙여 주실 이야기가 있나요?

황호성 과학자 중에서 타임머신을 과학적으로 진지하게 연구한 사람이 있는지 찾아봤어요. 있더라고요. 로널드 로런스 몰렛Ronald Lawrence Mallett이라는 미국 코네티컷 대학교의 물리학과 교수예요. 이분이 서른세 살 때 아버지가 흡연으로 일찍 돌아가셨답니다. 타임머신을 타고 과거로 돌아가서 아버지께 담배를 끊으라고 얘기하고 싶은 게 일생의 목표였다고 하더군요. 그래서 타임머신 연구를 시작했대요. 연구 내용이 굉장히 복잡하긴 해요. 여러 연구 스토리가 있는데 중요한 건 성공을 못 했다는 거죠. 그분 말씀으로는, 21세기에는 실제 타임머신을 만들 수 있지 않을까 예측하고 있답니다. 그분에 대한 다큐멘터리 같은 것들이 인터넷에 많이 소개되어 있으니까 조금 더 과학적으로 접근해 보고 싶은 분들은 참고하면 좋을 것 같습니다.

2 망원경, 어디까지 커 봤니?
망원경에 대한 천문학자의 욕망

엄지혜 우주의 시간을 확인할 수 있는 망원경에 대한 이야기네요. 황호성 교수님, 어떤 이야기를 풀고 싶으셔서 이 주제를 내주셨나요?

황호성 최근에 하와이 마우나케아 산 꼭대기에 지름 30미터급 망원경을 만들고 있습니다. 그런데 그 산은 하와이 원주민들이 굉장히 신성시하는 땅이어서, 천문학자들과 하와이 원주민들 사이에 갈등이 생겼어요. 제가 8월에 하와이 학회에 갔는데, 원주민들이 학회장 앞에서 피켓을 들고 시위를 하더라고요. 피켓의 문구 중 하나가 이런 내용이었습니다. "대체 천문학자들은 망원경이 얼마나 커야 그만둘 것인가?" 오늘 주제와 관련해서, 천문학자들은 진짜 얼마나 큰 망원경을 만들어야 만족할까 하는 생각이 들어서 주제로 제시했습니다.

엄지혜 교수님, 망원경이 크면 어떤 효과가 있죠? 더 멀리 보게 되는 건가요?

이명균 망원경은 크면 클수록 더 어두운 것을 볼 수 있습니다. 어두운 것을 볼 수 있다는 것은 더욱더 멀리 볼 수 있다는 뜻입니다. 천체에서 오는 빛 중에 지구에 떨어지는 빛이 얼마 없습니다. 비가 올 때 작은 그릇을 대면 물을 조금밖에 못 받고, 큰 그릇을 대면 물을 많이 받을 수 있지 않습니까? 그런 것처럼 큰 망원경이 있어야 지구에 들어오는 빛을 많이 잘 볼 수 있습니다.

엄지혜 그럼 도대체 얼마나 커야 마음에 드시겠어요?

이명균 저는 개인적으로는 소박하지만 과학적으로는 꿈이 크기 때문에 망원경이 클수록 좋겠지만, 여러 가지 기술적인 면을 감안해서 현재 천문학자들이 고려하는 망원경은 지름 100미터짜리 광학 망원경입니다. 현재 기술로는 아직 만들지 못하고, 개발에 돈도 꽤 많이 필요합니다. 그래서 절충안으로 나온 것이 지름 30미터급, 25미터급 망원경입니다. 제 생각에는 금세기가 바뀌기 전에 100미터까지도 가능하리라고 예상합니다. 전파 망원경은 아까 보여 드린 305미터짜리 망원경 이런 것과 달리 수 킬로미터에 걸쳐 작은 망원경을 많이 설치해서 큰 망원경 효과를 내는 과제를 구상하고 있는데, 그것도 2030년대에 아프리카에 건설될 겁니다.

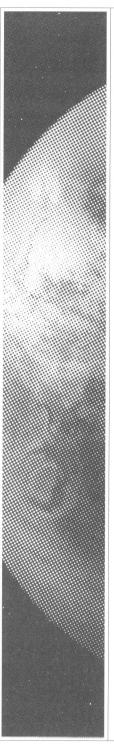

이강환 아까 교수님 강연 중에 VLT가 있었잖아요. 그게 지름 8.2미터인데, '매우 큰 망원경Very Large Telescope'이라고 이름을 붙였죠. 그게 고유 명사예요. 그래서 건설 중인 지름 30미터짜리 망원경에는 '익스트림리 라지 텔레스코프Extremely Large Telescope, ELT', 즉 '극히 큰 망원경'이라고 이름을 붙였죠. 그런데 지금은 그냥 '30미터 망원경Thirty Meter Telescope, TMT'이라고 부릅니다. 노래 부를 때 첫 키를 잘못 잡으면 나중에 고음이 나올 때 힘들어지듯이, 지금 망원경 이름이 그런 상황이에요.

엄지혜 당시에는 이 정도 이상으로는 커지지 않을 거라고 생각해서 그랬나 봐요.

이강환 당시에는 대기 때문에 지상에서는 그렇게 큰 망원경을 만들어 봐야 소용이 없을 거라고 생각했습니다. 지금은 레이저를 쏴서 움직이는 대기를 보정해, 망원경이 대기가 움직이는 대로 따라서 움직입니다. 마치 대기가 없는 것처럼 만들어서 관측하기 때문에 점점 망원경의 크기가 커지는 거예요.

이명균 지금 말씀드린 내용이 약간 어려울 것 같아서요. 우리가 안경을 맞출 때, 난시용 렌즈는 깎는 방법이 복잡합니다. 그런데 광학 망원경은 이보다 더합니다. 하늘에 있는 구름 덩어리들은 1초에 수백 번 혹은 수천 번씩 왔다 갔다 움직입니다. 그에 따라서 거울의 모양을 약간씩 바꿔 줘야 하거든요. 그리고 요즘에는 수동적으로 빛을 받기만 했던 광학 기술에서 빛을 쫓아가는 능동적인 광학 기술로 바뀌고 있습니다. 그 기술을 실현하는 데는 정교한 기계 장치와 빠른 컴퓨터가 필요하고, 거울을 아주 얇은 유리로 만들어야 하기 때문에 고도의 제작 기술도 필요합니다. 이런 망원경들이 최근에 개발되었기 때문에 앞으로 더욱 많이 활용될 겁니다.

QnA

질문1 우주가 아무리 커진다 해도 한계가 있을 것 같은데, 정말 한없이 커질 수 있나요?

이강환 제가 쓴 책 제목이 《우주의 끝을 찾아서》인데, 사실 찾지는 못합니다. 찾을 수가 없어요. 인류는 1929년에야 에드윈 파월 허블Edwin Powell Hubble의 관측으로 우주가 팽창한다는 사실을 알았습니다. 오랜 시간이 지나면서 빅뱅 이론도 나오고 우주가 팽창한다는 것은 누구나 알게 되었는데, 팽창을 하다가 앞으로 어떻게 될 건지는 오랫동안 몰랐어요. 그런데 1998년에 우주가 그냥 팽창하는 것이 아니라 팽창 속도가 점점 빨라지고 있다는 사실을 처음 발견했습니다. 그때 이후로, 우주의 미래가 어떻게 되는지 확실히 알게 됩니다. 그 전에는 팽창하다가 수축할 수 있다고도 하고 여러 이론이 있었는데, 지금은 다 아닌 것으로 밝혀졌고 우주는 영원히 계속해서 팽창합니다. 끝없이 영원히 점점 빠른 속도로 팽창한다는 게 현재 우리가 예측하고 있는 우주의 미래입니다.

황호성 쉽게 얘기하면, 우주 자체는 무한하지만 우리 눈으로 관측할 수 있는 우주는 끝이 있습니다. 그래서 이걸 '유한한 우주'라고 하고 '우주의 지평선'이라고 흔히 얘기하죠. 빛의 속도가 유한하기 때문에 빛이 우주의 나이만큼 날아간 그곳이 우주의 지평선이라고 할 수 있습니다. 빛이 우주의 나이 만큼 날아간 거리가 우리 눈으로 관측할 수 있는 우주의 크기라고 생각하면 됩니다.

질문2 우주의 팽창 속도가 점점 더 빨라지는 이유는 뭔가요?

이명균 명확한 답이 있습니다. 암흑 에너지라는 것 때문입니다. 암흑 에너지가 뭐냐? 우주를 점점 빠르게 팽창시키는 게 암흑 에너지입니다. 우주를 팽창시키는 뭔가가 있다는 건 밝혀냈지만 그 정체는 아무도 모릅니다. 그래서 이름을 '암흑 에너지'라고 붙였는데, 이걸 처음으로 명쾌하게 밝히는 사람이 있으면 노벨상을 받을 겁니다. 그런데 그날이 언제일지는 잘 모르겠습니다. 노벨상을 탈 만한 문제는 아는데 답은 제가 모르겠습니다.

이강환 암흑 물질, 암흑 에너지 많이 들어 봤을 텐데, 천문학자들이 '암흑'이라고 붙일 때는 잘 모르는 경우가 많습니다. '언노운unknown'이라고 붙여야 하는데 그러면 좀 없어 보이니까 그래요. '다크dark'가 좀 더 있어 보이잖아요.

질문3 암흑 물질이 우주의 대부분을 차지한다면 우주 어디를 가나 암흑 물질을 찾을 수 있는데 왜 굳이 비싼 망원경을 만들어 우주 멀리까지 보면서 암흑 물질을 연구하려고 하나요? 우리 주변에서는 찾을 수 없나요?

이명균 아주 좋은 질문입니다. 우주 전체의 26퍼센트, 하나의 은하를 택하면 은하의 90퍼센트 이상을 암흑 물질이 차지합니다. 어쩌면 이 강의실에도 있을지 모릅니다. 문제는 우리가 그것을 잡아내기 굉장히 어렵다는 겁니다. 우리나라를 비롯해서 전 세계 천문학자들이 암흑 물질을 찾기 위해 노력하고 있습니다. 이 문제가 알려진 지 벌써 30년이 넘었습니다. 꽤 오래됐는데도 못 찾았어요. 그정도로, 있는 것은 분명하나 찾기는 어렵습니다.

이강환 암흑 물질은 우주를 관찰해야 찾을 수 있어요. 암흑 물질의 중력렌즈 효과gravitationl lens effect로 빛이 심하게 휘거든요. 아주 큰 규모로 모여 있어서 중력에 영향을 미치면 비로소 저기에 암흑 물질이 얼마만큼 있구나 하는 것을 알 수 있죠. 우주에 균일하게 퍼져 있는 건 아니에요. 어떤 곳에는 많이 있고 어떤 곳에는 조금 있어요. 그러니까 우리가 살고 있는 이 근처에 암흑 물질이 있는지 없는지, 있으면 얼마나 있는지 알 수가 없기 때문에 암흑 물질을 보려면 먼 우주를 봐야 합니다.

질문4 빅뱅이 일어난 원인은 무엇인가요?

이강환 보통 사람들이 제일 궁금하게 여기지만, 천문학자들은 제일 싫어하는 질문입니다. 빅뱅 이론은 빅뱅이 어떻게 발생했는지 알려주는 것이 아니고 빅뱅이 일어난 다음에 지금까지 어떻게 되었는지 알려 주는 이론이에요. 그러니까 빅뱅이 왜 일어났고, 그 전에 어땠는지 하는 것은 빅뱅 이론으로는 알 수가 없어요. 그러니까 그것을 알기 위해서는 빅뱅 이론이 아닌 다른 이론을 만들어 내야 합니다. 그런데 그런 이론이 아직 없습니다. 그렇기 때문에 이 질문엔 대답을 할 수 없죠.

황호성 과학에서는 어떤 이론이 있으면 그걸 실험이나 관측을 통해서 검증해 나가는 과정을 거칩니다. 빅뱅 이전의 사건들, 그게 왜 일어났는지는 우리가 실험이나 관측으로 검증을 할 수 없기 때문에 과학자들이 쉽게 대답할 수가 없습니다.

질문5 하늘이 넓은데 새로운 천체를 발견하려면, 어떤 기준으로 어디를 관측할지, 어떻게 정하나요?

이명균 좋은 질문입니다. 하늘은 넓고 찾을 곳은 많습니다. 그러나 망원경으로는 아주 작은 부분밖에 보지 못합니다. 허블 우주 망원경이 막강한 망원경 같지만 실제로 볼 수 있는 영역은 정말 작은 하늘에 불과합니다. 그러니까 허블 우주 망원경으로 하늘의 어디를 봐야 할지 선택을 잘해야 합니다. 그래서 남이 발견하지 못한 곳, 남이 보지 못한 곳, 남이 봤는데 아직 찾지 못한 곳, 남이 찾으려고 했으나 찾지 못한 방법 등을 고려해서 정합니다.

원리는 간단한데 실제로는 매우 어렵습니다. 그러나 가능합니다. 제가 아까 우리나라에서 새로운 천체를 세계 최초로 발견한 것이 인간과 우주의 최대 미스터리라고 우스갯소리로 말씀드렸는데 이거 정말 심각합니다. 옛날에는 아예 불가능했고 현재는 망원경이 도약하려고 하지만, 좋은 망원경 없이 진짜 불가능하기 때문입니다. 그럼에도 우리의 천문학 연구 수준은 세계적인 수준입니다. 연구라는 것은 시간도, 사용할 수 있는 자료도 제한되어 있고, 어차피 주어진 환경 속에서 해야 하기 때문에 가장 중요한 것은 아이디어입니다.

이강환 그러니까 남들이 뭘 봤는지 다 봐야 합니다. 아이디어를 떠올려도 누가 했는지 안 했는지 다 찾아봐야 해요. 그러니까 공부를 많이 해야 하죠. 연구를 많이 하다 보면 어떤 것들은 이미 다되어 있다는 걸 알게 되고, 어떤 걸 보면 다음 단계가 이렇게 되겠구나 하는 생각이 들기도 합니다. 그런 식으로 진행되는 거죠.

5강

빛,
색을 밝히다

석현정

석현정

1980~1990년대 한국의 공교육 시스템에 단 한 번의 의혹도 갖지 않고 매우 적극적으로 협조하며 성장했다. 고등학교 시절 미술과 과학 두 분야에 흥미와 재능이 있음을 발견하고, 두 분야를 모두 살릴 수 있는 카이스트 산업디자인학과에 입학했다. 이후 독일 만하임 대학교에서 심리학 박사 학위를 취득해 감성색채공학 전문가의 길을 가고 있다. 학교 밖으로 나온 이후에 미생 시절을 호되게 겪은 덕분에 조금이나마 겸손과 긍정의 자세를 배우게 되었다. 그 과정에서 내 관심사와 깜냥을 진정성 있게 파악해 왔고, 그 결과 색에 대한 연구를 이어 오고 있다. 학술지 《감성과학》 편집위원장으로 활동한 바 있으며, 현재 카이스트 산업디자인학과 교수, 한국색채학회 상임이사로 있다.

안녕하세요, 여러분. 저는 이 강연의 제목을 '빛, 색을 밝히다.' 이렇게 지었습니다. '색을 밝히다.'라는 표현은 사람들마다 다른 생각을 떠올리게 하는데요, 저는 제가 공부한 분야와 제 관심사에 따라 세 가지로 해석해 보았습니다. '빛이 있어야 색을 볼 수 있다. 색깔 있는 빛으로 주변을 밝히다. 빛은 욕망을 자극한다.' 각 주제에 따라서 제가 준비한 내용을 말씀드리겠습니다.

빛이 있어야 색이 보인다

밝아야 색이 보입니다. 어두컴컴할 때는 어떨까요? 눈으로 들어오는 빛의 세기가 아주 약하면 우리는 형상만 볼 수 있습니다. 즉 사물의 실루엣만 보이고 색을 구별할 수는 없습니다. 이런 경우를 우리가 암소시暗所視, scotopic vision 상태에 순응했다고 하죠.[5-1]

왜 이런 현상이 일어날까요? 눈에 빛이 들어오면 망막에 있는 감광세포photoreceptor들이 반응합니다. 감광세포에는 막대기 모양의 간상세포와 뾰족한 원뿔 모양을 한 원추세포 이렇게 두 가지가 있습니다. 우리 눈으로 들어오는 빛의 세기가 약하면 간상세포가 활성화되는데, 간상세포를 구성하는 단백질은 한 가지 색소만 가지고 있습니다. 그래서 빛이 들어오면 500나노미터대의 빛을 조금 강하게 지각하고 그 주변으로 갈수록 약하게 지각합니다. 명암을 구분하는 정도라는 것이죠.

5-1
암소시

우리 눈으로 들어오는 빛의 세기가 강해지면 원추세포도 활성화되기 시작합니다. 새벽녘, 노을 정도의 밝기에서는 간상세포와 원추세포가 모두 활성화되죠. 간상세포가 500나노미터대에서 가장 민감하게 반응하는 반면, 원추세포는 550나노미터대에서 가장 민감하게 반응합니다.[5-2] 그래서 우리는 새벽녘을 푸르스름하게 기억하는 것이죠. 낮에는 이렇게까지 푸르지 않았던 풍경이 새벽에는 푸르스름하게 보이는 이유가 뭘까요? 새벽에는 여전히 간상세포가 활성화되어 있는 상태이기 때문에 낮에 원추세포만 활성화되었을 때에 비해 우리 눈이 푸른색을 과장되게 받아들이는 겁니다. 그래서 드라마를 보면 매번 새벽 장면을 찍을 수 없으니까 어떨 때는 파란색 필터를 씌워서 촬영하기도 하죠. 우리가 미리 경험한 게 있기 때문에 배경이 푸르스름하면 '아, 주인공이 새벽에 나타났구나!' 이렇게 거꾸로 시간을 연상하

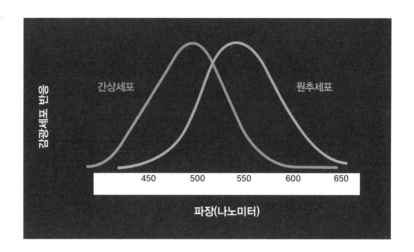

간상세포 반응

간상세포   원추세포

450   500   550   600   650

파장(나노미터)

게 하는 효과도 있을 겁니다. 이렇게 간상세포와 원추세포가 동시에 활성화된 시순응 상태를 박명시薄明視, mesopic vision라고 합니다.[5-3] 낮에 빨간색으로 보였던 꽃잎이 새벽에는 파란색이 더 부각되어 보라색 기운이 도는 빨간 꽃으로 지각하는 현상이 발생하는데, 이를 '푸르키네 이행Prukije Shift'이라고 합니다.

우리 눈으로 들어오는 빛의 세기가 점점 더 강해지면 간상세포는 비활성화되고, 원추세포만 활성화된 상태가 됩니다. 이런 상태를 '명소시明所視, photopic vision'라고 합니다. 이때가 다채로운 색을 보고 경험하는 일반적인 상태입니다.

$$S \quad : M \quad : L \quad = \quad 1 : 20 : 40$$

색채 지각의 원리

원추세포에는 서로 다른 세 가지 세포가 있습니다. 각각은 가장 민감한 가시광선 영역대가 다릅니다(그림2-7참조). 또 양으로 봤을 때 파란색(S원추세포)이 1, 녹색(M원추세포)이 20, 빨간색(L원추세포)이 40의 비율을 차지합니다. 그렇다고 우리가 빨간색을 파란색보다 40배나 더 잘 지각한다는 것은 아닙니다. 하지만 눈을 다쳤을 경우에 아무래도 양이 적으면 기능을 잃어버리거나 손상을 입을 가능성은 좀 더 크겠죠.

우리는 빛을 어떻게 색채 정보로 지각하게 될까요? 빛이 들어오면 우리는 빛 정보를 최대한 단순화시켜서 뇌로 보냅니다. 그러면 첫째, 이 빛이 얼마나 밝은가 하는 정보를 얻고, 둘째, 이 빛이 빨간색을 띠는가, 녹색을 띠는가 하는 양자택일의 상황을 판단합니다. 셋째, 이 빛이 노란색 계열인가, 파란색을 띠는가 판단하게 됩니다. 빛 자극을 받으면 이런 세 가지 채널 정보에 따라 판단해 색채를 지각합니다.[5-4] 예를 들어 밝은 주황색이라고 해 봅시다. 어느 정도의 밝기와 붉그스름하면서도 노르스름하게 해석된 빛이 우리 눈에 주황색으로 보이는 것이죠. 각 채널은 원추세포의 종류 및 개수와 관련이 있습니다. 그래서 만약 단파장에 민감한 S원추세포가 없거나 문제가 있을 경우에는 파란색뿐만 아니라 노란색도 같이 지각하지 못합니다. 우리가 노란색을 지각하

는 것은 이 색이 파란색과 얼마나 다른가의 결과입니다. 그래서 S원추
세포가 없으면 이 채널이 통째로 지각 불능 상태로 되는 겁니다. 마찬
가지로 M원추세포가 없으면 녹색은 물론 빨간색도 지각할 수 없죠.

세 가지 채널 이론은 20세기 중반에 와서야 실험을 통해 밝혀졌습
니다. 그 전에는 학자마다 이론이 달랐습니다. 목소리 큰 사람의 이론
이 대세였죠. 19세기에 채널 이론과 비슷한 주장을 폈던 사람이 있습
니다. '카를 에발트 콘스탄틴 헤링Karl Ewald Konstantin Hering'이라는 학자
가 반대색설opponent color theory을 주장했죠. 세 가지 채널 현상, 즉 밝기
정보를 제외하고 빨강과 녹색, 노랑과 파랑 이렇게 두 채널이 독립적
으로 작용해 색상을 파악한다고 주장했습니다. 하지만 그 당시 헤링
은 실험을 한 게 아니고 주장만 폈기 때문에 설득력은 없었습니다. 반
대색설은 색약, 색맹이 생기는 이유도 아주 명확하게 설명합니다. 그
림 5-5의 왼쪽 사진은 정상 색각자가 본 카이스트 강당 뒤 잔디밭인
데, 원추세포 세 개 중에 만약 S원추세포가 없으면 파란색과 노란색에
관련된 모든 색이 지각되지 않죠. 그렇게 되면 동일한 풍경이 색맹자
에게는 오른쪽 사진처럼 보이는 겁니다.

색채 항상성이 유지되는 이유

지금이야 전등 스위치만 켜면 원하는 만큼의 밝은 빛을 얻을 수 있지만 사실 그렇게 된 지 얼마 되지 않았죠. 100년 전만 해도 우리나라 시골에 가면 어디 전기가 있었습니까? 사실, 인간은 주어진 광원의 밝기나 광원의 분광 분포가 한낮 바깥에 비해서 굉장히 어둡거나 붉은 색을 많이 띠더라도 한낮에 밖에서 볼 때와 비슷한 색으로 볼 수 있도록 진화해 왔습니다. 그래서 항상 똑같은 색으로 지각할 수 있는 거예요. 이것을 '색채 항상성color constancy'이라고 합니다. 여기에는 생리적인 측면인 명순응light adaptation, 색순응color adaptation 현상과 심리적인 측면인 기억색color Memory 이 두 가지가 크게 기여하고 있습니다.

먼저 밝기에 순응하는 것을 '명순응'이라고 통칭합니다. 명순응은 우리가 밝고 어두움을 항상 절댓값 기준으로 판단하는 것이 아니라 주어진 환경에서 나름대로 재해석한다는 것이죠. 그래서 스마트폰의 자동 밝기 조절 기능도 생긴 겁니다. 만약 그 기능을 꺼 놓았다면 한낮에 밖에 나갔을 때는 화면이 너무 어두워서 안 보이고, 실내에서 특히 주변이 어둡다면 눈이 부실 거예요. 그건 스마트폰이 잘못된 게 아니라 여러분이 주변 환경에 명순응을 했기 때문이에요. 이런 명순응 현상 덕분에 아주 오래전 우리 조상들이 어두운 동굴 속에서도 가족들 얼굴을 볼 수 있었던 것이죠. 자동차를 타고 터널에 들어가면 처음엔 어둡지만 곧 사물이 다 보이죠. 반대로 밖으로 나가면 처음에는 눈이 부시지만 곧 별로 눈이 부시지 않게 됩니다.

색순응은 예를 들어 설명할게요. 노을이 질 때, 태양은 거의 주황색에 가깝지요. 그런데 노을 지는 태양 아래 주변을 둘러봐도 그렇게 주황색 일색으로 보이는 건 아닙니다. 나름대로 불편함이 없죠. 노을이

색순응에 따라 드레스의 색이
달라 보인다.

질 때처럼 특정 파장 영역이 굉장히 강한 광원을 갖고 있다면, 우리의
시각 시스템은 주황색 계열의 민감도를 좀 떨어뜨리고 푸르스름한 색
은 좀 더 과장되게 해석하도록 균형을 맞춥니다. 이런 현상을 색순응
이라고 합니다. 색순응 때문에 백열등이나 형광등, 다른 조명 광원 밑
에서 봐도 웬만하면 별다른 어려움 없이 모든 색을 다채롭게 구분할
수 있는 겁니다.

명순응이 주어진 조명이나 광원의 밝기에 따라 재조정되는 것처럼,
색순응은 주어진 광원의 분광 분포가 이상적으로 가시광선 영역에 걸
쳐서 에너지가 균등하게 분포된 상태를 지향합니다. 광원이 노을 질
때의 태양빛이나 백열등일 때 상대적으로 광원이 덜 가해지고 있는
푸른색 색역대에 과민하게 반응해서 조정을 하는 겁니다. 놀라운 기
능이죠.

자, 한동안 인터넷을 뜨겁게 달구었던 '파검 드레스', '흰금 드레스'
사례를 보겠습니다.[5-6] 파란 바탕에 검은 레이스를 단 드레스인지, 흰
바탕에 금색 레이스를 한 드레스인지 갑론을박이 이어졌습니다. 이
드레스를, 백열등을 켜 놓은 듯한 따뜻한 느낌의 조명이 있는 집에서
보면 어떨까요? 노란색이 감도는 광원 때문에 전체적으로 노르스름

한 공간에서 푸른 부분을 과민하게 해석하려는 색순응이 일어납니다. 그래서 똑같은 드레스인데 파검처럼 보이는 것이죠. 이와 달리, 전체 인테리어를 흰색으로 꾸민 집도 있을 거예요. 빛이 푸르스름하게 들어올 때 그 드레스를 보면, 흰색 계열의 옷으로 보입니다. 파란색 계열에 둔감하도록 색순응이 이루어지는 것이죠.

다만, 동일한 관찰 환경에서도 '파검 드레스다, 혹은 흰금 드레스다.'라고 주장하는 서로 다른 견해는 있을 수 있는데, 이는 이 드레스가 지각적으로 무채색과 파랑의 경계에 해당하는 색으로 촬영되었기 때문입니다. 우리는 다른 색상보다도 푸르스름한 느낌에 대해서는 상당히 높은 허용치를 갖고 있어서, 웬만한 푸르스름함에 대해서는 여전히 '흰색(혹은 회색)이다.'라고 판단합니다. 이 드레스는 실제로 상당히 선명한 파란색이라고 해요. 수많은 파란 드레스 중에서 어찌 보면 운 좋게도 카메라에 덜 파랗게 잡힌 덕분에 파검, 흰금 논쟁의 주인공

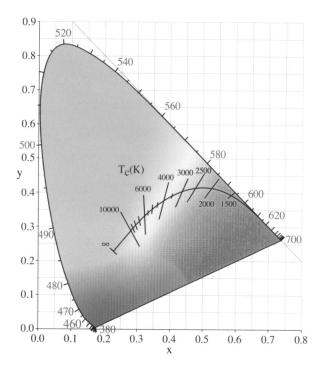

이 된 거죠.

기억색은 심리적인 현상입니다. 사과는 빨간색, 바나나는 노란색이라는 기억에 의해서 형성된, 물체와 색의 연결 고리입니다. 예컨대 사람들이 바나나는 노랗다고 생각하기 때문에 따로 떼어 놓고 보면 노란색이 아닌데도 노란색의 일부라고 아주 쉽게 간주한다는 것이죠.[5-7] 이런 기억색의 영향 때문에 우리가 색채 항상성을 유지하며 살아가는 겁니다.

색깔 있는 빛으로 주변을 밝히다

대낮의 하늘과 노을 질 무렵의 하늘은 다르게 보입니다. 태양은 하나인데 우리가 경험하는 태양빛은 시시각각 변하죠. 무척 다양한 조명 환경에 우리가 살고 있습니다. 색도도chromaticity diagram에서 배경에 있는 말굽 모양의 영역은 정상 색각 능력을 가진 사람이 일상에서 볼 수 있는 모든 색을 나타냅니다.[5-8] 가운데쯤 흰색이 있죠. 말굽 모양의 영역 안에 표시된 궤적을 '흑체 궤적'이라고 하는데, 흑체 표면 온도가 얼마냐에 따라서 우리 눈에 포착되는 색이 변합니다. 그러면 노을 질 때면 태양의 온도가 2,000켈빈kelvin, K, 3,000켈빈으로 변할까요? 아니죠. 사실 태양의 표면 온도는 약 6,000켈빈으로, 거의 같습니다. 그렇지만 태양빛이 공기층을 투과할 때 언제 어떻게 어떤 방식으로 투과하느냐에 따라, 즉 산란 방식에 따라 우리 눈에는 조금씩 다른 색으로 보이는 겁니다. 흑체 궤적은 별이 어떤 색으로 빛나고 있는지 보고 별의 표면 온도가 얼마쯤 되겠다고 역으로 유추하는 데 이용될 수 있습니다.

흑체 궤적은 색온도color temperature 개념으로 많이 활용하고 있습니다. 색온도는 켈빈 단위로 나타냅니다. 조명에 3,000켈빈이라고 적혀 있으면 '좀 노르스름하구나.' 6,000켈빈이면 '약간 파르스름하게 넘어가는 흰색이구나.' 하고 생각하면 됩니다. 형광등은 5,500켈빈 정도 되지요. 저희가 조사한 바에 따르면 유럽이나 미국 소비자는 낮은 색온도를 선호합니다.

앞서 설명했듯이, 태양의 표면 온도는 약 6,000켈빈 정도로 늘 일정

> ### 흑체 궤적과 색온도

모든 물체는 자신의 온도가 낮을 때 빛을 흡수하고, 온도가 높아지면 빛을 방출한다. 어떤 물체가 눈에 보이는 건 외부의 빛을 반사하기 때문이다. 그런데 빛을 전혀 반사하지 않는 물체가 있을까? 과학자들의 상상으로는 가능하다. 외부에서 들어오는 빛을 완전히 흡수했다가 자기 스스로 빛을 방출하는 물체를 과학자들은 '흑체'라고 부른다. 현실에는 없고 이론으로만 존재하는 흡수율 100퍼센트의 물체다.

흑체에 가까운 물체 중 하나가 바로 태양과 같은 별이다. 흑체는 주위 환경과 열적 평형을 이룰 경우, 온도에 따라 특정한 파장의 빛을 스스로 방출한다. 이를 '흑체 복사'라고 하는데, 흑체의 온도와 파장 사이에는 일정한 상관관계가 성립한다. 따라서 흑체의 온도와 파장 중 어느 하나를 알면 다른 하나를 파악할 수 있다. 이를 이용해 멀리 떨어진 별의 온도를 추정하는 등 다양한 분야에 활용되고 있다. 흑체 궤적은 흑체의 온도와 색도의 상관관계를 연결한 색도도상의 선이다.

색온도는 절대온도를 이용해 광원의 색을 숫자로 표시한 것을 말한다. 절대온도란 자연 상태에서 도달할 수 있는 가장 낮은 온도를 말한다. 예를 들어, 절대온도 0도는 섭씨 −273.15도에 해당한다. 물체가 가시광선을 내며 빛나고 있을 때 그 색이 어떤 온도의 흑체가 방출하는 색과 동일하게 보인다면, 그 흑체의 온도와 물체의 온도가 같다고 간주한다. 그때의 온도를 물체의 '색온도'라고 한다. 즉 물체의 색온도는 동일한 광원을 방출하는 흑체의 온도로 표시된다. 가령 전구의 빛은 2,800켈빈, 형광등의 빛은 4,500~6,500켈빈, 정오의 태양빛은 5,400켈빈, 흐린 날의 낮 빛은 6,500~7,000켈빈, 맑은 날의 푸른 하늘빛은 1만 2000~1만 8000켈빈 정도의 색온도다. 붉은색 계통의 광원일수록 색온도가 낮고, 푸른색 계통의 광원일수록 색온도가 높다.

합니다. 그런데도 우리가 태양의 색을 다채롭게 경험하는 것은 태양광이 공기층을 투과해서 우리 눈에 도달하기 때문이에요. 태양의 분광 분포spectral distribution는 언제 어느 나라에서 관측하느냐에 따라 천차만별입니다. 그래서 표준 광원standard illuminant의 정의가 필요했습니다. 국제조명위원회Commission Internationale de l'Eclairage에서는 태양의 분광 분포를 여러 지역에서 측정한 후에 합산해서 분광 분포가 6,500켈빈에 해당될 때를 표준 광원의 분광 분포라고 규정하고 있습니다.

이게 어떤 의미가 있을까요? 일상생활과 밀접하게 관련된다는 것을 설명해 드릴게요. 빨간색은 더 빨갛게, 노란색은 더 노랗게, 다양한 물체의 다양한 색이 제대로 우리 눈으로 지각되었을 때 색채과학을 하는 사람들은 '색 재현이 잘 렌더링rendering되었다.'라고 표현합니다. 우리말로는 '연색성演色性, color rendering'이라고 합니다.5-9 본연의 색깔에 맞게 색 재현을 잘하려면 주어진 광원이 표준 광원에 가까워야 합니다. 그래야 제 색깔대로 잘 볼 수 있습니다. 연색성은 색을 얼마나 제대로 표현할 수 있는 광원인지 평가하는 척도예요. 그래서 표준 광원과 비교해서 주어진 광원의 분포가 얼마나 같으냐 다르냐를 가지고 연색 지수color rendering index를 개발해서 사용하고 있습니다. 연색 지수는 0에서 100까지 움직이는데, 보통 85 이상이 되면 문제가 거의 없는 좋은 광원이라고 할 수 있습니다. 여성분들, 화장대에 있는 불빛 아래에서 화장을 했는데 밖에 나왔더니 푸석푸석해 보여서 다시 고친 경험이 있을 겁니다. 카페 조명 아래서 예뻐 보였던 여자가 바깥의 자연광 밑에서는 목 색깔과 화장한 얼굴색이 현격하게 차이가 난다든지 하는 것이 우리 일상생활과 관련이 있죠. 주어진 광원의 연색 지수가 얼마인지 안다면 피부색을 포함해 다채로운 색을 정확하고 객관적으로 판단할 수 있습니다. 하지만 우리 눈은 색채 항상성을 유지하려고 하죠. 그래서 광원이 낮거나 연색 지수가 떨어지더라도 어느 정도 보완이 됩니다.

슈퍼마켓 진열대에 바나나가 수북이 쌓여 있고, 그 위에 노란색 조명이 있다고 합시다. 그러면 당연히 이 바나나는 표준 광원 밑에서 봤을 때보다 더 노랗게 보이겠죠. 슈퍼마켓 사장님 입장에서야 좋겠죠. 하지만 아주 까다로운 애기 엄마 입장에서 보면 소비자를 현혹한다고 생각할 수도 있습니다. 정육점에 빨간 불을 켜 놓은 것도 같은 이치예요. 미국의 일부 주에서는 불법이라고 합니다. 판매자의 입장에서 바나나를 더 맛있고 신선하게 보이기 위해 조명을 써도 되는가, 소비자에게 정확한 정보를 제공하기 위해서 인위적인 조명을 쓰면 안 되는가 하는 판단은 아직 논란 중에 있습니다.

감성을 일깨우는 빛

요즘 감성 조명이라는 새로운 분야가 화두로 떠오르고 있습니다. 저도 감성 조명을 연구하는 사람입니다. 학교 조명 이야기를 해 볼게요. 수학 성적 올리는 조명, 이런 것도 있거든요. 수년 전에 독일 필립스 Philips 조명과 함께 연구를 진행했습니다. 그랬더니 천편일률적으로 한

5-10
수학 문제 풀이는 색온도가
높은 조명에서. 토론 수업은
색온도가 낮은 조명에서 성취
도가 높았다.

가지 조명만 쓰는 것보다 오타 찾기 같은 걸 할 때는 약간 파랗고 밝은 조명이 효과적이었어요. 유럽 사람들 기준으로 5,800켈빈 정도였는데, 굉장히 파르스름한 거예요. 그 사람들은 보통 4,000켈빈을 사용하니까요. 반면 학생들끼리 얼굴을 맞대고 아이디어를 내거나 토론을 할 때는 좀 노르스름한 조명이 더 적합하다는 연구 결과가 있습니다.

이 방법을 한국 사정에 맞게 바꿔서 해 보면 좋겠다 싶어서 대덕연구단지에 있는 초등학교에서 실험을 했습니다. 한 반은 계속 형광등을 켜 놓고, 다른 한 반은 첫 두 주는 형광등을 켜 놓았다가 3주차, 4주차에는 LED 조명으로 교체해 저희가 실험에서 찾은 밝기와 색온도를 실제로 구현해서 수업 내용에 적용한 것이죠.[5-10] 그랬더니 성적이 좀 낮았던 반 학생들의 학업 성취도가 많이 올랐어요. 수학 성적 기준으로 대조군은 8퍼센트가 향상되었는데, 실험군은 15퍼센트가 향상된 거예요. 저희도 깜짝 놀랐습니다. 물론 기간 등 다른 변인이 작용했을 수 있지만 결과는 상당히 놀라웠습니다. 자유롭게 토론하고 다양하게 생각을 펼치는 수업에서는 색온도를 낮추고, 수학 문제 풀 때는 색온도를 올려 밝게 하는 것이죠. 저희는 수학 시간에 6,500켈빈을 사용했는데, 결과적으로 성적이 효율적으로 관리된 셈이죠. 앞으로도

이 연구는 지속적으로 해 볼 계획입니다.

이제는 집에 있는 조명도 취향대로 선택하는 시대가 되었습니다. 미래의 조명은 에너지 효율이 얼마나 좋으냐, 색을 얼마나 잘 표현하느냐와 함께 사람의 감성에 얼마나 호소하는가 하는 요소도 경쟁력이 될 거라고 생각합니다.

빛은 욕망을 자극한다

질문 하나 할게요. 산타클로스와 코카콜라Coca-Cola 중 어떤 게 먼저 생겼을까요? 산타클로스는 사실 성 니콜라스에서 유래했죠. 성 니콜라스 데이와 성탄절이 비슷한 시기에 있어요. 1930년대에 코카콜라가 그 신화와 스토리를 가져다 쓰기 시작했죠. 산타클로스가 원래 비만이 아닌데 후덕하게 만들었어요. 수염도 만들고 빨간색 의상도 입혔어요. 코카콜라의 로고에 맞춰 입힌 거예요. 그 이후로 우리는 산타클로스가 당연히 이런 옷을 입는다고 생각하게 된 것이죠. 우리가 어떤 색을 보면 갑자기 콜라가 먹고 싶어지는 것이 사실은 감성적인 영역과 밀접한 관련이 있습니다. 전 세계 유명 회사들의 로고를 생각해 보세요. 맥도널드, 켄터키 프라이드치킨 등 음식 회사들 중에 유독 빨간색 계열의 로고가 많습니다. 왜 우리는 빨간색을 보면 식욕을 느낄까요? 식욕도 굉장히 중요한 욕망 아니겠습니까? 여러 가지 학설이 있지만, 잘 익은 과일은 붉은색 계열이 많으니 잘 익은 과일을 따 먹은 사람이 건강했을 것이고, 붉은색을 보고 식욕을 느끼는 인류가 진화 경쟁에서 더 유리했을 것이라는 이론이 지배적입니다.[5-11]

빨간색에 식욕을 느끼는 건 인류 공통인 것 같은데, 좀 더 세분화해서 살펴보면 무엇을 먹고 자랐는가에 따라 차이가 있을 겁니다. 그래

붉은색은 식욕을 자극한다.

서 여러 나라에서 온 카이스트 유학생들을 모아 실험을 해 봤죠. 여러 색 중에서 가장 매울 것 같은 색을 선택하라고 했더니 인도네시아 학생은 올리브색을 골랐고, 프랑스 학생은 어두운 회색과 겨자색을 택했습니다. 실제로 프랑스 학생은 겨자 소스를 생각했다고 합니다. 그리고 한국에 와서야 빨간색 고추를 먹어 봤지, 프랑스에서는 먹어 본 경험이 없다고 하더라고요. 아주 크게 보면 인류 전반적으로 공통되는 경향은 있겠지만, 맛의 경험만 보더라도 세분화해서 보면 개인의 경험에 따라 다르게 판단한다는 것을 알 수 있죠. 기본적으로 색에 대한 정서나 어떤 색에 자극 받는 생리적인 현상은 인류 공통으로 관찰할 수 있을 겁니다. 하지만 특정한 색을 보고 특정한 무엇을 연상하는 고차원적인 해석과 그 해석으로 빚어지는 감성적인 반응은 개인의 판단에 좌우된다는 것이죠. 물론 그 판단에는 성장 배경과 문화적 차이가 크게 작용하겠죠.

색채 연구의 토착화와 대중화

정서적인 것은 개인의 환경과 밀접한 관련이 있습니다. 북극 지방에 사는 이누이트인들은 눈 색을 스물여덟가지 색 이름으로 다양하게 표현합니다. 한국 사람은 하얗다고만 표현하겠죠. 그래서 '지역 색 endemic color'이라는 개념은 일상생활과 밀접하게 관련이 있습니다. 지역 색의 시작은 그 지역의 흙으로부터 비롯됩니다. 어찌 보면 이누이트인들에게는 천지에 쌓인 눈이나 흙이나 마찬가지 아니겠습니까? 그래서 눈에 관심이 많았던 것 같습니다.

'장 필립 랑클로Jean Philippe Lenclos'라는 학자가 있습니다. 부부가 수십 년간 전 세계를 돌면서 각 지역의 지역 색을 연구하고 있습니다. 각 지역의 토양 색을 보면서 '이 지역은 이런 토양이 있으니까 이런 색의 집을 지었을 것이고 이 벽과 잘 어울리는 지붕을 올리고 창틀을 만들었을 거야.' 하는 전제하에 지역 색 연구를 시작했습니다. 지역 색은 유명한 학자들만의 전유물은 아닙니다. 2008년에 지역 색의 이론을 적극적으로 실무에 활용해서 도시 환경을 디자인했죠. '서울색'이 바로 그 결과물입니다. 이론이 이렇게 일상생활 깊숙이 성공적으로 구현된 사례는 전 세계적으로 드뭅니다. 저는 색채를 연구하는 사람으로서 자랑스럽게 서울색을 소개합니다. 이 서울색이 나오기까지 굉장히 심도 있는 연구가 진행되었다고 합니다.

지역 색은 토양의 색도 중요하지만 해당 지역 사람들이 만든 문화유산, 입는 옷과 먹는 음식 등 유·무형 문화의 다각적인 면을 보고 그

돌담회색

남산초록색

기와진회색

고궁갈색

은행노란색

삼베연미색

서울하늘색

단청빨간색

꽃담황토색

한강은백색

지역을 대표할 만한 색을 추출해 정한 것입니다. 그 결과 서울 시민들이 늘 볼 수 있는 열 가지 서울색이 도출되었습니다.[5-12] 예컨대 서울에서 운행하는 택시는 꽃담황토색이라는 예쁜 이름을 가진 색으로 칠했고, 버스 정류장 등 시설물에 적용된 색은 기와진회색입니다.

색채 연구는 지역 색 연구처럼 특정 사람들만 할 수 있는 것이 아닙니다. 이제는 모든 사람이 내가 좋아하는 색을 게시할 수 있고 다른 사람들과 공유하며 서로 활용할 수도 있습니다. '어도비 쿨러Adobe Kuler'라는 웹사이트에서는, 여러 배색 중에서 어떤 사람이 이 배색이 좋다고 올려서 다른 사람이 보고 '좋아요'를 눌러 주면 횟수가 올라가서 데이터베이스 데이터로 활용됩니다. 꼭 디자인이나 예술을 전공하지 않더라도 자기가 좋아하는 색, 아름답다고 여기는 색에 의견을 표현할 수 있는 시대가 왔습니다.

빛과 색의 인지, 그리고 감성

지금까지 세 가지 주제를 가지고 이야기를 나누었습니다. 각 주제를 요약·정리하면서 오늘 강연을 마무리하겠습니다.

첫째, 빛이 있어야 색을 볼 수 있다.

인간의 시각 시스템은 명소시에 순응될 정도의 세기를 가진 빛 자극에 반응해 망막의 원추세포들이 활성화됩니다. 원추세포 세 종류 중 어떤 종류가 얼마나 많이 활성화되었는지 상대적 비교에 따라 밝기와 색상 정보가 결정돼 시신경 다발을 타고 뇌로 전달됩니다. 그리고 시각 시스템은 꼭 필요한 색 차이만 지각하도록 생리 및 심리적인 조정 과정을 동원합니다.

둘째, 색깔 있는 빛으로 주변을 밝히다.

광원의 스펙트럼 분포에 따라 물체 표면에서 반사되는 빛의 분광 분포가 달라지는데, 우리는 그런 색감의 차이를 인지할 수도 있지만 그렇지 않을 수도 있습니다. 그리고 조명으로 주변과 일상의 감성적 가치를 충분히 변화시킬 수 있습니다.

마지막으로, 빛은 욕망을 자극한다.

우리 눈으로 볼 수 있는 빛은 곧 색이며, 색상, 명도, 채도의 정도에 따라 정서적 반응에 차이가 있습니다. 개인별로 혹은 상황별로 내가 그 색을 어떻게 경험했는가에 따라 그 색이 나에게 다양한 감성과 의미를 불러일으킵니다.

색은 우리가 눈으로 지각하고 인지하지만 소리와 맛, 촉감 등 다양한 감각으로 쉽게 전이될 수 있는 멋진 자극입니다. 제 강연을 계기로 여러분도 색을 가지고 주변을 따뜻하고 재미있고 멋지게 만들겠다는 생각을 해 주시면 좋겠습니다.

science talk

사진, 색을 밝히다
사진, 빛을 밝히다

1 사진, 색을 밝히다. 사진, 빛을 밝히다
사진 속에 담긴 빛과 색의 비밀

사회

엄지혜
아나운서

토론

석현정
카이스트 산업디자인학과 교수

복병준
변리사, 카이스트 산업디자인
전공

지호준
사진작가, 카이스트
문화기술대학원 졸업

엄지혜 아무래도 사진작가니까 빛을 잘 사용해야 하잖아요. 사진을 잘 찍으려면 빛을 어떻게 사용해야 하나요?

지호준 인물 사진을 기준으로 했을 때, 빛에 따라서 인물이 굉장히 많이 변해요. 거의 변신 수준이라고 할 만합니다. 빛의 방향은 물론 빛이 확산광이냐 직사광이냐, 자연광이냐 인공광이냐에 따라서 큰 차이가 납니다. 제가 늘 하는 말이 있는데, 사진의 메커니즘은 조리개와 셔터 속도, 이 둘만 완벽히 이해하면 더 이상 크게 할 게 없다는 겁니다. 이 외에 광선을 이해하는 것은 정말 오랜 시간이 걸립니다. 자꾸 찍는 방법밖에 없어요. 특히 인물 사진은 정말 많이 찍어 봐야 합니다. 인물의 얼굴이 크고 사각 모양인데 빛을 정면에서 비춘다면 얼굴이 굉장히 크게 나오겠죠? 그럴 때는 측면 조명을 주는 게 더 효과적이에요. 반대로 얼굴이 너무 왜소하고 광대뼈가 튀어나왔어요. 게다가 피부도 안 좋아요. 이런 상황에 옆이나 위에서 아래로 조명을 주면 얼굴은 피골이 상접하고 광대뼈와 여드름이 두드러져 보이겠죠. 이럴 때는 정

면에서 빛을 줘야 합니다. 그러면 광대뼈도 더 들어가 보이고 거친 질감도 한층 부드럽게 나올 겁니다. 빛을 이해하는 것은 굉장히 어렵습니다. 찍고 또 찍고 계속 보고 다양한 환경에서 눈여겨보는 방법밖에 없습니다.

렘브란트 조명Rembrant lighting이라고 해서 인물이 사색에 잠긴 듯 신비롭고 내면의 세계가 나오는 느낌이 드는 조명이 있어요. 빛이 오른쪽에서 오고 있을 때, 한쪽은 빛을 받고 다른 한쪽은 그림자가 지겠죠? 이 그림자 진 쪽의 뺨에 역삼각 빛이 생기는 게 렘브란트 조명인데, 중세 초상화에도 많이 나오고 현대 사진작가들도 많이 쓰는 조명이에요.

엄지혜 사람의 얼굴색이 조명 색에 따라서 다르게 보인다면 사진을 찍을 때 옷도 피부색에 맞춰서 입는 게 맞는 건가요?

지호준 피부색에 맞춰서 옷을 골라야 합니다. 그리고 약간의 콘트라스트가 있어야 인물이 부각되죠. 더 중요한 것은 체형의 단점을 보완하는 옷의 스타일입니다. 남성과 여성의 신체에서 가장 매력적인 곳이 뭐냐 물었더니 제일 많은 답변이 체형이었고 그다음이 키, 얼굴 등의 순서였습니다. 만약 목이 짧다면 터틀넥보다는 목이 파인 옷을 입혀서 목이 길어 보이게 하고, 하체가 큰 사람에게는 통 큰 바지나 짧은 재킷보다 잘 맞는 바지와 엉덩이를 약간 가리는 스타일로 보완해 주는 것도 사진 촬영에서 중요한 요소입니다.

엄지혜 요즘에는 사진을 디지털로 보관하지만 옛날 사진은 인화해서 가지고 있다 보니 사진이 바래서 고유의 색을 잃어버리더라고요. 사진의 색을 잘 유지하면서 보관하는 방법이 있을까요?

지호준 사진이 변색되는 이유는 산화 작용 때문이에요. 온도, 습도, 미생물 같은 오염 물질, 자외선 등이 사진에 영향을 미쳐 사진이 산화되는 현상입니다. 예를 들어 시너와 페인트로 칠한 철제 책상 안에 사진을 보관한다거나 자외선이 내리쬐는 공간에 사진을 보관할 때, 아니면 화장품 묻은 손으로 사진을 만지면 화학 작용이 일어나서 산화가 일어날 수도 있습니다. 사진을 잘 보존하려면 사진 보관용 보관함, 사진을 끼는 필름이나 폴더를 중성 제품으로 쓰면 좋습니다. 사진 전시를 준비한다면 자외선 차단 기능이 있는 유리나 아크릴 액자를 사용하는 게 좋고요.

석현정 요즘에는 오히려 오래된 사진의 빛바랜 느낌을 가치 있게 생각하기도 합니다. 그래서 디지털로 찍은 10년 전 사진을 세월의 흔적이 남은 듯하게 색조를 변환시켜 보여 주기도 합니다. 비록 정확하게 색을 표현하지 않는다 해도 감성적인 가치를 더해 주기 때문에 그런 연구가 의미 있다는 생각도 듭니다.

2 법, 색을 밝히다
브랜드의 색채 독점권

엄지혜 법과 색은 거리가 먼 주제인 것 같은데 이 부분에 대해서 설명해 주세요.

복병준 아까 교수님께서 강의하실 때 브랜드 이야기를 하셨어요. 식품 브랜드는 빨간색으로 식욕을 자극한다고 했는데, 실제로는 그렇게 빨간색에 집중되어 있지 않습니다. 커피 브랜드를 보면 스타벅스Starbucks는 녹색 빨대를 쓰고 커피빈Coffeebean은 보라색 빨대를 써서 브랜드별로 고유의 색을 가지고 제품의 아이덴티티, 브랜드의 가치를 만들어 가고 있죠. 흔히 코카콜라 하면 빨간색이 떠오르고, 펩시콜라Pepsi-Cola 하면 파란색이 연상됩니다. 펩시콜라가 빨간색을 쓰거나 다른 신생 콜라 업체가 파란색을 사용하면 기존 콜라 업체의 브랜드 가치나 고객들의 신용을 뺏어 오는, 마치 표절을 하는 것과 같죠. 그래서 이런 상황들을 막기 위해 해당 브랜드에 특정 색채를 독점적으로 사용할 권리를 법으로 정해 놨습니다.

적절한 사례가 듀라셀Duracell 건전지예요. 듀라셀 건전지는 앞쪽은 금색, 뒤쪽은 검은색으로 되어 있죠. 이 금색과 검은색의 구성은 유럽에서는 듀라셀만 사용할 수 있어요. 그렇지만 아무렇게나 특정 색채에 독점권을 주는 것은 아닙니다. 먼저, 일반 수요자가 금색과 검은색을 보면 듀라셀을 떠올릴 만큼 유명해야 합니다. 그 색채가 서비스나 상품을 제공하는 데 반드시 필요한 색채라면 독점할 수 없어요. 예를 들어 어떤 웨딩드레스 업체가 흰색을 독점해서 검은 드레스를 입고 결혼할 수는 없는 거잖아요. 이처럼 반드시 필요한 색이 아닌 경우에만 독점할 수 있습니다.

다른 예를 들어보죠. 여성분들 구두 밑창이 빨간색인 경우가 있어요. 그걸로 유명한 크리스찬 루부탱Christian Louboutin이라는 프랑스 브랜드가 있는데, 경쟁사인 이브생로랑Yves Saint Laurent이 미국에서 구두 전체가 새빨간 상품을 만들어서 판매한 거예요. 그래서 빨간 구두 밑창을 맨 처음 만든 크리스찬 루부탱이 소송을 제기했습니다. 미국 법원은 어떤 결론을 냈을까요? '구두의 바닥 색을 꼭 빨간색으로 해야 하는 것은 아니기 때문에 빨간 구두 밑창은 독점권을 인정한다. 하지만 구두 전체가 빨간

색일 경우는 예외를 인정한다.'고 판결을 내렸어요. 결국 미국에서는 크리스찬 루부탱만이 구두 밑창에 빨간색을 사용할 수 있게 됐어요.

이와 같이 법도 색채와 연관이 많습니다. 여러분이 기업을 설립하거나 브랜드를 만들고자 한다면 수요자들이 어떤 색과 어떤 브랜드를 연관시키는지, 다른 기업에서 어떤 색을 쓰는지 반드시 관심을 가져야 합니다. 그러다가 브랜드가 유명해지면 그 브랜드의 색은 나만 독점할 수 있으므로 그 색깔을 이용해 여러 가지 방법으로 홍보할 수 있을 겁니다. 어때요, 색과 법이 연관이 있다는 생각이 드나요?

엄지혜 법이 '색을 밝힌다'는 의미가 이해가 되는데요. 우리나라에서는 색채로 제재를 가하는 경우가 많이 있는지 궁금해지네요.

복병준 실제로 우리나라에 제정된 지 얼마 안 되었고, 색채를 특화시킨 브랜드 역시 별로 없어요. 코카콜라는 산타클로스를 수십 년 전부터 마케팅에 이용해 왔는데 우리나라 기업들은 아직 그런 마케팅을 활발하게 하고 있진 않습니다. 나중에 색을 보고 해당 브랜드를 떠올릴 정도의 사례가 나온다면 우리나라도 그렇게 되겠죠.

석현정 주유소 브랜드의 경우 차별화된 색을 지속적으로 사용하고 있죠. 멀리서도 간판 색으로 주유소가 있다는 것을 알 수 있기 때문에 정유 업계에서는 모양이나 이름보다 색을 중요하게 생각해서 지적 재산권으로 간주하며 연구를 많이 합니다.

엄지혜 색은 기본적으로 사람 머릿속에 각인되는 거잖아요. 인지 측면에서도 색이 가장 먼저 인식이 되나요?

석현정 색을 인지하는 뇌 영역과 형태를 인지하는 영역은 다르기 때문에 각자 다른 곳에서 정보를 처리합니다. 그런데 색을 지속적으로 사용하면 그 어떤 모양이나 홍보 문구보다도 인지도를 높이는 데 큰 효과를 낼 수 있죠. 마음에 안 든다고 섣불리 바꾸지 말고, 소비자를 교육하는 데 들인 자산이라고 생각하고 꾸준히 사용해야 할 필요가 있습니다.

QnA

질문1 모니터에서 본 색을 출력하면 왜 다르게 나오나요?

지호준 저도 사진 작업을 하면서 이런 문제를 많이 겪었죠. 여러분 텔레비전 판매하는 곳에 가면 같은 화면이 여러 대에서 나오죠. 다 같아 보이지만 예리한 분들은 차이를 느꼈을 거예요. 콘트라스트가 다르고 채도가 다르고 색상이 다릅니다. 마찬가지로 모니터도 다 달라요. 색상 표준에 맞춰 색을 보정해 주는 작업을 해야 해요. 색 보정 작업을 저희는 '캘리브레이션calibration'이라고 해요. 모니터와 프린터의 캘리브레이션을 잘 맞춰 주지 않으면 왜곡이 생기죠. 캘리브레이션용 장비를 색채 관리 시스템Color Management System, CMS이라고 해요. 모니터뿐만 아니라 프린터, 스캐너, 휴대 전화, 아이패드까지도 캘리브레이션을 통해서 표준대로 맞추는 작업을 합니다. 프린터는 색 표현 영역이 넓어요. 모니터를 구매할 때 색 영역이 넓은 광색역 모니터를 선택하면 편차를 좀 더 줄일 수 있습니다. 색온도는 영상 분야에서 약 6,500켈빈을 기준으로 하지만 인쇄 표준 색온도는 약 5,000켈빈을 기준으로 하거든요. 이런 것도 참고하면 편차를 줄일 수 있을 거예요.

석현정 그러면 처음에는 아마 좀 누렇게 보일 거예요. 우리나라 사람들이 좀 높은 색온도에서 작업을 하니까요.

질문2 사회·문화적 배경에 따라 색에 대한 감성적 인식이 달라질 수 있다고 하셨는데 감성 조명도 다른 문화의 사람들은 다르게 인식하지 않을까요? 그렇다면 우리에게는 편안한 조명이라고 해도 다른 문화 사람들은 공감하지 못하는 건가요?

석현정 네, 그렇죠. 조명 환경에서도 찾아볼 수 있습니다. 우리나라 사람이 유럽이나 미국에 가면 조명이 좀 어둡다, 누렇다 그럽니다. 하지만 그게 그 문화권에서는 최적의 조명이에요. 우리보다 색온도가 낮은 오렌지 빛 계열을 선호하죠. 그들 문화권에서는 그런 조명이 집에서 휴식하기에 적합하다고 생각하는데, 같은 밝기라도 색온도가 낮으면 좀 어둡게 느껴집니다. 실제로 조도계를 대고 측정해 보면 그렇게 어둡지는 않을 거예요.

제가 강연에서 학교 조명 사례를 설명했죠. 수학 문제를 풀 때 독일에서는 집중을 하기 위해 높은 색온도가 적합하다고 여기는데, 그때의 색온도가 5,800켈빈이었습니다. 그런데 우리나라에서 실험할 때 5,800켈빈은 소위 간에 기별도 안 가는 수준이에요. 우리는 6,500켈빈 정도로 해야 약간 파르스름하다고 느낍니다. 생리 구조가 달라서 그런게 아니라 기본적으로 두 문화권에서 익숙한 조명이 차이가 있기 때문이죠.

질문3 사람마다 원추세포가 다르기 때문에 민감하게 받아들이는 색이 다르다고 하셨는데, 그러면 눈동자 색이 다르면 우리가 받아들이는 색에 영향을 미칠 수 있나요?

석현정 사람마다 반응하는 원추세포가 어떻게 완

전히 똑같을 수 있겠어요. 하지만 대체로 비슷하게 지각합니다. 그러니까 색 이름도 정할 수 있겠죠. 아까 파검 드레스처럼 애매모호한 색을 파란색이라고 판단할 경우에 S원추세포가 조금 더 과민 반응을 일으킨 것이 아닐까 생각합니다. 파검 드레스 현상의 원인을 S원추세포의 민감도에 두는 것은 조금 무리가 따르는 해석일 것 같습니다. 그건 아까 말씀드린 대로 색순응과 관련이 많아요.

눈동자의 색을 결정하는 것은 구조색 개념과 관련이 있어요. 눈의 구조가 아주 미세하게 다르기 때문에 들어온 빛을 다시 내보낼 때 어떤 파장대의 영역을 집중해서 보내는가에 따라 눈동자 색이 결정됩니다. 파란색과 초록색 눈은 색소가 달라서 그런 게 아니에요.

질문4 사진과 실제 색이 다르게 나올 때가 있습니다. 왜 그런가요?

지호준 사진의 왜곡은 끝이 없어요. 색온도와 노출로 왜곡되는데, 야외와 실내 색온도가 각각 다르거든요. 색온도는 낮을수록 빨개지고 높을수록 파래집니다. 밝기에 따라서 노출 값도 굉장히 다르게 나와요. 파검 드레스 같은 경우에 심리적인 부분도 있겠지만, 제가 보기에는 검정색 노출이 과했다고 생각합니다. 배경도 왜곡된 부분이 있어요. 아주 밝은 상태에서 색온도가 무척 낮아 노란색이 스며들면서 금색 빛이 돌죠. 파란색 배경 역시 밝아지면서 색온도도 들어가 왜곡이 일어났을 거예요.

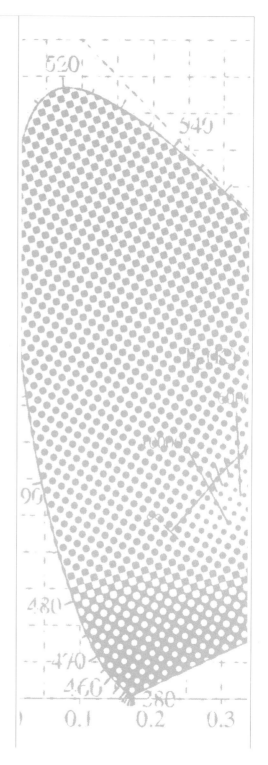

빛을 열망한
예술가들

전영백

전영백

어렸을 때부터 생활 기록부에 적어 내던 장래 희망은 언제나 '화가'였다. 학부에서는 사회학을 전공했지만 대학원에

미술사 전공이 있다는 것을 알게 된 후 바로 입학하여, 현재 29년째 미술사를 연구하고 있다. 미술에선 다양한 문화

적 체험이 가장 중요해 영국에서 석사와 박사를 하면서 서양미술사를 공부했다. 박사 논문 주제로 폴 세잔을 탐구하

며, 프랑스를 넘봤다. 불어는 서툴지만 파리를 방문할 때마다 아쉬운 대로 쓰고 있다. 한국과 영국, 거기에 프랑스를

얹으면 좀 더 나은 사람이 되리라 믿기 때문이다. 스스로를 '여행자'로 여긴다. 서울에서는 '장기 체류'한다고 생각한

다. 하루하루 풍부하게 느끼고 경험하는 것이 제일 잘사는 것이라고 믿는다. 미술사학연구회 회장을 역임한 바 있으

며, 해외 학술지 《시각 문화 저널Journal of Visual Cultrue》 편집 위원으로 활동하고 있다. 현재 홍익대학교 예술학과(학

부)/미술사학과(대학원) 교수 및 박물관장으로 재직 중이다.

여러분, 안녕하세요. 미술사학자인 제가 '과학재단'에서 특강을 할 거라고 하니까 주위에서 의아해 하더군요. 역시 미술과 과학은 쉽지 않은 사이라는 걸 확인했습니다. 그런데 사실, 멀고도 가까운 사이가 아닐까 생각해요. 왜냐하면 르네상스 때부터 미술은 체계적이고 기하학적이면서도 과학적인 구조 속에서 시각을 생각했기 때문이죠.

과학이 발전하면서 미술에서도 본다는 것에 대한 생각이 많이 변화해 왔습니다. 오늘 강연에서는 19세기 초부터 오늘날까지 약 200년 동안의 미술을 훑어보면서, 빛과 미술, 과학의 관계를 살펴보겠습니다.

근대 주체의 형성

제 강의는 19세기 초부터 시작합니다. 우리 눈으로 세상을 본다는 관념을 갖게 된 것이 19세기 초였기 때문입니다. 이상하죠? 미술가는 당연히 눈으로 보고 작품으로 표현할 거라고 생각했는데, 사실은 그게 얼마 안 됐어요. 19세기 초가 돼서야 대상을 바라보며 어떻게 표현할 것인지 생각했다는 겁니다. 그 전까지만 해도 내 눈으로 보는 것은 불확실하고 주관적이기 때문에 뭔가 정확한 체계와 구조가 있어야 한다고 생각했죠. 그게 바로 르네상스의 원근법입니다. 원근법은 소실점 하나로 3차원에 있는 모든 대상의 크기와 거리를 입체적으로 표현할 수 있는 종합적인 체계입니다. 굉장히 과학적이죠. 하지만 실제로 우리 두 눈은 세계를 원근법 체계로 보지 않습니다. 양쪽 눈의 시점

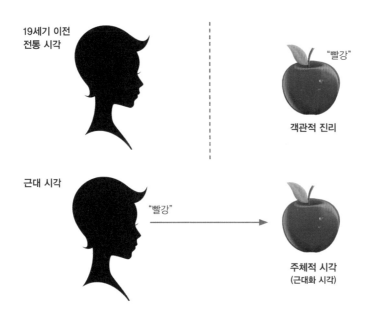

차이 때문에 불안정하게 볼 수밖에 없습니다. 사람마다 다르게 보이기도 하고요. 그런데 19세기 이전까지는 원근법이라는 체계적인 관점으로, 구조적으로 봐야 했어요. 사물의 형태나 색깔은 물리적으로 이미 정해져 있다고 생각했습니다.

그런데 19세기에 접어들면서 엄청난 변화가 생겼습니다. 보는 방식이 달라진 거예요. 그전에 과학적이고 체계적이고 누구나 다 똑같이 볼 수밖에 없었던 원근법 구조에서 '내 눈으로 본다. 내가 본다.'는 개인적이고 주체 중심적인 시각으로 바뀐 겁니다. 시각의 혁명이 일어난 것이죠.[6-1]

예를 들자면, 사과가 빨간 것은 원래 빨간색이라서 그런 게 아니라 내 눈에 빨간색으로 비치기 때문이라고 생각하게 된 겁니다. 감각으로 수용해서 그렇게 인식하니까 대상이 빨간색이라고 알게 된다는 거예요. 다시 말하면 객체와 주체가 서로 연관을 맺어야 대상의 색채와 형태를 알게 된다는 얘기죠.

괴테의 색채론이 끼친 영향

어떻게 이런 변화가 생겼을까요? 왜 이런 혁신이 일어났을까요? 체계적이고 기하학적이고 객관적이었던 시각의 구조에서 인간의 눈을 통해 봐야 대상을 알 수 있다는 발상의 전환이 어떻게 해서 일어났을까요? 괴테Johann Wolfgang von Goethe의 《색채론Colour Theory》을 소개하면서 그 이유를 설명하고자 합니다.

당시 괴테의 이론은 합리적인 이론으로 인정받지 못했습니다. 처음 나왔을 때 이단으로까지 취급 받았습니다. 객관적인 색채란 실재하지 않는다고 주장했기 때문이에요. 빛과 어둠이 만나는 경계가 우리 눈에 감지될 때 색으로 나타나는 것이지, 사물(대상)에 원래 고정된 색이 있는 것이 아니라는 주장입니다. 당연히 과학자들이 좋아했을 리가 없어요. 받아들이는 사람마다 다르다는, 이렇게 불안정한 이론을 어떻게 정설로 삼겠느냐 거죠. 하지만 색채론은 예술계에서, 특히 화가들이 받아들이기 시작합니다.

특히 터너J. M. W. Turner가 그랬습니다. 19세기 전반에 활동한 터너는 아주 실험적인 화가였어요. 빛이나 색채를 추상적으로 표현했죠. 당시로서는 보기 드문 선구적인 작가였습니다. 그는 자기 눈으로 직접 보고 체험하는 것에 관심이 많았습니다. 1834년에 그린 〈영국 국회의사당 화재The Burning of the House of Lords and Commons〉란 작품을 보세요.6-2 괴테의 《색채론》이 1810년에 출판됐고 영어로 번역된 게 1840년이니까, 터너는 괴테의 책이 번역되기도 전에 이런 그림을 그린 겁니다. 1834년, 템스 강변에 있는 국회의사당 건물에 불이 났어요. 터너는 강가로 나와 활활 타오르는 노란 색채를 보면서 자기가 체험한 것을 이렇게 그렸어요. 이 시기에는 구상적으로 그려야 정상이라고 생각했는데 터너는 추상적으로 표현한 겁니다. 터너는 광활한 바다와 지평선, 빛의 역동성, 흔들리는 대기의 움직임 같은 것에 관심이 있었습니다. 참고로 터너는 1840년에야 영어로 번역된 괴테의 《색채론》을 읽었답니다. 그는 인류가 모던 시기로 접어든 때, 빛을 열망하고 이를 회화에 담아낸 선구적 작가입니다.

터너가 〈노예선The Slave Ship〉이라는 작품을 그릴 때는 괴테의 이론을 알고 있었어요.[6-3] 괴테의 《색채론》을 읽고 '내가 직접 눈으로 본 것을 그려도 되겠구나. 르네상스 시대의 과학적이고 체계적인 구조 없이도 가능하겠다. 빛과 색채의 흔들림을 그대로 그려야겠다.' 하는 생각이 힘을 얻은 겁니다.

이 작품은 당시 실제 있었던 끔찍한 사건을 보여 줍니다. 터너는 노예선에 관한 비인간적 사건을 읽고 이를 그림으로 상상하여 폭로한 것이지요. 이는 아프리카에서 흑인들을 노예로 잡아 본국으로 이송하는 상황을 보여 줍니다. 열악한 조건에서 긴 항해를 하는 동안 노예들이 병이 나고 죽어 갔습니다. 그런데 악덕한 노예 상인은 몸이 성한 노예들만 남겨 두고, 병든 노예들을 바다에 던져 버렸지요. 그 당시 보험으로는 병든 노예를 보상 받을 수 없었기 때문입니다. 그림에서 우리는 바다에 아무렇게나 던져진 여자 노예의 포박된 두 다리가 물 밖에 거꾸로 나와 있는 것을 볼 수 있습니다. 그 주위로 물고기 떼가 몰려들어 요동치는 모습이 보입니다.

터너는 빛과 색채와 풍랑을 그리는 데 관심이 있었습니다. 풍랑이 이는 날에는 자기 몸을 돛대에 묶어 죽을 고생을 하면서 격동하는 바다를 체험하기도 했답니다. 정말 모험심이 대단하죠?

그림은 당시의 시대상을 잘 드러내 주는데, 터너가 살던 시대는 산업 혁명을 겪으면서 영국에 산업 자본주의가 본격화되는 시기였어요.

6-2

윌리엄 터너, 〈영국 국회의사
당 화재〉, 1834년

6-3

윌리엄 터너, 〈노예선〉, 1840
년

6-4

윌리엄 터너, 〈비, 증기 그리
고 속도—대 서부 철도〉, 1844
년

증기 기관이라는 신기술도 이때 발명됩니다. 어느 날 터너는 런던행 증기 기관차를 탔습니다. 그런데 이날 런던의 날씨가 좋지 않아 비바람이 휘몰아치고 있었어요. 터너는 창문 밖으로 고개를 내밀고 바깥을 보다가 창문이 닫히면서 목이 끼었답니다. 9분 동안 목이 창문에 끼인 채 비바람을 맞으며 체험한 것을 표현한 게 이 작품입니다.[6-4] 실제로 체험한 느낌을 그린 것이죠. 과학의 입장에서 볼 때 이단아 격인 괴테라는 문학가의 발상과 이론에 영향을 받아, 화가들이 자신 있게 눈에 보이는 대로 그렸다는 것을 터너의 작품을 통해 알 수 있습니다.

사진의 발명과 미술의 진로

19세기 초는 격변과 혼돈의 시기였습니다. 과학의 급격한 발달 속에 사진기도 등장했습니다. 사진기가 발명되면서 사진은 미술에 엄청난 충격을 주었고, 방향도 완전히 바꾸어 놓았죠.

사진기는 니에프스Joseph Nicéphore Niépce라는 사람이 발명했지만, 비슷한 기술로 서너 사람 사이에 경쟁이 붙었습니다. 결국 다게르Louis-Jacques-Mandé Daguerre가 특허를 따내고 세계 최초의 사진작가로 등록됩니다. 그리고 1839년이 사진 발명의 해로 정식 인정되죠.

사진의 발명은 미술, 특히 회화에 엄청난 변화를 줍니다. 세상을 똑같이 재현하는 것이 원래 그림의 목적이었고, 오랫동안 그 역할을 해 왔습니다. 그런데 사진이 훨씬 더 자세하고 명확하게 찍어 내니까 회화는 할 일이 없어진 거예요. 하지만 발전은 그런 혼돈 속에서 나오기도 하죠. 이제 그림은 추상화로 옮겨 갑니다. 사진의 발명은 회화가 모사와 재현에서 벗어나 자유를 얻게 되는 큰 변화를 촉발했습니다.

6-5
클로드 모네, 〈인상: 해돋이〉,
1872년

인상주의, 눈에 보이는 대로

그래서 인상주의Impressionism가 1870년대부터 본격적으로 등장합니다. 대표적인 인상주의 화가가 모네Oscar-Claude Monet입니다. '인상주의'라는 말은 당시 새로운 풍의 그림에 비난과 조소를 퍼붓는 의미였어요. '이 따위가 무슨 그림이냐? 단순히 인상일 뿐이지.' 하는 의미에서 생긴 명칭입니다.

'인상주의'라는 말은 〈인상: 해돋이Impression: Soleil levant〉라는 작품에서 유래했습니다.6-5 당시 사람들은 "무슨 그림이 저래? 왜 저렇게 뿌옇고 형태나 대상이나 구조가 없지?" 하며 이상한 그림이라고 여겼어

6-6
클로드 모네, 〈런던 국회의사
당, 해질녘〉, 1903년(왼쪽)

클로드 모네, 〈런던 국회의사
당〉, 1904년(오른쪽)

요. 그림에서 색채만 중요하게 보이죠. 사진처럼 똑같이 그릴 필요가 없어졌으니까 회화가 점차 추상적인 표현을 과감히 구사하게 되는 겁니다. 내가 어느 장소에서 어떻게 보느냐, 어느 시간에 보느냐에 따라 같은 대상이라도 다르게 보이는 거예요. 그러다 보니 대상이 아니라 주체가 중요해집니다. 다시 말해 주체가 중심이라는 인식이 강해지는 겁니다.

템스 강은 항상 안개가 자욱했어요. 특히 그때는 산업 혁명이 한창이었죠. 공장들은 연기를 내뿜었고, 스모그 때문에 형태는 불분명하고 색채와 빛의 느낌만 두드러졌지요. 모네는 프랑스인이지만 이곳을 좋아했어요. 형태보다는 색채와 빛의 조합을 눈에 맺히는 대로 표현하고 싶었는데, 런던의 템스 강을 적합한 곳이라 여기고 자주 왔습니다. 1870년대부터 이곳에서 계속 연작을 그립니다.[6-6] 처음에는 자세하게 그리다가 점점 추상적인 경향으로 갑니다. 안개가 자욱하니까 자세히 그릴 수도 없었어요. 모네는 국회 의사당 건너편에 자리 잡고 시간대만 바꿔 가며 연작을 그립니다. 자기 눈으로 보면서 빛의 변화

에 따라 표현한 겁니다. 대상은 똑같은데 보이는 것이 시점에 따라 달라지는 것뿐입니다. 주체 중심이죠.

하지만 사실 템스 강이 모네의 그림처럼 아름답지는 않았어요. 템스 강은 폐유가 흘러 들어오고 동물 사체들이 떠다니는 죽음의 강이었어요.6-7 현실은 끔찍하고 어둠이 드리워 있었지요. 모네는 그런 현실을 그대로 드러내기보다 눈에 보이는 대로만 그린 것이죠. 인상주의가 그런 겁니다. 눈으로 본다는 것은 거리를 두고 보는 거예요. 거리를 두고 멀리서 보기 때문에 추악하고 고통스러운 죽음의 장소조차 이렇게 아름다울 수 있는 겁니다.

여기서, 미술이 추구하는 아름다움이 무엇인지 생각하게 됩니다. 무엇이든 거리를 두고 보아야 아름답다는 겁니다. 가까이 다가가면 어떤 대상이든 아름답다는 생각이 들지 않아요. 아름다움은 대상에서 멀리 떨어져 인지하고 음미할 때만 가능합니다. 마치 첫사랑 같은 것

6-8
오귀스트 르누아르, 〈햇빛 속의 누드〉, 1875년(왼쪽)

오귀스트 르누아르, 〈갈레트 풍차 방앗간의 무도회〉, 1876년(오른쪽)

이죠. 첫사랑은 인상주의에서 추구한 아름다움과 비슷해요. 첫눈에 반해 그 사람 자체에서 느끼는 압도적인 매력 같은 거죠. '첫눈에', 시각적인 것이죠. 그래서 인상주의를 포함한 모더니즘Modernism은 시각 중심이고, 언제나 거리를 두고 대상을 파악합니다. 인상주의는 끔찍하고 혼란스러운 현실을 멀리서 눈으로 바라만 보기 때문에 어떻게 보면 차가운 미학이라고 말할 수 있습니다.

인상주의는 순간을 포착하는 거예요. 눈의 체험으로 시간의 '순간성'을 가장 잘 포착해서 나타낸 것이 인상주의입니다. 지금 현재의 '시간성'을 포착하는 것이죠. 그러다 보니 색채 위주일 수밖에 없습니다. 우리가 어떤 것을 순간적으로 봤을 때는, 형태와 색채 중 색채가 더 시각에 남습니다. 그래서 인상주의는 형태를 희생하고 색채를 취한 거예요. 르네 데카르트René Descartes가 "나는 생각한다. 고로 존재한다."고 했는데 이 말을 인상주의에 적용하면, '나는 본다. 고로 존재한다.'인 것이죠. 인상주의가 발흥한 시기는 모더니즘이 본격화되면서 보는 주체가 강화된 시기입니다.

르누아르Pierre-Auguste Renoir도 마찬가지죠. 인상주의는 순간을 포착

6-9
에드가 드가, 〈카페 콘서트-
대사관에서〉, 1876~1877년

하기 위해 빛에 주안점을 두었는데, 햇빛이 변하는 순간을 포착하는 것이 현재성을 나타낸다고 생각했기 때문입니다. 르누아르의 작품은 빛과 어둠을 얼룩지게 표현하는 게 특징이에요.[6-8]

드가Edgar Degas가 표현한 빛은 햇빛이 아니라 밤 도시의 가스등과 전깃불이었습니다. 인공조명을 그린 작가가 드가입니다. 보시는 그림은 당시 사람들의 실제 모습이에요.[6-9] 일상의 여가 활동이 인상주의에 자꾸 드러나는 이유가 있어요. 당시의 모습, 현재성은 순간의 포착에 달려 있고, 당시의 일상생활을 포착해 보여 주는 것이 인상주의가 추구하는 가치와 맞아떨어졌기 때문이죠.

휘슬러James A. M. Whistler는 물감을 마구 뿌려서 빛을 표현했어요.[6-10] 그의 그림을 보면, 형태는 알아보기 힘들고 색과 빛에 대한 관심밖에 없다는 것을 알 수 있지요. 〈검정색과 금색의 야상곡〉은 당시 커다란

6-10
제임스 휘슬러, 〈검정색과 금색의 야상곡 — 떨어지는 불꽃〉, 1875년

파문을 일으켰고, 급기야 법정 공방까지 벌어졌어요. 사회철학자 러스킨John Ruskin은 휘슬러를 고발하며, 이 그림을 "군중의 얼굴에 물감통을 던진 것"이라 비난할 정도였습니다. 이에 대해 휘슬러는 그를 명예 훼손으로 맞고소하면서, "나는 내 작품에서 미적 관심만을 보여 준 것이다."라고 변론했답니다. 이는 영국 사회에 '예술의 역할이란 무엇인가?'라는 화두를 던지며 센세이션을 일으켰습니다.

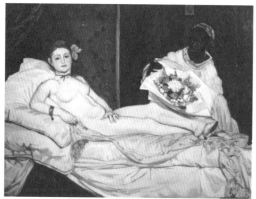

현재성과 모더니티

인상주의는 현재성, 지금 이 시점에서 내 눈에 들어온 대상을 표현
하는 것이라고 했습니다. 그런 생각은 어떻게 생겨났을까요? 역시 이
론적으로 영감을 준 사람이 있습니다. 보들레르Charles Pierre Baudelaire는
19세기에 모더니즘 시대로 진입하는 과정에서 매우 중요한 역할을
했어요. 그는 당대성, 즉 지금 이 순간의 삶을 그대로 작품에 나타낼
수 있어야 진정한 모던 아티스트라고 주장했습니다.

미술의 역사는 한마디로 충격의 역사라 할 수 있습니다. 보들레르
의 예술론에 공감한 마네Édouard Manet의 작품을 보면, 벗은 몸이 무척
현실적이에요.6-11 예전에는 누드를 그릴 때, 얼굴은 잘 안 보이고 몸
은 기가 막힌 비율로 이상적이고 비현실적인 여인의 모습으로 그렸습
니다. 당시에는 누드를 그리려면 전통적인 비너스를 참조해야 했거든
요. 그런데 마네의 작품은 완전히 달라요. 〈풀밭 위의 점심Le Déjeuner sur
l'herbe〉에서 여인의 얼굴은 신화적인 풍모와는 거리가 먼 지극히 개인
적인 얼굴이죠. 이웃에서 흔히 볼 수 있는 평범한 사람이라고 할 정도
로 그다지 아름답지 않아요. 보들레르가 강조한 당대성을 잘 표현하

고 있습니다.

〈올랭피아Olympia〉라는 작품은 미술사에서 가장 추한 누드가 아닌가
할 정도예요. 얼굴은 크고 목은 두껍고 팔다리는 짧고, 비례도 안 맞
는 것 같습니다. 얼굴도 무척 개인적이죠. 좀 전에 봤던 〈풀밭 위의 점
심〉에 나온 여인과 같은 모델입니다. 마네의 누드는 정말 뻔뻔해요.
창피해하는 기색은 전혀 없고, 손가락에 힘을 주고 뭔가 저항적인 제
스처도 취하고 있습니다. 이 작품은 당시 사람들의 공분을 샀지만 근
현대 미술사의 첫 페이지를 장식하는 작품입니다. 모더니즘 미술은
지금 현재 이 순간을, 삶의 실제 모습을 그리는 거라고 했어요. 보들
레르가 모던 아티스트들에게 했던 유명한 말이 있죠. "라파엘로Raffaello
Sanzio나 티치아노Tiziano Vecellio의 비너스를 그리지 말고 오늘날의 매춘
부를 그려라." 즉 미술은 이상적이고 고매한 아름다움만 추구하는 것
이 아니라 실제 일상을 다루어야 한다는 말이죠.

자본주의 발달과 스펙터클 사회

당시 대도시에 사는 사람들의 눈은 점점 발달했습니다. 개인 주체
로서 자의식이 높아지고, 볼거리가 많아진 것이 그 이유입니다. 큰길
이 뚫리고, 높은 빌딩이 올라가고, 증기 기관차가 다니며 스펙터클하
고 휘황찬란한 사회가 된 겁니다. 스펙터클은 시각과 관련되기 때문
에 이러한 물질문명 속에 사는 사람들은 보는 눈이 발달할 수밖에 없
어요.

파리에 에펠탑이 세워지고, 건축 기술과 함께 재료도 발달합니다.
그중 하나로, 유리가 건축물에 많이 쓰이게 됩니다. 대형 건물에 최초
로 유리를 쓴 것이 1851년 런던의 만국 박람회에서 선보인 수정궁

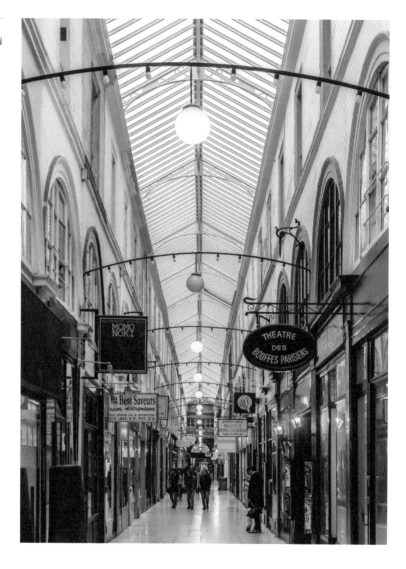

Crystal Palace이었어요. 쇼윈도도 점점 늘어납니다. 대도시의 산책자가 밖에서 안을 들여다봅니다. 안에 있는 사람 역시 밖을 내다볼 수 있어요. 내부와 외부로 나뉘었던 공간이 서로 교차하게 된 것이죠. 그리고 가스등의 휘황한 빛이 유리를 비추면서 사람들을 현혹합니다. 공간의 변화 양상은 대표적으로 아케이드 구조물에서 나타납니다.6-12 햇빛이

6-13

조르주 쇠라, 〈그랑드 자
트 섬의 일요일 오후 〉,
1884~1886년

유리를 통해 들어옵니다. 반半내부, 반외부 형태이고 사람들이 상점의 물건을 쇼윈도를 통해 봅니다. 19세기 초에 번성하기 시작한 아케이드는 한마디로 백화점의 전신입니다. 그래서 벤야민Walter Bendix Schönflies Benjamin은 사치, 소비 사회, 자본주의 사회의 상징이 아케이드라고 표현했습니다. 산책자들, 근대 사회를 살아가는 사람들의 시각에 혁명을 일으켰고, 도시의 화려한 스펙터클의 세계가 아케이드에 압축되어 있다는 것이죠. 물론 여기에는 비판적인 시선이 깔려 있습니다.

모더니즘에 투영된 빛

대도시가 발달하면서 작가들의 색채 실험도 계속됩니다. 여기서 우리는 쇠라Georges-Pierre Seurat를 기억합니다. 빛과 색채를 과학적으로 사

용한 작가지요. 쇠라는 색채를 분석하여 체계적으로 사용했는데, 분할법(점묘법)이라 알려져 있습니다. 인상주의에서는 형태를 죽이고 색채만 취했는데, 쇠라의 작품에서는 둘 다 잡았어요.⁶⁻¹³ 색채에 신선한 느낌도 나고 형태도 아주 견고합니다. 개가 풀밭에서 폴짝 뛰는 바로 그 순간을 포착한 것 같죠? 그만큼 명확한 형태를 유지합니다. 이건 고전주의Classicism를 그대로 가져온 겁니다. 인상주의가 포기했던 형태와 구조를 다시 살려낸 것이죠.

세잔Paul Cézanne의 〈자화상〉에서 시간이 느껴지나요?⁶⁻¹⁴ 아침은 아니고 대략 3시 45분쯤 된 것 같아요. 이 말은 자연광을 표현했다는 얘기고, 특정한 시간을 포착했다는 겁니다. 세잔의 작품은 견고한 구조와 입체를 가지면서도 빛을 지니고 있습니다. 눈으로 본 빛을 포착하려고 했던 인상주의의 근대성과, 인상주의가 포기했던 고전주의의 형

태와 구조를 겸비한 것이 세잔의 작품입니다.

피카소Pablo Ruiz y Picasso와 마티스Henri-Émile-Benoît Matisse도 세잔의 영향을 받았습니다. 현대로 오면서 세잔은 빛을 그대로 잘 살렸지만, 피카소는 형태에 치중, 이를 해체하였고, 마티스는 색채를 강조, 자유자재로 표현했습니다. 모두 점차 추상의 방향으로 진행되었죠.

한편 반 고흐가 구사한 색은 진짜 자연의 빛은 아닙니다. 내면의 빛이죠. 표현주의Expressionism와 통하는 것입니다. 이것은 주관적인 감성의 표출이지, 관찰에 의한 것은 아닙니다.6-15 자기 내면의 동요, 흥분, 혼란 같은 감정 상태가 그대로 표현되고 있어요. 점점 붓이 역동적으로 움직이는데, 후기로 갈수록 더 그렇습니다.

로스코Mark Rothko에 이르면 완전 추상이 됩니다. 20세기 중반에는 완전히 색채로만 빛을 표현합니다. 추상표현주의Abstract Expressionism라고 하죠. 이제 대상도 필요 없어요. 빛 자체를 색채로 표현합니다. 가만히 들여다보고 있으면 이 복잡한 세상, 혼란스러운 현실을 잊어버리고 작품 속으로 빨려 들어가는 것 같아요. 심리적으로 치유를 받는 느낌입니다. 대상을 색채와 빛의 조합으로만 표현하면서 시각적으로 승화시키기 때문이죠. 정신적으로 완전히 고양시킵니다. 그런 고양된 빛을 로스코에게서 보게 됩니다. 이쯤 되면 시각과 정신의 상승, 승화가 절정에 이릅니다. 이 작품들이 속하는 1960년대까지를 모더니즘 시기라고 합니다.

빛과 포스트모더니즘

오늘날의 미술은 빛을 어떻게 표현할까요? 1960년대부터 시각에 대한 공격이 시작됩니다. 미술이 고결한 이상만 추구하느라 현실과 유리되어 있다고 느낀 거지요. 로스코의 작품에서 무슨 삶을 느낄 수 있지? 사람들이 미술을 자신의 일상과 어떻게 연결시켜야 할지 모르게 된 거예요. 리얼리티는 사라지고, 우리의 삶은 어디에 있는지 회의가 드는 것이죠. 그때부터 포스트모더니즘Postmodernism이라는 강력한 물결이 밀려옵니다. 그러면서 작가들이 빛을 표현하는 작품 활동을 하지 않게 됩니다. 템스 강을 그린 모네의 작품이 가능했던 것은 실제 상황과 거리를 두고 눈으로만 보았기 때문이지요. 그러면서 아름다운 색채와 빛의 조합을 그려 낼 수 있었어요. 그런데 포스트모더니즘은 그 템스 강으로 걸어 들어가는 겁니다. 다시 말해 현실이 아무리 추하고 혼란스러워도 그 내용을 작품에 온전히 나타내야 한다는 겁니다. 현실에 개입하는 게 포스트모던 미학입니다. 그래서 시각보다 촉각과 후각, 청각, 공감각적인 다른 감각을 중요하게 다룹니다.

2000년대로 넘어오면 굉장히 새로운 작품들이 등장합니다. 요즘

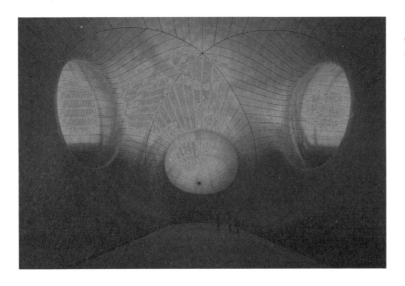

작가들은 빛을 시각만이 아니라 몸으로 느끼는 공감각적인 작품으로 표현합니다.

터렐James Turrell은 빛으로 만든 공간 속으로 관객을 불러들입니다. 빛으로 된 평면을 거리를 두고 보게 하는 게 아니라 그 공간 속으로 들어가게 합니다. 터렐이 만든 〈보는 공간Space That Sees〉이라는 설치 작품은 천장에 네모난 구멍을 뚫고 그 아래에 하늘을 올려다보도록 벤치를 두었습니다. 그 아래 앉아 있다고 생각해 보세요. 하늘이 계속 변하겠죠. 마치 추상화를 위에다 걸어 놓은 것 같아요. 빛을 온몸으로 느끼게 합니다.

카푸어Anish Kapoor는 인도 태생의 영국 조각가예요. 파리에 있는 그랑 팔레Grand Palais에 설치 작업을 했습니다. 건물 안에 〈리바이어던 Leviathan〉이라는 작품을 이런 식으로 설치했어요.⁶⁻¹⁶ 엄청나게 큰 빨간색 PVC 조형물을 틀니 맞추듯이 건물 안에 집어넣었습니다. 마치 거대한 자궁이나 고래 뱃속에 들어간 것 같은 체험을 하게 합니다. 빛을 온몸으로, 공감각적으로 느끼도록 표현했어요.

우리나라 김수자 작가는 〈숨쉬기To breathe〉라는 작품에서 미술관 창문에 필름을 붙였어요. 필름에 반사되는 무지개빛이 그 공간에 반영되어 시간에 따라 달라지는 빛의 모습을 느끼게 하는 것이 다예요. 이제는 뭔가를 만들어서 보여 주는 게 아니라 빛 자체도 작품이 될 수 있다는 것이죠. 햇빛에 따라 시시각각 빛이 달라집니다. 마치 숨 쉬듯이. 그래서 제목이 '숨쉬기'예요. 달라지는 빛을 그대로 보여 줍니다.

엘리아슨Olafur Eliasson이라는 덴마크 작가는 2003년 〈날씨 프로젝트The weather project〉라는 작품으로 아주 유명합니다. 아예 인공 태양을 만들었어요. 이 태양은 200개의 노란색 전구로 만들었습니다. 춤추는 사람, 우는 사람, 눕는 사람……. 별의별 사람들이 200만 명이나 왔다고 해요. 엘리아슨의 작업은 이렇게 빛을 보여 주고 있어요.

이제 엘리아슨은 터너로 돌아옵니다. 엘리아슨은 2014년에 터너의 작품들 중 일곱 점을 선정해 그 색채를 분석한 전시를 가졌습니다. 터너의 그림에서 60개의 색채를 추출하여 색환을 만들었는데, 그의 색채를 과학적으로 분석하여 알루미늄 판에 옮겨 놓은 것이지요. 엘리아슨을 통해 우리는 이 강의가 처음 시작된 출발점으로 돌아오게 됐습니다. 처음과 끝이 만난 셈입니다.

내가 보는 세상이 어떠하며 색채와 빛이 내 눈에 어떻게 들어오느냐 하는 문제는 지금도 작가들의 관심을 끌고 있습니다. 세상을 바라보는 관점과 관련해서 눈의 감각은 앞으로도 계속 미술의 주제가 될 거예요. 그런 의미에서 근대 주체, 시각의 중심으로서의 나를 생각해 보게 됩니다. 빛을 표현할 때 작가의 감각이 세상과 어떻게 교감하고 상호 연관을 맺는지, 터너부터 엘리아슨까지 200년이라는 시간을 요약해서 살펴봤습니다.

사회

엄지혜
아나운서

토론

전영백
홍익대학교 예술학과 교수

이승현
선화문화예술재단 이사

전진성
부산교육대학교
사회교육과 교수

1 개인에게 다가온 빛

근대의 배경과 근거

엄지혜 먼저 전진성 교수님이 이 주제를 제안하셨는데 사회학적으로 다른 시각이 있는지요. 왜 이 주제를 뽑으셨나요?

전진성 괴테의 색채론과 관련해서 이야기를 시작하면, 괴테 이전에는 빛을 파동이나 입자, 즉 객관적인 물리적 실체로 이해했습니다. 그런데 괴테에 이르러 빛이 단순히 객관적인 실체가 아니라 우리의 육안을 통해 체험되는 것으로 이해되기 시작한 것이죠. 저는 이런 주체적인 시각이 개인의 탄생과 연결된다고 생각합니다. 근대적 의미의 개인의 탄생을 촉진한 흐름 중 하나가 계몽 사상입니다.

'계몽'은 영어로 '인라이트먼트enlightenment', 즉 빛나게 한다는 뜻인데 인간 안에 있는 이성이 자체 발광을 한다는 의미죠. 세상은 어둡고 자기 자신은 빛, 이렇게 자기중심적으로 생각하는 것이죠. 자기중심적인 시각을 갖는 것이 멋지긴 하지만 다른 한편으로는 저마다 자체 발광하고 잘났기 때문에 공통의 규범을 만들기는 힘들어집니다.

사실 이런 것이 근대의 기본적인 문제점이에요. 폭력이나 차별은 주체적 시각의 결과라고 볼 수 있어요. 그래서 역사적으로 계몽주의에 반대해 낭만주의가 나오고 개인보다는 공동체를 강조하기도 했죠. 괴테는 계몽주의에서 낭만주의로 가는 과도기에 있었던 것 같아요.

괴테의 색채론을 다시 보면, 사물의 색채는 정해진 것이 아니라 빛과 어둠의 관계에 따라 변한다고 말합니다. 우리의 시각이 확고하지 않고 그때그때 불안정하다는 거죠. 이것은 시각의 문제이기도 하지만 우리가 살아가면서 서로 생각이 다르다는 문제는 미술의 문제와도 연결된다고 생각합니다.

전영백 맞아요. 근대 사회의 혼란과 불안정, 혼돈의 상태가 오히려 새로운 변혁을 가져오게 된 것 같아요.

엄지혜 빛은 물리학적 관점, 과학적인 관점뿐 아니라 미술과도 연결되고, 철학·역사와도 유기적으로 얽혀 있는 것 같아요. 이런 사회적인 분위기가 그림에도 다양하게 투영되는 것이겠죠.

전영백 근대 사회는 격동의 시대이자, 그림의 표현 방식과 내용이 바뀌던 시대였죠. 예컨대 쿠르베Jean Désiré Gustave Courbet, 도미에Honoré-Victorin Daumier, 밀레Jean-Francois Millet는 당시에 문제적 작가들이었어요. 왜냐하면 이들이 그린 인물이 일반 사람들이었거든요. 시민, 농민, 도시 노동자 들을 크게 영웅처럼 그리니까 어땠겠어요? 귀족이나 자본가들은 위협을 느꼈을 테죠. 계급 갈등이 첨예하던 때였어요.

2 산책자는 여전히 존재하는가
오늘날 산책자의 의미

엄지혜 외국 미술관에 가 보면 말 탄 왕, 귀족 이런 게 쭉 나오다가 갑자기 농민도 나오고 도시를 걸어 다니는 사람들도 나오잖아요. 그만큼 시대와 환경이 바뀌었다는 건데요. 그래서 두 번째 주제 '산책자는 여전히 존재하는가?'로 넘어가려고 합니다. 왜 이 주제를 선택하셨나요?

전진성 전영백 교수님이 개인적 주체로서 근대 도시를 걸어 다니는 산책자를 말씀하셨는데, 보들레르가 말한 산책자는 개인적 주체이면서 어떤 의미에서는 소외된 존재이기도 하죠. 보들레르의 시대는 19세기 중반이에요. 근대 산업 사회가 발달하면서 산업 기술과 자본주의의 위세에 눌려 개인들은 소외당하는 느낌을 갖게 됩니다. 산책자가 쇼윈도를 볼 때 휘황찬란한 빛에 자기 눈이 압도되는 것이죠.

개인적 주체가 왜소해지는 문제를 집중적으로 파고든 사람이 벤야민입니다. 벤야민은 아케이드를 분석하며 쇼윈도 앞에서 소외감을 느끼는 무기력한 개인을 이야기합니다. 그런데 벤야민은 개인의 소외에 그치지 않았어요. 쇼윈도를 자세히 보니까 멋진 옷이 걸려 있어요. 빛과 어둠이 교차하는 옷의 주름을 보면서, 우리의 가변적이고 불확실한 시각의 반대편을 상상한 거예요. 모든 빛, 가변적이고 휘황찬란한 빛을 넘어서는 완전한 구원의 빛을 상상해요. 산업 자본주의의 한가운데서 그 모든 것을 극복할 수 있는 빛을 상상하는데, 그런 점에서 보들레르의 산책자와는 다른 새로운 전망을 제시하는 것 같습니다.

이승현 소비자가 왜 소비 사회에 압도당하는지 이야기하고 싶어요. 소비 사회에는 두 단계가 있어요. 본격적인 소비 사회로 접어들기 전에는 물건이 팔리는 데 문제가 없었어요. 그런데 필요한 것 이상을 만들어 내면서 문제가 생겼죠. 이제 더 만들어 봐야 살 사람이 없어요. 우리가 필요로 하는 제품을 만들어 내는 생산 기술의 발달은 대부분 1950년대에 이미 완료되었어요. 이제 만드는 것보다 파는 게 더 중요한 시대가 된 겁니다.

1950년대 이후 소비 사회는 미디어 사회와 붙어 다닙니다. 똑같은 기능을 가진 제품을 계속 사게 만들어야 하기 때문이죠. 30, 40년 전만 해도 옷에 구멍이 나면 기워 입었습니다. 그러나 요즘은 그렇지 않습니다. 미디어에서 계속 떠들어 댑니다. '사라. 버리고 새로 사라.' 예전에는 근면, 성실, 절약, 나눔이 미덕이었다면 소비 사회에서는 소비, 사치, 여가, 개성 등이 중요해졌습니다. 이때의 개성이란 끊임없이 바뀌는 유행에 부응하는 것이죠. 저축은 더 이상 미덕이 아닙니다. 자본주의가 유지되려면 더 많이 팔아야 하고 소비자는 계속 사야 하기 때문에 미디어는 줄기차게 우리 삶을 쫓아다니면서 유혹합니다. 그런 순간에 우리는 완전히 압도되는 것이죠.

엄지혜 현대 미술 작품 중에는 자본이 집약된 작품도 있더라고요. 허스트Damien Hirst가 다이아몬드로 해골을 만들었는데, 이 작품도 자본주의와 미술을 연결해 생각해 볼 수 있지 않을까요?

이승현 허스트의 〈신의 사랑을 위하여For the Love of God〉는 다이아몬드가 8,500개

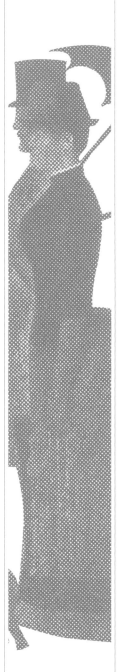

들어갔는데 다이아몬드와 백금의 원가만 200억 원, 팔린 가격이 1000억 원에 육박하는 최고가 작품입니다. 중세 시대에, 죽어서 천당 가려면 면죄부를 사라고 했지 않습니까? 신자유주의 시대의 허스트는 신의 사랑을 받으려면 다이아몬드를 모아야 한다고 말하는 겁니다. 오늘의 주제가 빛인데, 그야말로 발광하는 작품이죠.

사실 우리는 자연 그대로의 빛, 예컨대 태양, 달, 별 등을 거의 의식하지 않고 살아요. 우리의 삶을 지배하는 빛은 휴대폰 모니터, 텔레비전에서 발광하는 빛, 거리의 LED 네온사인이지요. 그런 것들은 '나를 사세요.'라고 추파를 던지는 소비 문화의 빛이기도 하고, 우리가 자신을 상품에 투사하고 동일시하는 미디어의 빛이기도 합니다. 궁극적으로는 자본의 빛이죠. 오늘날 우리는 그런 가시광선이 어디에나 퍼져 있는 사회에 살고 있고, 진리의 원천인 이성의 빛이 아니라 돈의 빛 아래 살고 있는 겁니다. 그래서 허스트의 작품은 신자유주의 시대에 사는 우리 삶을 보여 주는 것이죠.

전영백 그러면 예술 작품은 사회를 비판하기 위한 것인가요? 사회를 표현하기 위한 것인가요?

전진성 구원의 빛을 주는 것이 아닌가……. 그런 가능성을 상상하게 만드는 것 같습니다.

이승현 우리는 살아가면서 예술을 통해 필요한 통찰이나 위안을 얻는 것 같아요. 허스트는 자본주의 사회에서 머리를 잘 써서 비싼 작가가 되었다는 비판을 받습니다. 하지만 제가 보기엔, '다이아몬드 너무 좋아하지 마, 지금 돈만 추구하는 세계에서 죽음의 냄새가 나지 않아?' 하는 경고를 주는 것처럼 보입니다.

전영백 허스트는 영원을 상징하는 다이아몬드를 해골에 입혔거든요. 미학적으로 풀어 보면, 해골은 죽음, 바니타스vanitas, 즉 인생무상을 뜻합니다. 자본의 빛을 추구하는 행위는 결국 죽음을 가져온다는 역설이 있는 개념 미술concept art이죠. 미학적 의미는 그렇습니다.

이승현 아까 본 터렐의 작품은 빛으로 틀을 지었어요. 카푸어와 김수자의 작품은 빛의 물질성을 변형해 표현했고, 엘리아손은 아예 짝퉁 태양을 만들었어요. 이미지로 들어찬 그들의 작품은 이 스펙터클 사회에서 자본력이 깃든 또 하나의 볼거리인 것 같아요. 그런데 왜 그 작품들이 구원의 빛이죠? 구원의 빛이라면 종교적인 근엄함이랄까 그런 게 연상되는데……. 제가 보기엔 조금 모순되는 것 같아요.

전영백 자본이 본격 투입되어야 가능한 공간 설치 작품은 한마디로 유사 자연입니다. 자연과 유사하게 만든 작품들을 보면서, 저와 같은 현대 미술사가들은 조금 위험할 수 있다고 생각합니다. 엘리아손의 태양 작품 앞에서는 종교 집단에서나 볼 수 있는 반응이 나타나거든요. 완전히 압도당해서 침잠하고 빠져 버리죠. 허스트의 작품 앞에서도 똑같은 반응이 일어나요. 그런 반응은 별로 좋지 않다고 봐요. 주체의 소멸은 바람직하지 않다는 시각이 있습니다. 관람자가 주체적으로 보고 인식하는 것이 건강한 반응입니다. 다른 한편으로 대도시 사람들로 하여금 잃어버린 감각을 되살리고, 자연적이고 본성적인 것을 끄집어내어 각성시켜야 할 정도로 사회가 바뀌었다고 작가들이 말하는 것 같아요. 우리 사회가 이러니까 작품을 만들어 사람들을 자극하는 것이죠. 그래야 사람들의 감각이 되살아나 빛을 찾지 않을까 생각하는 것 같습니다.

전진성 작가들의 진정성은 인정합니다. 그런데 미술계 밖에 있는 사람의 시각으로 볼 때는 적어도 20세기 초반, 벤야민 식의 산책자에게는 개인적 주체 의식이 남아 있었거든요. 무기력하지만 주체 의식이 남아 있었기 때문에 그걸 한꺼번에 뒤집을 어떤 것을 동경이라도 했던 거죠. 그러나 지금 우리 시대의 산책자들에게 과연 그런 열망 자체가 있는지, 구원의 감각 자체가 남아 있는지 의심스럽고, 그런 게 없으니 짝퉁 구원이 나오는 게 아닐까 하는 생각이 듭니다.

이승현 과연 그렇게 고도로 집적화된 시각적인 스펙터클 작품들이 사람들을 구원할 수 있을까요? 저는 비관적입니다. 저는 오늘날 정말 필요한 건 먼 데 있는 구원의 빛이 아니라 인간과 인간 사이에 오가는 눈빛이라고 봐요. 1990년대 말에 '관계의 미학'이라는 새로운 미술이 유행하기도 했죠. 인간과 인간의 교감, 터치, 공감, 그런 것들이야말로 오늘날 우리의 삶에 필요한 빛이 아닐 생각합니다.

전영백 결국 그런 것을 추구하는 게 미술이죠. 앞으로 더 좋은 작품들이 나와서 그런 관계적 예술성을 삶에서 느낄 수 있기를 바랍니다.

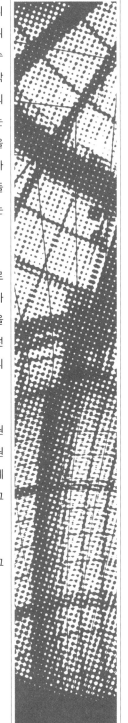

질문1 어떤 작품이 예술이야 아니냐 해서 소송에 휘말렸다고 했는데, 과연 어디까지가 예술일까요?

전영백 예술이란 무엇인가에 관한 질문이에요. 너무 어려운데요. 예를 들어, 변기를 그대로 전시한 뒤샹Henry Robert Marcel Duchamp의 〈샘Fountain〉은 다다이즘Dadaism이기도 하지만 개념 미술이기도 합니다. 뒤샹은 작품 결과물보다 아이디어 자체가 작품이 될 수 있고, 그게 더 중요하다는 것을 보여주었죠. 그게 1917년이에요. 선구적인 작품입니다. 〈샘〉의 의미는 기존 예술 경향을 비판하고 전복하는 데 있어요. 예술은 일반인이 접근하기 어려운, 고매하고 아름다운 것이라는 기존 생각을 뒤집은 것이죠. 예술 작품이 왜 아름답고 이상적이어야 하는가, 일상의 물건들이 더 중요한 의미가 있지 않을까 하는 최초의 문제 제기였어요. 예술이 고매한 척할 필요가 없다는 저항 정신이 중요하기 때문에 우리가 기억하고 예술 작품이라고 말하는 겁니다.

전진성 그 경계를 한마디로 말하긴 쉽지 않지만 미적인 것이 무엇인가에 대한 논의와 무관하지 않다고 봐요. 저희 집에서 바다를 보면 불빛이 무척 아름다운데, 알고 보면 오징어잡이 배라고 하더군요. 거리를 두고 집에서 볼 때는 무척 아름답지만 배에서 밤새워 오징어를 잡는다면 사정은 다르겠죠. 그것을 아름답다고 느끼는 것은 어쩌면 비정한

것 같아요. 모더니즘의 눈이라는 게 아주 차갑죠.

비정하긴 하지만 오징어를 잡는 모습에서 미적인 의미를 찾을 수 있는 것은 우리의 힘든 삶 속에서 그 삶을 다른 눈으로 보게 해 주기 때문인 것 같아요. 그래서 예술이 종교와 통한다고 봐요. 이해할 수 없는 상황을 일상적인 해석이 아니라 다르게 해석함으로써 치유하는 거잖아요.

전영백 첫사랑의 기억 덕분에 지금의 삶이 더 소중해지는 거예요. 사랑의 신화와 환상이 우리에게 중요하듯이 모더니즘의 아름다움이 실제와 다르고 현실과 동떨어져 있다고 하더라도 그것이 우리에게 좋은 영감을 주고 삶을 풍부하게 합니다. 포스트모던의 실제 삶, 현실이 비록 아름답지 않더라도, 내 옆에 있는 사람이 아름답지 않더라도 감촉, 온기, 같이 있다는 공존 의식, 이런 것도 참 중요하지요. 두 가지가 다 있어야 한다고 생각합니다.

질문2 책을 읽다보니 '색깔의 폭력'이라는 이야기가 나오더라고요. 그 색깔의 폭력은 어떤 의미일지, 그리고 색깔의 폭력으로부터 우리를 해방시킨다고 하는 것은 무슨 의미일까요?

전영백 고흐의 빛은 내면에서 우러나오는 주관적이고 감성적인 빛이지 관찰에 의한 것이 아니었죠. 아마 '색깔의 폭력'은 눈을 현혹하고 피곤하게 만드는 야한 색깔들을 뜻하는 게 아닐까요. 이런 것들이 폭력적이라고 생각할 수 있다면 '색깔 폭력으로부터의 해방'은 자본주의의 잔인한 세상에서 벗어나 내 안에서 나오는 감성에 충실한 색깔로 세상을 보겠다는 것이 아닌가 추측해 봅니다. 결국 예술은 취향의 문제입니다.

식물은 빛을 어떻게 볼까?

최길주

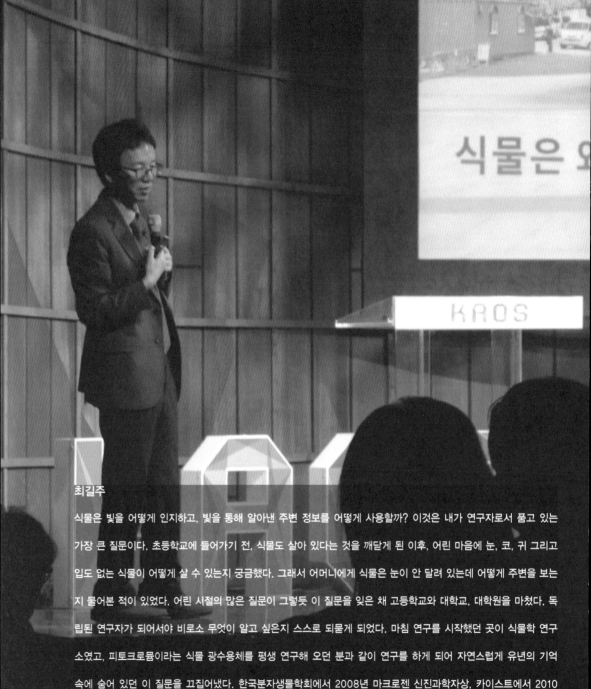

최길주

식물은 빛을 어떻게 인지하고, 빛을 통해 알아낸 주변 정보를 어떻게 사용할까? 이것은 내가 연구자로서 품고 있는 가장 큰 질문이다. 초등학교에 들어가기 전, 식물도 살아 있다는 것을 깨닫게 된 이후, 어린 마음에 눈, 코, 귀 그리고 입도 없는 식물이 어떻게 살 수 있는지 궁금했다. 그래서 어머니에게 식물은 눈이 안 달려 있는데 어떻게 주변을 보는 지 물어본 적이 있었다. 어린 시절의 많은 질문이 그렇듯 이 질문을 잊은 채 고등학교와 대학교, 대학원을 마쳤다. 독립된 연구자가 되어서야 비로소 무엇이 알고 싶은지 스스로 되묻게 되었다. 마침 연구를 시작했던 곳이 식물학 연구소였고, 피토크로뮴이라는 식물 광수용체를 평생 연구해 오던 분과 같이 연구를 하게 되어 자연스럽게 유년의 기억 속에 숨어 있던 이 질문을 끄집어냈다. 한국분자생물학회에서 2008년 마크로젠 신진과학자상, 카이스트에서 2010년 공동연구상, 2012년 우수연구상, 미래창조과학부에서 2013년 지식창조대상을 받은 바 있다. 카이스트 생명과학부 교수로 있다.

봄이 오면 카이스트 연못가에는 박대기나무가 아주 아름답게 꽃을 피웁니다. 과연 박대기나무를 비롯한 식물들은 빛이 있다는 것을 볼 수 있을까요? 궁금하지 않습니까?

강낭콩을 땅속에 심어 두면 싹이 터서 위로 올라옵니다. 자연스러운 것 같지만 얼마나 신기합니까? 강낭콩은 싹이 터서 왜 밑으로 안 가고 위로 올라갈까요? 그리고 위로 올라가도 하염없이 쭉 올라가는 게 아니고 땅 위로 올라오자마자 떡잎을 펴고 녹색으로 바뀌면서 잎사귀가 커집니다. 마치 떡잎이 밖으로 나왔을 때 밖에 빛이 있다는 걸 인식하고 행동하는 것처럼 보입니다.

아파트 베란다에서 식물을 키운다고 해봅시다. 아마 직접 식물을 길러본 사람은 많이 봤을 거예요. 식물을 창가에 두면 마치 눈이라도 달린 것처럼 늘 창가 쪽으로, 즉 빛이 있는 쪽으로 기울어서 자라지 않습니까? 식물이 빛을 보지 않는다면 어떻게 이런 일이 벌어지겠어요? 이런 현상은 식물이 빛을 보고 있다는 것을 잘 알려줍니다.

식물은 빛을 감지한다

그 밖에도 식물이 빛을 본다는 여러 증거가 있습니다. 집에서 흔히 먹는 상추의 싹이 어떻게 트는지 알아볼까요? 상추씨를 뿌리고, 여기에 물과 영양분을 주고 온도도 적절히 맞춰 줍니다. 그리고 여기에 원적색 파장의 빛을 잠깐 쬐어 줍니다. 원적색 빛은 파장이 730나노미

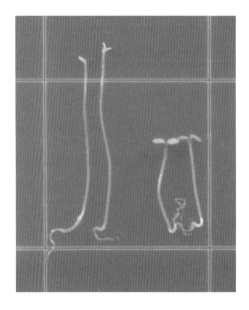

터 정도로 붉은색보다 좀 더 긴 파장의 빛을 말합니다. 그 빛을 쬐어

주면 상추씨는 거의 발아하지 않아요. 그렇지만 원적색이 아닌, 파장

이 670나노미터 정도 되는 붉은색 파장을 상추씨에 5분가량 쬐어 주

면 상추씨가 모두 발아합니다. 이렇게 서로 다른 현상이 나타나는 것

은 상추씨가 지금 빛을 받았구나 하는 것을 알고 있다는 겁니다. 단순

히 빛을 받았다는 것뿐만 아니라, 그 빛이 원적색 파장인지 혹은 붉은

색 파장인지 깨닫고 있다는 얘기입니다. 그래서 붉은색 빛이 들어왔

을 때만 싹이 트는 겁니다. 이런 사실로 미루어 식물의 씨 역시 빛을

본다는 것을 알 수 있습니다.

　싹이 트고 나서 식물을 암실에서 키웠을 때와 빛에서 키웠을 때를

비교해 보면 둘 사이에는 여러 가지 차이가 있어요.[7-1] 암실에서 키운

것은 떡잎이 작고 노랗고 닫혀 있죠. 빛에서 키운 것은 떡잎이 크고

녹색이고 벌어져 있습니다. 떡잎 아래에 있는 줄기는 빛이 없을 때는

길게 자라고, 빛이 있을 때는 짧게 자랍니다. 식물의 줄기가 길게 자

라는 것은 깜깜한 흙 속에서 싹이 튼 씨앗이 빛이 없는 흙 속에 있을 때입니다. 흙 속에서 빨리 빛이 있는 곳으로 빠져나가야 하기 때문입니다.

빛이 있으면 식물은 잎사귀도 넓어지고 줄기도 짧게 자라지만 빛이 없을 때는 잎사귀도 잘 발달하지 못하고 줄기도 길어집니다. 식물 속에는 빛을 감지하는 단백질이 있습니다. 그 단백질이 없어진 돌연변이체는 빛이 있어도 정상적으로 반응하지 못합니다. 식물이 빛을 볼 수 있다는 증거죠.

식물은 빛이 있을 때 안토시아닌anthocyanin이라는 색소를 많이 만들어 냅니다. 안토시아닌은 주로 꽃이나 과실 등에 포함되어 있는 색소를 말합니다. 이 색소 때문에 꽃이나 과일이 빨간색, 보라색, 파란색 등을 띠는 거죠. 사과 같은 걸 재배할 때 빛을 많이 주는 이유가 이 안토시아닌 색소를 많이 만들어 내기 위해서입니다. 이런 다양한 현상으로 보건대, 식물은 빛을 볼 수 있다고 말해도 될 것 같습니다.

식물이 빛을 보려고 하는 이유

식물은 빛이 없으면 절대 살 수 없습니다. 광합성을 통해 빛 에너지를 사용할 수 있는 에너지로 바꾸고, 그걸로 살아가기 때문입니다.

나무를 자세히 보면 많은 세포로 이루어져 있고, 그 세포 안에 엽록체가 있습니다.[7-2] 박테리아라고 생각하면 돼요. 엽록체 안에는 '틸라코이드thylakoid'라는 빛을 흡수할 수 있는 단백질이 포함된 막 구조물들이 존재하고, 이산화탄소를 고정하는 '스트로마stroma'라는 부분이 존재합니다.

> 세포 내 공생설

세포 내 공생설endosymbiotic theory은 원핵생물이 다른 원핵생물에게 먹혀 소화되지 않고 남아 있다가 공생하면서 진핵생물로 진화했다는 가설이다. 린 마굴리스Lynn Margulis가 처음 주장했다. 세포 안의 엽록체는 원래 박테리아였던 것이 세포 내 공생으로 식물에 유입됐다고 여겨진다.

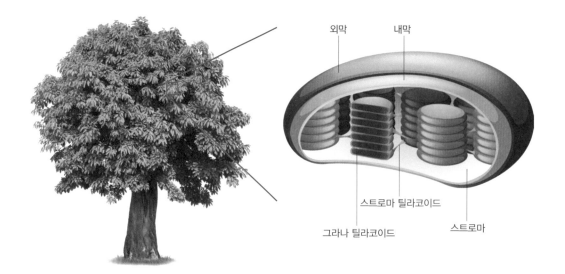

외막   내막

스트로마 틸라코이드

그라나 틸라코이드   스트로마

7-2
엽록체의 구조

광합성 과정을 알아보면 이렇습니다.[7-3] 먼저 빛이 있어야 하죠. 틸라코이드 막에 있는 다양한 단백질과 색소가 빛을 흡수합니다. 빛을 흡수한다는 말은 빛이 가지고 있는 에너지를 취한다는 뜻이죠. 빛 에너지를 사용해 물을 산소로 분해하고, 이 과정에서 생성된 에너지 저장 분자인 ATP와 NADPH가 이산화탄소와 만나 캘빈 회로Calvin cycle를 거치면 탄수화물이 만들어집니다. 빛 에너지를 탄수화물로 저장해 두는 겁니다. 식물은 탄수화물을 다시 이산화탄소로 바꾸면서 나오는 에너지를 이용해 살아갑니다. 사람을 포함한 동물은 식물이 먹고살려고 만들어 둔 탄수화물을 강탈해서 살아가는 것이죠.

광합성을 할 때 빛 에너지를 흡수한다고 했잖습니까? 빛 에너지를 흡수하는 데 사용되는 것들이 광합성 색소예요. 대표적으로 엽록소 chlorophyll와 베타카로틴β-carotene이 있죠. 이 화합물들이 빛을 받아 광자를 흡수하면 광자가 가지고 있는 에너지가 이리저리 전달되며 광합성이 일어납니다.

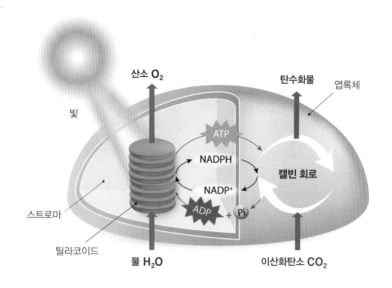

물질은 대개 색을 띠고 있습니다. 이 얘기는 물질마다 특정 파장의 빛을 흡수하는 색소가 있다는 의미예요. 만약 모든 파장의 빛을 다 흡수한다면 까맣게 보일 겁니다. 엽록소는 푸른색 계통과 붉은색 계통의 빛을 흡수합니다. 푸른색과 붉은색 빛에 들어 있는 에너지를 사용해서 광합성을 하죠. 식물이 녹색으로 보이는 건 녹색 빛을 거의 흡수하지 않기 때문이에요.

식물이 보고 싶어 하는 빛

식물은 왜 빛을 보려고 할까요? 식물은 광합성을 해야만 살 수 있습니다. 식물은 광합성에 필수적인 빛의 상태가 어떤지, 빛이 어디에 있는지 민감할 수밖에 없죠.

우리가 흔히 말하는 '빛'은 가시광선을 말합니다. 하지만 파장에 따라 빛의 종류는 굉장히 다양해요. 식물은 과연 어떤 빛을 보는 것일까

요? 사람의 눈처럼 식물도 가시광선을 볼까요? 아니면 엑스선을 보는 걸까요? 어떤 파장대의 빛을 볼까요?

간단히 짐작해 볼 수 있습니다. 식물은 광합성을 해야 살 수 있다고 얘기했습니다. 그러면 식물이 봐야 하는 빛은 어떤 빛이겠어요? 광합성에 필요한 빛이겠죠. 광합성에는 푸른색 빛과 붉은색 빛이 필요하다고 했습니다. 식물은 푸른색 빛과 붉은색 빛이 있는지 보고 싶어 하는 거예요.

식물은 한쪽에서 빛을 주면 그쪽으로 휘어져서 자랍니다.[7-4] 이것을 굴광성屈光性이라고 하는데, 이때 식물은 모든 파장의 빛이 아니고 푸른색 빛을 봅니다. 광합성에 필요한 푸른색 빛이 어디에 있나 알아보는 거예요. 가령, 아주 약한 푸른색 빛과 아주 강력한 노란색 빛을 서로 다른 방향에서 보낸다고 합시다. 빛의 세기는 노란색 빛이 세지만 식물은 아주 교묘하게 푸른색이 어디 있는지 딱 알아보고 푸른색 쪽으로 줄기를 휩니다. 푸른색 빛을 보려고 하는 것이죠. 아까 말했듯이

씨가 싹을 틔울 때는 붉은색 빛을 봅니다. 붉은색 빛을 보고, 광합성을 할 수 있겠구나 하고 싹을 틔우는 겁니다.

이런저런 연구들을 종합해 보면 식물은 세 가지 종류의 빛을 보는 것 같습니다. 광합성에 필요한 푸른색과 붉은색 빛 그리고 자외선입니다. 식물이 자외선을 봐야 하는 이유는 매우 명확해요. 우리가 한여름에 밖에 나갈 때 선크림부터 바르잖아요. 그런데 식물은 하루 종일 뙤약볕 아래 있어야 합니다. 우리가 선크림을 바르는 이유는 자외선이 DNA를 파괴하기 때문이죠. 식물에도 DNA가 있는데, 하루 종일 자외선에 얼마나 시달리겠어요? 식물은 자외선이 어느 정도 강해지면 마치 선크림을 바르듯이 자외선을 차단하는 물질을 만들어 냅니다.

'본다'는 것의 의미

제가 계속 '본다'고 말을 했는데, 과연 본다는 말이 도대체 무슨 뜻입니까? 본다는 말이 뭘까요?

여러분이 어떤 대상을 본다고 칩시다. 지금 여러분 눈 속에서는 무슨 일이 일어나고 있나요? 무엇을 보려면 어떤 과정이 필요할까요? 여러분이 뭔가 볼 때는 반드시 일어나야 될 일이 몇 가지 있어요. 우리가 뭔가 보기 위해서는 눈 속에 있는 특정 생체 분자에 빛이 흡수되어야 해요. 흡수되지 않는 빛은 절대로 볼 수 없어요. 흡수되지 않는 빛은 통과하는데 그런 경우에는 아무 일도 안 일어나요. 빛을 인지할 수 없다는 얘기죠. 어떤 것을 보려면 빛이 반드시 생체 분자에 흡수되어야 하고, 흡수된 빛 에너지가 생체 분자의 구조를 바꿔야 합니다. 그다음에는 구조가 바뀐 생체 분자가 생화학적 변화를 유도해야 해요. 사람 눈의 경우에 궁극적으로는 이온들을 왔다 갔다 하게 만들어서 신경세포를 활성화시키는 과정을 거쳐야 볼 수 있습니다.

정리해 보면, 본다는 것은 빛이 생체 분자에 흡수되고, 흡수된 분자가 생체 분자의 구조를 바꾸고, 구조가 바뀐 생체 분자가 뭔가 생화학적 변화를 유도해야 가능합니다.

우리 몸속에는 빛을 흡수하는 생체 분자가 있어요. 이런 일을 하는 단백질을 광수용체photoreceptor라고 합니다. 식물이 빛을 볼 수 있다고 했죠? 이 말은 동물에게 로돕신rhodopsin이나 옵신 같은 광수용체가 있듯이 식물에도 광수용체가 있다는 의미입니다.

식물의 광수용체

식물은 푸른색, 붉은색, 자외선 이렇게 세 가지 종류의 빛을 인식한다고 했습니다. 식물의 광수용체는 다섯 가지 종류가 있어요. 피토크로뮴phytochromium(피토크롬이라고도 한다.)이라는 광수용체는 붉은색 계통을 흡수합니다. 크립토크롬cryptochromes, 포토트로핀phototropin, 자이트루페zeitlupe 세 가지는 푸른색 계통을, UVRh Ultraviolet-sensitive rhodopsin는 자외선을 흡수합니다.[Q1]

Q1 :: 피토크로뮴과 다른 광수용체는 어떤 차이가 있나요?

흡수하는 빛의 파장이 달라요. 이게 가장 중요한 차이예요. 어떤 파장의 빛을 흡수하는지는 광수용체가 갖고 있는 색소단에 따라 결정됩니다. 피토크로뮴은 피토크로모빌린이라는 복잡하게 생긴 색소단을 가지고 있는데, 그 화합물은 670나노미터 빛을 잘 받아들이는 특성이 있어요. 그런데 푸른색 빛 수용체에는 피토크로모빌린이 아닌 플라빈flavin이라는 전혀 다른 형태의 화합물이 결합되어 있어요. 플라빈 형태의 화합물은 그 특성상 붉은색 빛이 아닌 푸른색 빛을 흡수해요. 푸른색 빛을 흡수하고 나면 나머지는 똑같아요. 구조가 바뀌고 그 구조가 그걸 둘러싸고 있는 단백질 구조를 변화시키고 그걸 인식해서 뭔가 새로운 화학 반응이 일어납니다.

하는 일은 일부는 겹치고, 일부는 다릅니다. 예를 들어 푸른색 빛을 흡수하는 크립토크롬은 피토크로뮴하고 하는 일이 상당히 많이 겹쳐요. 그리고 포토트로핀은 같은 푸른색 빛을 흡수하지만 굴광성에 주로 관여해요. 이렇듯 약간 다릅니다.

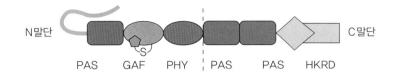

N말단 ... C말단

PAS   GAF   PHY   PAS   PAS   HKRD

오늘은 붉은색과 원적색 빛을 인식하는 피토크로뮴에 관해서 자세히 말씀드리겠습니다. 피토크로뮴이라는 단백질은 약간 커요. 아미노산이 1,200개 정도 되는 커다란 단백질인데, 구조상 크게 두 조각, 그러니까 N말단 쪽과 C말단 쪽으로 나눌 수 있어요.[7-5] N말단은 다시세 개의 도메인domain으로 나뉩니다. 도메인이란 단백질에서 구조를구분할 수 있는 단위를 말합니다. 피토크로뮴의 N말단 쪽에는 PAS, GAF, PHY 도메인이 있고, C말단 쪽에는 두 개의 PAS 도메인하고 HKRD 도메인이 있어요.

광수용체인 피토크로뮴에서 정말 중요한 건 피토크로모빌린phytochromobilin이에요. 라틴어를 알면 '피토phyto-'라고 접두어가 붙은 단어는 항상 식물과 관계된다는 걸 짐작할 겁니다. '크로모chromo-'라고 하면 색깔에 관계된 거예요. '빌린bilin'은 특정 화합물 종류를 말합니다. 우리 몸에 단백질이굉장히 많죠. 한 3만 개쯤 될 거예요. 식물에도 단백질이 3만 개 정도 있을 텐데 그 많은 단백질 중에서 피토크로뮴이 왜 특별하냐 하면 바로 피토크로모빌린 때문이에요.

피토크로모빌린[>]은 피토크로뮴의 GAF 도메인에 착 달라붙어 있어요. 공유 결합을 하고 있습니다. 이 화합물은 N이 포함된 오각형 고리가 네 개

피토크로뮴에 들어 있는 피토크로모빌린은 엽록체에 들어 있는 엽록소와 비슷한 파장의 빛을 흡수한다. 엽록소는 푸른색 빛과 붉은색 빛을 강하게 흡수하고 피토크로모빌린은 붉은색 빛을 강하게 흡수한다. 생합성 경로도 엽록소와 거의 같다. 아미노산에서 프로토포피린protoporphyrin이라는 화합물까지는 똑같은 경로로 만들어지다가 프로토포피린에 마그네슘이 중간에 끼어들면 엽록소가 되고, 중간에 철 이온이 들어가면 헴heme이라는 분자가 된다. 헴은 우리 핏속에서 산소를 운반할 때 쓰는 물질이기도 한데, 헴이 약간의 변화를 받아서 만들어지는 게 피토크로모빌린이다.

식물이 빛을 흡수하는 이유는 광합성 때문이다. 피토크로모빌린과 엽록소가 비슷한 파장의 빛을 흡수하고 비슷한 경로로 합성된다는 것은 진화 과정 동안 광합성에 필요한 빛을 충분히 흡수하는 데 유리하게 작용했을 것이다.

결합되어 있습니다.[7-6] N이 포함된 오각형 고리를 피롤린pyrroline이라고 하고, 이 네 개가 선형으로 연결되어 있으므로 선형 테트라피롤tetrapyrrole 고리 구조라고 합니다. 식물학자들은 이 화합물이 뭔가 빛을 잘 흡수하게 생겼다고 느낍니다. 탄소 하나씩 건너뛰고 이중 결합들이 쭉 있잖아요. 화학에서는 이것을 전자들이 편재화delocalized되어 있다고 합니다. 전자들이 화합물에 쭉 펼쳐져 있어서 좀 더 낮은 에너지의 빛을 쉽게 흡수할 수 있어요.

7-6
피토크로모빌린의 구조

피토크로뮴이 빛을 인지하는 방법

빛이 들어오면 피토크로모빌린의 구조가 바뀝니다.[7-7] 붉은색 빛이 들어오면 C 피롤 고리와 D 피롤 고리 사이의 연결이 Z-형태z-form에서 E-형태E-form로 바뀌면서 D 피롤 고리를 회전시킵니다. Z-형태와 E-형태는 광학 이성질체optical isomer예요. 평상시에는 Z-형태로 있다가 붉은색 빛을 흡수하면 빙그르르 돌면서 E-형태로 바뀝니다. 그러다가

> **광학 이성질체**
> 분자식은 같으나 성질이 다른 화합물을 '이성질체'라고 한다. 광학 이성질체는 서로 거울상은 되지만 겹쳐지지 않는 이성질체를 말한다.

좀 더 파장이 긴 원적색 빛을 받으면 다시 거꾸로 회전합니다. 그림을 보면 N의 위치가 반대죠? 결국 빛이 하는 일은 이 피토크로뮴 속에 들어 있는 이 화합물의 D 피롤 고리를 오른쪽으로 돌렸다 왼쪽으로 돌렸다 하는 겁니다.

크게 보면 피토크로뮴 속에 색소단色素團, chromophore이 붙어 있는 거예요. 빛을 흡수하는 화합물을 통틀어 색소단이라고 합니다. C와 D 피롤 고리 사이의 연결이 Z-형태로 있을 때의 피토크로뮴을 Pr-형태,

붉은색

붉은색 빛
(670nm)
→
←
원적색 빛
(730nm)

원적색

Z to E
isomerization
(C15 = C16)

Pr

Pfr

7-7
빛에 따른 피토크로모빌린의
구조 변화.

E-형태로 바뀌었을 때의 피토크로뮴을 Pfr-형태라고 합니다.[>] 생리적 기능이 있는 것은 Pfr-형태예요. Pr일 때는 기능이 없다가 붉은색 빛을 받으면 기능을 하는 Pfr-형태가 되는 겁니다.

상추씨 싹트는 걸 생각해 보세요. 붉은색 빛을 주니까 상추가 싹이 트지 않습니까? 그러다가 원적색 빛을 주니까 싹이 안 텄죠. 붉은색 빛을 주면 상추씨 속에 있었던 피토크로뮴이 빛을 흡수해서 Pfr-형태가 되고, Pfr-형태가 싹을 틔우라는 신호를 보내서 싹이 트게 되는 겁니다.

색소단이 빛을 흡수한다고 설명했습니다. 그런데 생물체에서는 조그만 화합물의 구조가 바뀌는 것만으로는 특별한 일이 일어나기 어려워요. 대부분은 단백질 구조가 변해야 뭔가 특별한 일이 벌어집니다. 피토크로뮴의 GAF 도메인에 색소단이 붙어 있는데, 색소단 모양의 변화가 색소단을 둘러싸고 있는 단백질 구조의 변화로 증폭되어야 합니다.

그러면 그 조그만 물질이 회전하는 게 어떻게 단

> **Pr-형태와 Pfr-형태 피토크로뮴**

Pr-형태는 파장이 660나노미터의 붉은색 빛에, Pfr-형태는 730나노미터의 근적외광(가시광선에서 붉은색 부분을 약간 벗어난 빛)에 민감하다. 여기서 Pr과 Pfr의 'P'는 Phytochromium(피토크로뮴)의 머리글자고, 'r' 과 'fr'은 각각 red light(붉은색 빛), far-red light(근적외광)를 나타낸다. 이 두 가지는 암기(暗期), 즉 빛이나 인공조명을 받지 않는 기간에 따라 광화학 반응을 일으켜 서로 번갈아가며 바뀐다. 즉, Pr-형태가 낮에는 Pfr-형태로, Pfr-형태는 밤이 되면 서서히 안정된 Pr-형태로 상호 변환하는 것이다.

이 두 가지는 식물의 개화 시기에도 영향을 끼친다. Pfr-형태가 일정량 이하로 감소하면 단일식물(밤의 길이가 일정 시간 이상 길어지면 개화하는 식물. 그 반대의 경우가 장일식물이다.)이 꽃눈을 형성하고, 일정량 이상으로 증가하면 장일식물의 꽃눈이 형성된다.

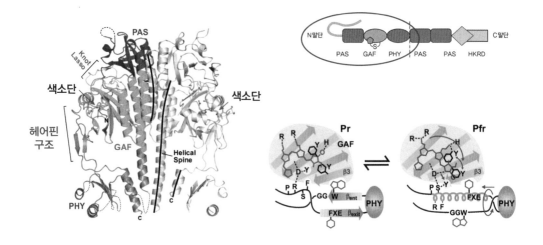

7-8

피토크로뮴 단백질의 구조와
헤어핀 구조의 변화

백질 구조를 바꿀까요? 이것은 피토크로뮴 단백질의 구조를 나타낸 그림입니다.[7-8] 엑스선 회절 방법이라는 걸 사용해서 찾았는데, 이 구조를 잘 보십시오. PHY 도메인에서 헤어핀처럼 끈이 하나 나와서 색소단 쪽을 덮고 있어요. 변화의 발단은 색소단이에요. 붉은색 빛 또는 원적색 빛을 주면 피토크로모빌린이 회전한다고 했어요. 그 회전이 구조의 변화로 이어지는 과정이 이런 식으로 진행될 거라고 추정합니다. Pr-형태일 때는 아미노산의 일종인 아스파틱산aspartic acid과 알기닌arginine이 서로 수소 결합을 해서 단순한 헤어핀 구조를 유지하고 있다고 생각합니다. 그러다가 피토크로모빌린이 붉은색 빛을 받아서 빙글 돌게 되면 어쩔 수 없이 헤어핀 구조도 따라서 돌 거예요. 그래서 연결되어 있는 PHY 도메인이 회전할 거라고 생각해요. 360도 도는 건 아니고 살짝 비틀어지는 수준일 겁니다.

정리하면 이렇습니다. 피토크로뮴은 Pr-형태로 있다가 붉은색 빛을 받으면 구조가 살짝 바뀌고, 그걸 둘러싸고 있는 단백질 구조도 살짝 바뀌어서 피토크로뮴의 형태가 전체적으로 바뀐다고 생각합니다. 바뀐 형태는 아직 정확하게 알려지지 않았어요. Pfr-형태의 피토크로롬은 전사transcription 조절 단백질의 활성을 조절하는 등 다양한 방법을 통해서 싹을 트게 만들거나 엽록체를 발달시키는 등의 일을 할 거라고 생각합니다.

피토크롬은 빛에 의해서 켜지고 꺼지는 스위치에 비유할 수 있어요. 피토크롬은 붉은색 빛을 주면 Pfr-형태로 바뀌며 활성화되고, 여기에 원적색 빛을 주면 Pr-형태로 바뀌면서 비활성화 상태로 돌아가요. 마치 스위치를 껐다 켰다 하듯이 계속 반복될 수 있습니다. '본다'는 것은 광수용체가 빛을 흡수해서 단백질 구조가 바뀌고 그에 따라 생화학적 기능이 바뀌어서 나타나는 현상이라고 말할 수 있습니다.

식물은 피토크롬을 이용해 뭘 알고 싶어 할까

피토크롬이라는 광수용체는 식물의 눈이라고 할 수 있죠. 식물은 피토크롬이라는 눈을 가지고 뭘 할까요? 식물도 주변에 다른 식물이 살고 있는지 알고 싶어 할 것 같지 않습니까? 과연 식물은 자기 옆에 다른 식물이 있다는 걸 알까요?

압니다. 토마토를 혼자 키우면 넓게 자라서 자리를 많이 차지하고 키도 별로 안 큰 상태로 자랍니다. 그런데 옆에 다른 토마토들과 같이 있으면 위로 쭉 자라요. 나무도 마찬가지예요. 나무가 혼자 있으면 가지가 넓게 쫙 퍼지면서 자랍니다.[7-9] 그런데 숲 속에 있으면 위로 쭉 자라죠. 식물도 옆에 다른 식물이 있다는 것을 아는 겁니다. 나무 그늘로 뒤덮인 잔디를 생각해 봅시다. 옆에 큰 나무가 있어요. 주변에 식물이 있다는 말은 그 식물에 의해서 그늘이 생긴다는 거예요. 식물은 자기한테 드리운 그늘로 주변에 식물이 있다는 것을 알 수 있습니다. 어떻게 알까요?

식물은 광합성을 하려고 푸른색 빛과 붉은색 빛을 흡수한다고 했어
요. 흡수된 빛을 제외하고 나머지 통과된 빛에는 붉은색 빛이 거의 없
겠죠. 제가 잎사귀 위에 붉은색 100퍼센트의 빛을 준 후에 잎을 얼마
나 통과하나 조사해 봤습니다. 붉은색 빛일 경우에는 아주 얇은 잎사
귀인데도 90퍼센트가 흡수되고 10퍼센트 정도만 통과해요. 그러니까
다른 나무의 그늘 아래에 있으면 광합성에 필요한 붉은빛을 거의 받
지 못할 거예요.

그림 7-10 그래프에서 X축은 빛의 파장이고, Y축은 빛의 세기예요.

7-9

식물은 주변에 다른 식물이
있다는 것을 알 수 있다.

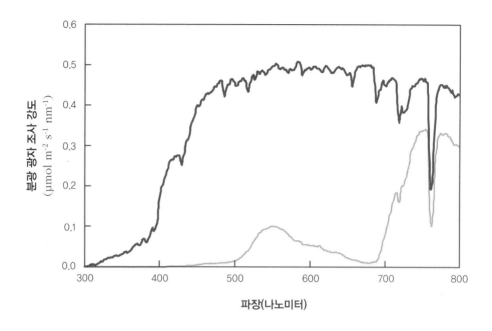

7-10

햇빛(파란색 선)과 그늘(녹색 선) 아래에서 측정한 빛의 세기

파란색 선은 햇빛 아래서 빛의 세기를 측정한 겁니다. 녹색 선은 나무 그늘에서 측정한 거예요. 햇빛에는 흔히 말하는 가시광선대가 균일하게 존재하는데, 보세요. 푸른색 빛이 거의 다 흡수되고 없죠. 붉은색 빛도 거의 없어요. 광합성을 하느라 다 흡수해 버린 거예요. 그런데 신기하게도 730나노미터 정도 되는 원적색 빛은 거의 흡수가 안 됐어요. 햇빛 아래에서는 붉은색 빛과 원적색 빛이 거의 같은 비율로 존재하지만, 나무 그늘에서는 원적색 빛이 훨씬 많아요. 식물은 이걸로 다른 식물의 존재 여부를 알 수 있어요.

제가 피토크로뮴을 스위치에 비유했어요. 그늘이 없을 때는 거의 일대일 상태였다가 나무 그늘에 들어가면 상대적으로 원적색 빛이 많기 때문에 기다랗게 자랍니다. 나무 그늘에서는 Pr이 굉장히 많고, 그늘이 아닌 곳에서는 Pfr이 훨씬 많은 상태가 될 거예요. 그래서 식물은 피토크로뮴으로 붉은색 빛과 원적색 빛 중에서 어느 게 더 많은지

파악해 자기 주위에 또 다른 식물이 있다는 것을 아는 겁니다.^{Q2}

식물은 옆에 다른 식물이 있는지 왜 알려고 할까요? 옆에 있는 다른 식물은 경쟁자가 아닐까요? 자기한테 필요한 햇빛, 영양분을 다 뺏어 가니까요. 그런데 길게 자라면 그늘에서 빠져나갈 가능성이 조금이라도 더 생기지 않겠어요? 이것을 식물의 '음지 도피성 반응'이라고 합니다. 광합성에 필요한 빛을 찾아 가는 거죠. 피토크로뮴이라는 '눈'을 사용해서 식물은 옆에 다른 식물이 있는지 알아내고, 만약 다른 식물이 있으면 길게 자라 그늘에서 벗어날 겁니다.

지금까지 식물도 사람처럼 광수용체를 가지고 있고, 그중에서 피토크로뮴을 통해서 빛을 보고, 주변에 다른 식물의 존재 여부를 살필 수 있다는 이야기를 말씀드렸습니다. 사실 피토크로뮴은 과학자로서 제 인생의 전부라고 할 수 있습니다. 어느 철학자는 "A man is defined

---

Q2 :: 피토크로뮴은 언제부터 지구상에 생겼나요? 그리고 진화 과정에서 피토크로뮴의 신호 생성과 전달 경로가 잘 보존되어 왔나요?

광합성 생물의 조상격인 남세균cyanobacteria이 38억 년 전 출현했으니까 피토크로뮴의 조상이라고 할 수 있는 분자가 38억 년 전쯤에 지구상에 출현해서 오늘날까지 살아온 거죠. 남세균에는 피토크로뮴은 아니지만 고등 식물의 피토크로뮴처럼 광자를 흡수하면 구조가 바뀌면서 신호 전달을 하는 분자들이 있거든요. 엽록체의 조상인 생물들은 상당히 많은 광수용체를 갖고 있어요. 그 생물들은 붉은색뿐만 아니라 자외선, 청색, 녹색 등 여러 가지 가시광선을 흡수할 수 있거든요.

하지만 남세균의 후손인 육상 식물은 대부분 피토크로뮴, 한 종류의 광수용체만 가지고 있죠. 물속에 사는 김이나 다시마도 식물이고 광합성을 하지만 피토크로뮴을 갖고 있지 않습니다. 아마 38억 년 전 물속에는 모든 색의 가시광선을 흡수하는 남세균이 있었는데 어느 날 우연히 붉은색만 흡수할 수 있는 남세균이 다른 세포에 잡아먹혀 공생하게 되면서 엽록체가 생겼고, 이것이 진화해 오늘날 육상 식물은 피토크로뮴만 갖게 된 게 아닐까 생각해 봅니다. 다르게 해석하면 어떤 계통에서 붉은색이 아닌 다른 색의 가시광선을 흡수하는 광수용체를 우연히 잃어버린 식물이 진화한 것일 수도 있고요.

피토크로뮴이 식물에만 있는 건 아니에요. 박테리아에도 많아요. 심지어 곰팡이도 가지고 있어요. 곰팡이에서 발견된 피토크로뮴은 놀라운 발견이었죠. 균은 광합성을 하지 않거든요. 곰팡이의 피토크로뮴은 단지 외부의 조건을 인식하는 도구로서 이용됩니다. 곰팡이에서 발견된 피토크로뮴은 진화하는 과정에서 광합성 기능이 특별히 필요하지 않아 없어지지 않았을까 하는 생각을 해 볼 수 있죠.

by his actions(행동을 보면 그 사람의 됨됨이를 알 수 있다.)."라고 했어요. 이 말을 응용해서 제 생각을 말하자면, 과학자는 그 사람이 품고 있는 질문으로 규정될 수 있다고 생각해요. 여러분이 저를 식물과 피토크로뮴에 정말 관심이 많은 과학자구나 하고 봐 주셨으면 좋겠습니다.

최길주

science talk

1 식물이 빛을 보는 방법

식물의 눈

사회

엄지혜
아나운서

토론

최길주
카이스트 생명공학과 교수

박연일
충남대학교 생물과학과 교수

소문수
세종대학교 바이오융합공학과
교수

엄지혜 식물의 눈이라는 것이 우리가 눈으로 보는 것처럼 이미지로 보는 건 아닐 텐데, 그럼 옆에 식물이 있다는 것 말고 다른 것들도 볼 수 있나요?

소문수 식물은 빛에서 꽤 많은 정보를 얻습니다. 계절의 변화도 압니다. 계절마다 변하는 빛에 따라 피토크로뮴이 반응해 개화 시기가 결정된다는 건 아주 잘 알려졌죠. 그 밖에 미생물과 곤충에서 나오는 화합물, 그리고 제가 지금 연구하고 있는 자연환경에서 유래하는 화합물 등 식물의 인식 체계에 관한 연구가 활발하게 진행되고 있습니다. 앞으로 매우 흥미로운 식물 연구의 세계가 열릴 겁니다.

엄지혜 사람의 눈처럼 이미지를 인식하는 감각 기관은 아니지만 그에 비등하게 주변의 환경이나 사물을 인식할 수 있는 감각 기관은 가지고 있다고 보는 거죠?

소문수 인류가 피토크로뮴을 처음 확인한 게 1950년대 말이에요. 당시, 단백질 항체를 이용해서 광수용체가 식물의 어디에서 만들어지는지 알아내는 게 굉장히 흥미로운 연구 주제 중 하나였죠. 그런데 놀랍게도 식물 전체에 다 있어요. 뿌리, 줄기, 꽃, 열매에 다 있어요. 그다음에는 광수용체가 뿌리나 종자에서는 무슨 일을 하는지 알아내는 게 식물학의 큰 숙제였습니다. 우리는 눈에 광수용체가 집적되어 있지만, 식물에서는 광수용체가 만들어지는 거의 모든 세포가 실제 눈 역할을 하고 환경을 감지합니다.

박연일 식물은 볼 수 있을 뿐만 아니라, 냄새도 맡을 수 있고, 중력을 느낄 수 있고, 물리적 자극을 감지할 수도 있어요. 예를 들어 지표면에서 자라는 식물을 인공위성에 태워 중력이 약한 우주로 보내면 자라는 형태가 바뀝니다. 어떤 식물이 냄새를 풍기거나 고약한 물질을 분비하면 옆에 있는 식물이 그걸 느껴서 자기 주위에 가까이 오지 못하게 한다거나 과일을 빨리 익게 하는 등 여러 가지 현상이 나타나요. 사람과 똑같지는 않지만 식물도 오감 능력이 있다고 생각합니다.

2 빛이 있으라! 식물이 생기리라!
식물의 진화

엄지혜 식물은 탄생과 동시에 광합성을 할 수 있었던 건지, 아니면 진화하면서 광합성을 좀 더 복잡하게 할 수 있었던 건지 궁금해지네요. 식물의 진화 과정에 대해서도 토론해 보면 좋을 것 같습니다.

박연일 광합성이 언제 생겼느냐 하는 문제는, 빛 에너지를 생물이 살아가는 데 필요한 화학 에너지로 전환할 수 있는 기관이 언제 생겼냐는 문제와 같습니다. 생명체가 유지되려면 에너지가 필요했던 것 같아요. 식물의 진화에 대한 제 생각은 이렇습니다. 자기 복제하는 물질이 생긴 다음 그 복제자가 에너지를 사용했을 거예요. 태양 에너지보다는 자기 주위에 있던 에너지를 먼저 사용했을 수도 있어요. 어떤 종속영양 형태를 띤 생명체의 원형이 먼저 생겼을 거라고 생각합니다.

최길주 초기 지구는 태양에서 아주 풍부하게 에너지를 받고 있었어요. 저는 복제자보다는 햇빛을 받아서 그 빛 에너지를 쓰는 단순한 분자가 첫 번째 생명체였을 거라고 생각해요. 그것에 의해서 유기물이 만들어지고, 유기물을 먹는 생물이 만들어지고, 빛 에너지를 좀 더 효율적으로 받아들이는 광합성 기관이 만들어지지 않았을까요?

소문수 그 이후로 지구가 지금의 생태계까지 이어져 왔다는 것을 음미해 볼 필요가 있습니다. 첫 번째 광합성 세균이라고 추정하는 남세균이 38억 년 전에 생겼을 거라고 생각하는데, 그 결과가 아주 드라마틱해요. 그로 인해서 광합성의 산물인 산소가 생겼고, 그 덕분에 대기권에 자외선을 차단하는 오존층 보호막이 생겼고, 산소를 이용해 호흡하는 박테리아가 번창할 수 있었습니다. 이 박테리아가 우리 조상인 셈이죠. 광합성을 하는 세균의 출현은 현재 지구 생태계를 만든 시발 사건으로서 의미가 있습니다.

박연일 또 하나 중요한 게 있어요. 지구 온난화 얘기를 많이 하죠. 지구 역사에서 빙하기와 간빙기가 반복된 것은 여러 가지 이유가 있지만 식물의 광합성도 관련이 있습니다. 이산화탄소는 대표적인 온난화 가스죠. 광합성을 많이 하면 대기 중에 있는 이산화탄소 농도가 줄기 때문에 지구가 추워져서 빙하기가 옵니다. 그런 상태에서 생물들이 죽어 유기물이 부패하면서 대기에 이산화탄소가 많아지면 지표면의 온도가 올라가고 그러면서 빙하기, 간빙기가 거듭되는 데 일조했던 거예요. 지구의 과거, 현재, 미래 모습을 결정하는 것은 어쩌면 식물이지 않을까 생각합니다.

3 클래식에 잘 자라는 꽃, 록에 시들어 가는 꽃?
식물에 관한 오해

엄지혜 '클래식을 들려줬더니 식물이 진짜 잘 자랐는데 헤비메탈이나 록을 들려줬더니 잘 안 자랐다. 욕을 하니까 식물이 죽고 사랑한다고 하니까 잘 자랐다.' 하는 이야기 많이 들으셨을 텐데 이 말이 사실인지 궁금합니다.

최길주 제가 카이스트 생명과학과에 있으면서 전국의 중고등학생들한테서 이메일을 굉장히 많이 받아요. 그중 상당 부분이 바로 이 질문이에요. '베토벤 음악이 좋아요, 모차르트 음악이 좋아요?' 하고 물어 보는데 저는 항상 질문 자체가 잘못됐다고 답장을 합니다. 근거가 없는 말이에요.

소문수 이건 판명이 된 이야기라서 다시는 이런 질문을 안 해도 될 것 같아요. 그런데 식물의 입장에서 생각해 보는 건 식물을 이해하는 데 아주 좋은 방법이에요. 우리가 클래식과 록을 구별해서 들은 게 역사가 그리 길지 않죠. 록 음악을 인간의 귀로 들은 게 100년이 채 안 되지 않습니까? 38억 년의 장구한 생물의 역사에서 겨우 100여 년 만에 식물에 클래식과 록을 구별할 능력이 생겼을까요? 그렇게 생각하면 답이 금방 나올 것 같아요. 식물이 록과 클래식을 구별해서 얻을 수 있는 이익이 뭘까요? 어떤 대답도 설득력이 없어요. 질문이 생기면 이런 식으로 바꿔 생각해 보면 훨씬 납득하기가 쉬울 것 같아요.

　그럼 식물이 아무 소리도 못 듣느냐고요? 이 문제에 관해서 저는 좀 열려 있는 편이에요. 꽃이 수정을 하는 데 반드시 꿀벌의 도움이 필요한 식물들이 있어요. 이처럼 오랫동안 다른 동물들의 도움을 받아 온 식물의 경우, 꿀벌이 내는 진동 소리에 민감하게 반응할 수 있습니다. 꿀벌의 소리에 반응해서 꽃가루가 터지는 과정이 일어날 수 있다는 얘기죠. 또 일부 식충 식물은 특별한 소리, 자연의 소리에 반응할 가능성이 있다고 봅니다. 그런 여지는 남겨 두겠습니다.

최길주 잎을 갉아먹는 애벌레 있잖아요. 식물 입장에서는 주변에 애벌레가 있다는 걸 빨리 알고 싶겠죠. 식물이 그걸 알아내는 방법이 여러 가지 있어요. 갉아먹을 때 나는 사각사각 소리로 옆에 있는 다른 식물들이 알 수 있어요. 식물 기관을 자세히 보면 미세한 털들이 나 있는 걸 볼 수 있습니다. 그게 특정 파장의 소리에 흔들릴 수 있어요. 소리가 공기의 흔들림, 압력의 변화, 진동이라고 정의한다면 식물은 우리가 듣지 못하는 소리도 감지할 가능성이 충분하다는 얘기죠.

소문수 갉아먹힌 부위에서 만들어지는 독특한 물질로도 알 수 있습니다. 잔디를 깎고 있는 주변에 가면 이상한 풀 냄새가 유난히 많이 납니다. 식물은 의사소통의 수단으로 화학 물질을 훨씬 더 활발하게 이용합니다. 그게 매우 많이 진화되어 왔어요.

최길주 영화에서처럼 유독 물질을 내뿜어 적을 공격하고 자기를 보호하려는 식물도 있겠지만, 식물은 대부분 사람을 잘 구슬리는 방향으로 진화했어요. 사람들이 벼, 옥수수를 왜 키울까요? 식물들이 사람에게 당근을 주는 거예요. 사람이 다른 풀들을 다 없애고 자기를 잘 키우게 하는 거예요. 사람은 농사를 짓는다고 생각하지만 식물 입장에서는 사람들에게 농사를 시키는 거라고 생각할 수 있어요.

QnA

질문1 식물의 광반응을 인간이 조절할 수 있나요? 반딧불이의 유전자를 이용해 스스로 발광하는 식물을 만든 것을 보았는데 이런 식물의 경우 자기가 내는 빛으로 광합성을 할 수 있을까요?

소문수 두 번째 질문에 먼저 답하자면, 발광의 파장이 달라서 그다지 효율적이지 않습니다. 광합성을 하는 색소는 특정한 파장, 즉 붉은색 빛과 푸른색 빛을 이용하는데, 반딧불이의 빛은 루미네슨스luminescence라는 발광 현상일 뿐이에요. 화학 반응으로 생물이 스스로 내는 빛은 엽록소가 흡수할 수 없는 빛이에요. 그러니까 광합성에 쓰이지 못하죠.

식물의 광반응은 인간이 조절할 수 있습니다. 이미 진행되고 있어요. 저도 연구하면서 굉장히 놀랍게 받아들인 결과인데, 제가 어떤 유전자를 식물에 도입했더니 빛이 없어도 종자가 싹이 트는 거예요. 마치 빛을 받은 것처럼 말이죠. 꼭 빛 때문이 아니더라도 피토크로뮴이 활성화되면 아래에 있는 인자들이 활성화된다고 이해할 수 있는 거죠. 식물의 광반응은 전기 회로 같은 체계로 생각할 수 있습니다. 광수용체나 빛 조절 없이도 반응 스위치를 켜기만 하면 식물이 빛을 받을 때처럼 반응을 보인다는 것은 2000년대 이후로 많은 연구 결과에서 볼 수 있습니다.

최길주 식물의 광반응을 인간이 조절할 수 있냐는 질문은 굉장히 중요한 질문이에요. 제가 좋아하는 영화 중 하나가 〈스타워즈Star Wars〉예요. 영화의 배경을 생각해 보세요. 그 별은 육지가 거의 없죠. 모든 지표가 몇 백 층짜리 건물로 다 덮여 있거든요. 지구도 슬슬 그렇게 돼 가죠. 지금 인구가 70억, 조금 있으면 90억, 100억이 되면 땅이 남아날까요? 우리는 식량이 필요한데 농사는 어디에 지어야 합니까? 그 대안으로 나오고 있는 게 거대한 빌딩 안에서 인공조명을 주면서 농사를 짓는 거예요. 에너지가 충분히 공급되기만 하면 미래에는 아마 농사를 땅에 2차원적으로 짓는 게 아니라 건물에 3차원적으로 짓게 될 거예요. 식물한테는 신세계가 펼쳐지는 거죠. 거대한 빌딩 안에서 농사를 지으려면 식물의 광반응에 맞게 빛을 잘 조절해 줘야 할 겁니다. 피토크로뮴이 어떻게 조절되는지 잘 이해한다면 좀 더 효율적으로 농사를 지을 수 있지 않을까요.

질문2 식물의 광합성과 태양광 발전이 닮았다고 할 수 있지 않나요?

박연일 제 생각에는, 닮은 게 아니라 식물의 광합성을 흉내 낸 겁니다. 가장 기본적인 핵심은, 엽록소에 있는 전자가 광자와 충돌하게 되면 전자가 들뜨게 되고 들뜬 전자가 여러 단계를 거쳐 최종적으로 환원력으로 작용하는 NADPH를 만든다는 거죠. 태양광 발전은 제가 알기로 반도체의 광전효과를 이용한 거예요. N형 반도체와 P형 반도체가 있는데 빛을 주면 N형 반도체에서 전자가 방출되면서 N형은 음극(−), P형은 양극(+)이 되는데, 여기에 도체를 올려 주면 전류가 흐르면서 에너지를 만들어 내는 겁니다. 광합성을 아주 간단한 형태로 흉내 낸 거라고 볼 수 있어요.

프랑스의 유명한 SF 소설가 쥘 베른Jules Verne은 이렇게 얘기했대요. "물은 미래의 석탄이다." 미래의 에너지원은 물이 될 것이라는 의미죠. 물은 산소와 수소를 갖고 있기 때문이에요. 제가 알기로는, 현재 과학에서 그걸 시도하고 있거든요. 전문적인 얘기로, 인공 광합성을 말하는 거예요. 광합성 기관의 원리를 흉내 낸 거죠. 빛 에너지를 주면 물 분자에서 산소와 함께 수소 양성자와 전자가 방출되는데 이때 양성자와 전자를 결합시키면 수소 가스가 방출되는 겁니다. 인공 광합성 기구가 실용화·상용화되면 맹물로 가는 자동차가 실현되는 거죠. 제 생각에는 지금 여러분이 볼 수 있는 태양광 패널은 과도기 형태일 것이고, 궁극적으로는 그보다 더 나은 광합성 기구가 만들어질 것 같아요. 아주 우수한 분들이 그 분야에서 연구를 많이 하고 있으니까 꿈이 현실이 될 날이 오겠죠.

질문3 팔라우Palau의 젤리피시 레이크에 사는 해파리는 동물인데도 광합성을 할 수 있다고 합니다. 그 해파리는 원래 바닷속에서 살았는데 지형 변화로 호수에 갇히는 바람에 먹을 게 없어져 광합성 하는 능력을 갖게 됐다고 합니다. 이런 사례처럼 광합성이 후천적으로 동물에게도 생길 수 있지 않을까요?

최길주 아주 재미있는 기사를 읽었네요. 그 해파리는 엽록체를 어디서 얻었을까요? 스스로 만든 걸까요? 아니면 옆에 있는 녹조류를 잡아서 가둬 놓고 키우고 있는 걸까요? 그 해파리 말고도 '업사이드다운 젤리피시upside-down jellyfish'라는 해파리가 있어요. 이 해파리는 보통 해파리처럼 살다가 녹조류를 잡아먹어서 몸 안에 가둬요. 그 녹조류가

광합성을 하게 해서 그 영양분을 먹고 살아요. 그러면 더 이상 헤엄칠 필요가 없기 때문에 나중에는 뒤집어 놓은 종 모양처럼 거꾸로 뒤집어져서 땅에 딱 붙어 살아갑니다.

박연일 질문하신 해파리는 '푸른갯민숭달팽이 Elysia chlorotic'라고 불리는 바닷속 생물인데 사는 방법이 달팽이 종류와 비슷한 것 같아요. 사진에서는 꽤 커 보이는데 실제로는 1밀리미터 정도의 작은 생물입니다. 이놈은 바우케리아 리토레아 Vaucheria literea라는 해조류나 실 모양의 해캄을 먹은 다음, 엽록체를 자기 소화 기관 근처에 살려 둡니다. 그 엽록체가 빛을 받아서 광합성을 하는 거예요. 해조류를 잡아먹기 전까지는 투명한데, 해조류를 잡아먹으면 녹색으로 보여요. 해조류를 먹고 살려 두면 해조류가 스스로 광합성을 해서 에너지를 만들고 이놈은 옆에서 빨아먹기만 하면 돼요. 몇 달 동안 그렇게 살려 두다가 없어지면 또 먹어서 계속 녹색을 띠는 거예요. 즉 동물이 처음부터 엽록체를 갖고 태어난 게 아니라, 먹이로 섭취해서 일정 기간 동안 갖고 있는 겁니다.

소화 기관을 다른 형태로 바꾸지 않는 한 동물의 광합성은 불가능합니다. 혹시 앞으로 광합성 기구를 외투로 만들어 입는 날이 올지 모르지만요. 또 푸른갯민숭달팽이 같은 동물이 계속 진화한다면 광합성을 하는 동물이 나타날 수도 있고요. 한 10억 년쯤 뒤에 말이죠.

소문수 결론적으로 해파리는 직접 광합성을 하는 게 아니라 공생하는 거죠.

응답하라,
작은 것들의
세계여!

김성근

김성근

〈우주 소년 아톰〉 같은 만화와 청소년 잡지를 통해 공상을 즐기며 자랐다. 아폴로 우주선의 발사 장면이 머리에 뚜렷

하게 각인되어 과학을 동경하게 되었다. 고등학교 때 정작 과학에는 별 재능이 없는 것을 깨달았으나, 음악 시간에 본

분자동력학 영화 덕분에 겨우 흥미를 유지하면서 대학 전공을 자연 계열로 정했다. 대학원에서는 연구가 잘 진행되지

않아서 남들보다 학위 취득에 거의 두 배나 시간이 걸렸다. 하지만 오히려 이 기간 동안 지도 교수 및 동료 학생들과

함께 넓은 범주의 현상과 과학에 대해 토론하고 즐기는 값진 경험을 쌓을 수 있었다. 수학·과학 다큐멘터리를 보는

것과 대중을 위해 강연하는 것을 좋아한다. 현재 서울대학교 자연과학대학 화학부 교수로 있으며, 동대학교 자연대학

장을 맡고 있다. 카오스재단 과학위원회 과학위원으로도 활동 중이다.

오늘 강연에서는 '미시 세계를 본다.'는 것이 어떤 의미인지 생각해 보려고 합니다. 우선 '본다'는 것이 무엇인지 생각해야 할 것 같아요. 그러고 난 후 미시 세계가 어떤 특성을 가지고 있고, 미시 세계의 모습을 관찰하기 위해 현미경이 어디까지 발전했는지 알아보겠습니다.

빛과 물질의 상호 작용

본다는 행위가 이루어지려면 반드시 관찰자의 시감각이 있어야 합니다. 그리고 관찰자가 뭔가를 보기 위해서는 빛이 있어야 해요. 빛은 시각 작용을 일으키는 굉장히 중요한 요소입니다. 빛이 없으면 사물이 있어도 그것을 볼 수 없어요. 사물은 빛을 반사해 존재를 드러내죠. 사물을 구성하는 물질이 어떤 특성을 가지고 있느냐에 따라 다른 색깔로 보입니다. 우리는 관찰자와 빛, 사물 혹은 물질 이 세 가지 요소 중에 빛과 물질에 대해 이야기해 보려 합니다.

빛은 여러 가지 색깔로 이루어져 있습니다. 프리즘을 통해 빛을 분산시키면 무지개처럼 색이 나뉩니다.[8-1] 이걸 보면 빛은 다양한 색깔, 좀 더 전문적으로 얘기하면, 다양한 파장으로 이루어져 있죠. 빛은 물리학의 관점에서 전자기파인데, 전자기파의 스펙트럼은 매우 넓습니다. 이 다양한 파장 중에서 우리 인간은 무척 제한된 파장대의 빛만 볼 수 있어요. 1나노미터는 10억분의 1미터에 해당되는 상당히 짧은 거리죠. 인간은 파장이 약 400~700나노미터인 비교적 작은 영역의

8-1
프리즘을 통과한 빛

빛을 볼 수 있고 그 밖의 빛은 볼 수 없습니다. 만약 우리가 자외선이나 적외선을 볼 수 있다면 세상은 지금까지 알고 있던 것과는 전혀 다른 모습을 띠겠죠.

우리가 뭘 본다고 합시다. 이때 여러 파장의 빛이 섞여 들어오는데 그 빛이 모두 동일하게 반사되는 것이 아니에요. 어떤 파장의 빛은 반사가 잘 되고 어떤 것은 잘 안 돼요. 물질마다 다릅니다. 예컨대 바나나가 노랗게 보이는 것은 여러 파장의 빛이 섞인 백색광이 들어왔을 때 특별히 노란색이 많이 반사되고 다른 빛은 흡수되기 때문이죠.

빛은 물질과 상호 작용을 합니다. 반사되기도 하고, 투과되기도 하고, 흡수되기도 하죠. 물질 자체가 빛을 내는 경우도 있지만 대체로 빛이 물질에 반사되거나 흡수돼서 물체를 감지하죠. 특히 중요한 게 흡수예요. 물체를 구성하는 물질이 어떤 빛을 흡수하느냐에 따라 물체는 우리 눈에 보이기도 하고 안 보이기도 합니다. 물체의 색깔도 달라지고요.

분자 대부분은 빛을 흡수하는 경향이 있어요. 그런데 분자가 빛을 흡수하려면 미리 준비가 되어 있어야 합니다. 여러 상태가 있어요. 분자 내 전자들이 어떻게 분포되어 있느냐에 따라 에너지가 낮은 안정한 상태인 경우가 있고 에너지가 높은 불안정한 상태인 경우가 있습니다. 각 상태마다 전자 궤도 사이의 에너지 차가 다르기 마련이죠. 특정 파장의 빛 에너지가 궤도 사이의 에너지 차와 같다면 그 빛은 흡수되고, 그렇지 않으면 흡수되지 않을 겁니다. 따라서 어떤 물체가 노란색을 띤다면 그 물체 안에는 반드시 노란색을 반사하는 물질이 있고 다른 색은 흡수하는 부분이 있다는 얘기입니다.

간단한 예를 들어 볼게요. 식물의 잎은 녹색입니다. 식물이 녹색으로 보이는 건 엽록소 때문이에요. 엽록소의 흡수 스펙트럼을 보면 크게 두 개의 파장대, 즉 푸른색과 붉은색 계통을 흡수합니다. 이 얘기는 푸른색과 붉은색은 흡수하고 그 가운데 색들은 반사하는 성격이 강하다는 얘기죠. 그래서 가운데 있는 여러 색을 모았을 때 특히 녹색으로 보이는 거예요. 나뭇잎이 녹색으로 보이는 이유는 나뭇잎에 흡수되지 않고 튕겨 나오는 빛들을 우리 눈으로 보는 거라고 이해하면 됩니다.

당근의 흡수 스펙트럼을 보면 당근은 주로 짧은 파장대, 즉 푸른색과 녹색을 흡수합니다. 흡수가 안 된 파장의 빛이 반사돼서 붉은색으로 보이는 거예요. 따라서 흡수하는 색의 반대 색깔, 즉 보색을 우리가 보는 것이죠.

눈으로 본다는 것

과학에서 관측, 관찰, 측정은 굉장히 중요한데요, 한 100년 전에는 당시의 최첨단 과학이라고 해도 눈으로 직접 보는 것에 의존했어요. 1926년에 노벨 물리학상을 받은 장 페랭Jean B. Perrin의 일화는 아주 유명하죠. 페랭은 콜로이드colloid 용액을 만든 후에 가만히 놔두었어요. 콜로이드란 100만분의 1미터(마이크로미터) 크기의 굉장히 작은 입자들을 말합니다. 진흙물을 떠서 가만 놔두면 진흙이 밑으로 가라앉듯이 콜로이드 입자가 가라앉죠. 이때 아래쪽에 가라앉는 입자들과 위에는 떠 있는 입자들이 있을 겁니다. 여기에 간단한 물리 식을 적용하면 아보가드로수Avogadro's number를 알아낼 수 있어요. 입자들의 분포는 중력장에서의 높이에 따라 달라져요. 액체의 밀도, 콜로이드의 밀도, 콜로이드 입자가 떠 있는 높이를 측정하고, 그 위치에 있는 콜로이드 개수를 헤아리면 아보가드로수를 얻을 수 있습니다. 이때 페랭은 콜로이드 입자를 육안으로 헤아렸습니다. 그래서 페랭은 '아보가드로수를 센 사나이'라는 별명을 얻었어요. 하지만 실제로 아보가드로수 자체를 센 것은 아닙니다. 여러분 중에 로버트 밀리컨이 기름방울 실험을 통해서 전하량을 측정했다는 얘기를 들어본 사람이 있을 거예요. 밀리컨 역시 현미경을 통해 기름방울의 운동을 직접 눈으로 관찰했다고 합니다. 그러니까 한 세기 전만 하더라도 과학자들은 관찰과 관측을 할 때 육안에 의존했던 셈이죠.

하지만 육안으로 하는 관찰과 관측은 미시 세계로 내려갈수록 한계에 부딪힙니다. 거시 세계에서는 눈으로 보고 측정하는 것이 그 자체로 충분한 관찰이 될 수도 있지만 눈으로 확인할 수 없는 미시 세계로 갈수록 도구를 사용할 수밖에 없습니다. 인간의 시감각 경험은 그만큼 사물과 사이가 멀어집니다.

이상한 나라, 미시 세계

거시 세계에서 미시 세계로 넘어가는 데에는 상당한 모험이 따릅니다.[Q1] 우리가 익숙히 알던 거시 세계를 떠나 미시 세계에서 눈에 안 보이는 작은 것들을 이해하려고 한다면 생각 자체를 바꿔야 합니다. 중요한 전제 조건이죠. 원자나 분자 수준의 미시 세계에서는 우리가 일상생활에서 피부로 느끼는 물리 법칙과는 전혀 다른 법칙이 작용합니다. 미시 세계에서는 양자역학 원리가 작용하기 때문에 측정이라는 개념 자체도 수정되어야 합니다.

수많은 관중이 모인 야구장에서 투수가 공을 던지고 그걸 타자가 친다고 해 봅시다. 혹시 이런 생각 해 본 적 있나요? 수만 명의 관중이 야구공을 뚫어져라 처다보면 야구공이 무서워서 다른 데로 가지 않을까 하는……. 안 해봤겠죠. 아무리 많은 사람이 처다봐도 투수가 던진 공은 투수가 던진 대로 날아가고, 타자가 친 공은 타자가 친 대로 날아갑니다. 관찰하는 행위가 피관찰체를 교란시키지 않는다는 얘기예요. 그런데 빤히 야구공을 처다보고 있으면 야구공이 달아나는 것과 같은 상황이 미시 세계에서는 벌어질 수도 있어요. 미시 세계에서는 전자의 움직임을 관찰하기 위해 광자를 쏴서 튕겨 나오는 광자를 검

Q1 :: 미시 세계와 거시 세계를 나누는 기준이 있나요?

정확한 구분은 없습니다. 우리 눈으로 안 보이기 시작하면 미시 세계예요. 원자나 분자는 볼 수 없으니까 그 정도면 확실히 미시 세계고, 맨눈으로 볼 수 있으면 전부 다 거시 세계라고 말합니다. 인간이 태어나면서 작동하는 모든 시각 작용은 전부 거시 세계를 대상으로 한 것이죠. 원자나 전자의 세계로 가면 우리가 알고 있던 물리학의 법칙이 통용되지 않는데, 그 세계를 미시 세계라고 정의할 수도 있을 거예요.

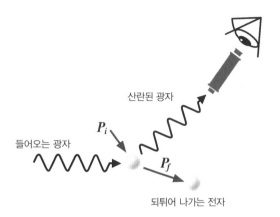

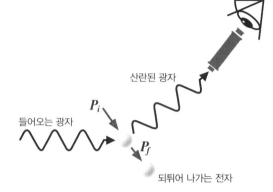

짧은 파장	위치 오차(Δx) 작음
	운동량 오차(Δp) 큼

긴 파장	위치 오차(Δx) 큼
	운동량 오차(Δp) 작음

산란된 광자

들어오는 광자

P_i

P_f

되튀어 나가는 전자

출해서 확인합니다. 그런데 그것이 피관찰체를 교란시키는 겁니다. 전자가 워낙 작기 때문에 그래요. 관찰 행위가 정작 관찰하려고 하는 대상에 영향을 주는 거죠.

간단하게 설명해 보죠. 전자의 위치를 정확히 알려면 빛의 파장을 잘 골라서 써야 합니다. 우리가 보려고 하는 피관찰체보다 빛의 파장이 너무 길면 그것을 그냥 지나칠 수 있어서 정확한 위치를 알 수 없어요.[8-2] 가급적이면 파장이 짧은 빛을 써야 정확하게 튕겨 나와서 위치를 정확하게 알 수 있습니다. 하지만 파장이 짧을수록 빛 에너지도 커지기 때문에 파장이 짧은 빛을 쓰면 전자를 '퉁' 치면서 굉장히 큰 에너지를 전달해 운동량이 크게 변합니다. 여기서 운동량은 질량에 속도를 곱했기 때문에 속도라고 생각해도 됩니다. 따라서 위치를 정확히 알면 운동량의 변화가 상대적으로 커지고, 반대로 교란을 덜 시키고 운동량을 정확하게 측정하려고 파장이 긴 빛을 쓰면 위치를 정

8-2
전자의 위치를 정확히 알려면 짧은 파장의 빛을, 전자의 운동량을 정확히 알려면 긴 파장의 빛을 사용해야 한다. 위치와 운동량을 동시에 정확히 알 수는 없다.

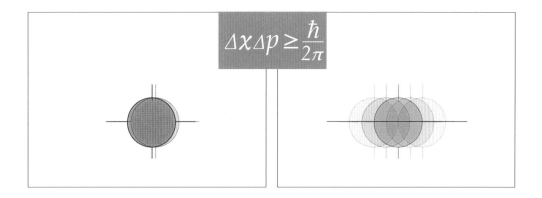

$$\Delta x \Delta p \geq \frac{\hbar}{2\pi}$$

확히 알 수 없는 딜레마에 빠지는 겁니다. 이걸 '불확정성의 원리'라고 부르고, 미시 세계에서 피할 수 없는 원천적인 한계로 인지하고 있습니다.

불확정성의 원리는 뭔가 대단히 거창하고 어려울 것 같지만 그렇지 않아요. 어떤 물체가 움직이고 있고, 그 물체의 위치(x)를 정확하게 알아야 할 때, 위치의 불확정성을 델타엑스(Δx)라고 하면 Δx가 작을수록 위치가 정확하게 규정된다는 뜻입니다.[8-3] 입자의 움직임을 안다는 것은 위치와 운동량을 정확하게 결정할 수 있느냐 없느냐의 문제입니다. 그런데 불확정성의 원리에 따르면 위치와 운동량을 동시에 정확하게 결정하는 것은 불가능합니다.

거시 세계에서는 이해가 잘 안 되는 내용이죠. 거시 세계에서는 물체가 어디에 와 있는지, 속도가 얼마인지 측정하는 게 전혀 어렵지 않습니다. 그런데 미시 세계에서는 힘들어요. 그것이 미시 세계의 특성입니다. 그래서 양자역학이 태동할 때 많은 사람이 개념의 혼란을 겪었고, 논란도 많았죠.

거시 세계에서 미시 세계로

우리는 얼마만큼 작은 것까지 볼 수 있을까요? 손톱만 한 1센티미터 크기는 눈에 잘 보여요. 그걸 100분의 1 크기로 줄이면 머리카락 굵기가 되고, 그것을 다시 100분의 1로 줄이면 박테리아 세포 크기 정도 되겠죠. 박테리아는 맨눈으로 보기는 어렵지만 현미경으로 확대해서 충분히 볼 수 있는 크기입니다. 여기서 다시 100분의 1의 100분의 1까지 줄이면 드디어 원자까지 가는데, 원자 크기는 우리의 감각 기관이 느낄 수 있는 수준을 넘어선 영역입니다.

분자는 크기가 어느 정도 일까요? 예컨대 물 분자 하나는, 그것을 1000만 배 키워야 3밀리미터 정도가 됩니다. 이게 잘 와 닿지 않으면, 여러분이 갖고 있는 볼펜을 1000만 배 확대한다고 생각해 보세요. 우리나라를 덮을 정도가 됩니다. 분자가 얼마나 작은지 감이 오나요? 옛날 로마 시대의 네로 황제는 자기가 흘리는 눈물을 눈물단지에 담아 모았다고 합니다. 눈물 한 방울 안에 물 분자가 몇 개 있는지 제가 계산해 봤습니다. 숫자가 너무 커요. 이걸 세려면 시간이 얼마나 걸릴까 계산해 봤어요. 전 세계 70억 인구가 모두 달라붙어 밥도 안 먹고 잠도 안 자면서 1초에 다섯 개씩 센다고 했을 때 2,000년 정도 걸립니다. 그게 눈물 한 방울에 있는 물 분자의 개수예요. 그만큼 미시 세계는 굉장히 작고, 상상하기 힘들 정도로 분자들의 움직임이 다양합니다. 그리고 이해하기가 쉽지 않습니다.

현미경의 과거와 현재

작은 것들의 세계를 이해하는 데 현미경은 지대한 역할을 합니다.

현미경은 굉장히 오랜 역사를 갖고 있어요. 기원전 2000년 중국에는 튜브 끝에 렌즈를 달고 물로 채운 '물현미경'이 있었다고 합니다. 현존하는 가장 오래된 렌즈는 기원전 612년에 만들어졌습니다. 오랜 시간이 흘러 1500년대 말 이후 현미경이 발달하기 시작합니다. 안경업자인 자하리아스 얀선Zacharias Jansen이 복합 현미경과 망원경을 만들고, 로버트 훅Robert Hooke이 《마이크로그라피아Micrographia》라는 생물 현미경 도감을 만들고, 안톤 판 레이우엔훅Antonie van Leeuwenhoek이 현미경을 개선하고, 20세기 들어 전자 현미경이 나오기까지 현미경의 역사는 인류 역사와 궤를 같이합니다.[8-4] 현미경이야말로 인간의 호기심을 대변하는 가장 대표적인 기구가 아닐까 생각합니다.

8-4
로버트 훅이 사용한 현미경

현미경을 이해하려면 '공간 분해능spatial resolution'이라는 개념을 알아야 합니다. 공간 분해능이란, 쉽게 말하면 가까이 있는 두 물체를 구분해 내는 능력이에요. 분해능이 높을수록 작은 물체를 더 정확하게 볼 수 있습니다. 분해능이 낮으면 물체 시료가 둥글둥글하게 거의 분리가 안 된 형태로 보이지만 분해능이 높으면 또렷하게 시료가 분리되어 보입니다.

해상도가 높은 사진이 있고 낮은 사진이 있죠. 디지털카메라의 픽셀을 생각하면 됩니다. 전문 용어로 '점 분산 함수point spread function, PSF'라고 합니다. 점 분산 함수가 크다는 것은 쉽게 말해 단위

면적당 점의 밀도가 크다는 것을 의미합니다. 점 분산 함수가 아주 크면 시료가 또렷하게 보입니다. 따라서 현미경 기술의 핵심은 점 분산 함수를 얼마나 크게 만드느냐입니다.

자, 비싼 돈을 들여서 더 좋은 광학 현미경을 구입했다고 합시다. 현미경을 업그레이드하면 이미지의 질도 좋아집니다. 그런데 어느 정도 이상으로는 업그레이드가 안 돼요. 이게 광학 현미경의 문제점이에요. '회절 한계diffraction limit' 때문에 그렇습니다. 회절 한계는 19세기 후반 에른스트 아베Ernst Abbe라는 유명한 물리학자가 발견했어요. 간단히 말하면, 가시광선은 아무리 짧아도 400나노미터 빛을 써야 하는데, 그것의 절반 정도인 200나노미터 이하의 두 지점은 빛의 회절 현상 때문에 구별할 수 없다는 겁니다. 빛이라는 파동이 갖고 있는 가장 기본적인 특성이 회절인데, 그 회절 때문에 제아무리 노력하고 제아무리 좋은 과학 기구를 갖춰도 그 이하 크기는 볼 수 없다는 얘기예요. 광학 현미경으로는 200나노미터 이하의 물체를 볼 수 없다는 생각이 100년 이상 사람들의 머릿속을 지배해 왔습니다.

그 대안으로 나온 게 전자 현미경입니다. 파장을 짧게 해서 분해능을 높이는 것이 전자 현미경의 핵심 원리죠. 전자도 입자인 동시에 파동인데, 전자의 파동성을 이용하겠다는 발상이에요. 전자도 드브로이파 de Brogile wave로서 파장을 갖고 있는데 그것은 에너지의 제곱근에 반비례하기 때문에 전자를 가속해서 에너지를 키우기만 하면 파장을 얼마든지 줄일 수 있습니다.

> 빛의 회절

어떤 것이 보인다는 것은 그 대상을 비춘 빛이 반사되어 눈에 들어오면서 망막에 이미지가 맺힌다는 뜻이다. 그런데 입사하는 빛의 파장보다 물체가 작으면 그 대상은 우리 눈에 잘 포착되지 않는다. 빛이 반사되지 않고 물체를 에돌아 지나가는 회절 현상이 일어나기 때문이다.

예를 들어, 바늘구멍 같은 아주 좁은 틈으로 빛을 통과시키면 빛이 진행하는 직선 경로 주변의 일정 범위까지 빛이 퍼져 나가는 것을 볼 수 있다. 파동에서만 볼 수 있는 현상이다. 이처럼 입자라면 갈 수 없는 곳까지 휘어져 도달하는 파동의 움직임을 회절이라고 한다. 회절의 순우리말이 '에돌이'인 것은 다 이유가 있는 셈이다. 빛의 회절 현상은 광학 망원경이나 광학 현미경 등으로 관찰하는 물체의 이미지를 희미하게 하며, 분해능이 제약을 받는 원인이 된다.

> 드브로이파

물결파는 물, 음파는 공기를 매개로 퍼져 나가는 것처럼 빛도 매질이 있어야 했다. 에테르는 빛이 파동으로 퍼져 가는 데 필요하다고 가정한 매질이었다. 하위헌스와 후대 물리학자들은 파동 이론과 함께 에테르라는 개념을 발전시켜 빛의 전파 현상을 설명하려 했으나, 이후 1886년 앨버트 에이브러햄 마이컬슨Albert Abraham Michelson과 에드워드 윌리엄스 몰리Edward Williams Morley의 실험으로 에테르가 존재하지 않는다는 것이 입증되었다.

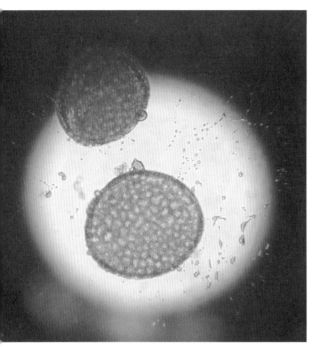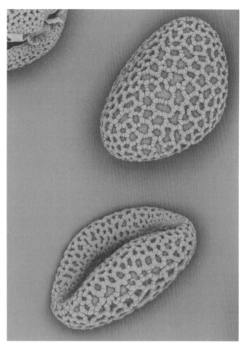

광학 현미경(왼쪽)과 전자 현미경(오른쪽)으로 본 백합의 꽃가루

광학 현미경과 전자 현미경의 이미지를 비교해 볼게요.⁸⁻⁵ 똑같은 물체를 전자 현미경과 광학 현미경으로 찍었는데 해상도가 엄청나게 차이가 납니다. 광학 현미경은 색깔이 보여서 좋긴 한데 흐릿하고, 전자 현미경은 세부적으로 잘 보입니다. 회절 한계 때문이에요. 광학 현미경으로는 회절 한계보다 작은 것들을 잘 볼 수 없습니다. 그래도 사람들이 광학 현미경을 고집하는 이유가 있어요. 광학 현미경은 가시광선으로 보니까 시료 손상이 없는데, 전자 현미경은 전자 에너지를 높여야 하고 샘플을 만들 때 시료를 절단하기도 해서 시료가 손상될 가능성이 커요. 또 광학 현미경은 시료에서 특정 분자의 부위를 형광 물질로 표지할 수 있는 특성도 있기 때문에 미련을 버리지 못하는 겁니다.

전자 현미경뿐만 아니라 스캐닝에 기반을 둔 근접장 현미경near-field

scanning optical microscope, NSOM도 있습니다만, 우리의 관심사는 여전히 광학 현미경이에요. 빛을 이용한 현미경 기술은 사람들이 2,000년 동안 개발해 왔고, 19세기 후반에 이르러 회절 한계 때문에 벽에 부딪치긴 했지만 안 된다고 할수록 더 극복하고 싶은 것이 과학자들의 욕망이죠.

회절 한계에 도전하다

결국 그걸 이루어 낸 사람들이 있어요. 2014년 노벨 화학상은 100여 년 동안 사람들이 불가능하다고 여겼던 광학 현미경의 회절 한계를 극복한 초고분해능 광학 현미경 개발에 기여한 사람들이 받았습니다. 윌리엄 에스코 머너William Esco Moerner, 에릭 베치그Eric Betzig, 슈테판 발터 헬Stefan Walter Hell 세 사람이 그 주인공입니다. 기존 광학 현미경의 한계를 물리학자 세 사람이 극복하고 새로운 광학 현미경을 개발해 온 과정을 말씀드리겠습니다.

머너는 최초로 단분자單分子의 실험적 관측에 성공했고, 물질의 형광을 켜고 끄는 시스템을 개발했습니다. 물리학자이고 현재는 스탠퍼드 대학교 화학과 교수로 있어요. 머너는 IBM에 있을 때 어떤 고체의 결정 내에 아주 작은 농도로 있는 '펜타센pentacene'이라는 단분자를 실험적으로 관측하는 데 성공했습니다. 형광 현미경 개발과 직접 상관은 없지만 머너는 다른 사람들이 이전에는 생각하지 않았던, 분자 하나를 볼 수 있는 길을 처음 열어 줬어요. 분자에 어떤 파장의 빛을 주느냐에 따라 형광이 켜지기도 하고 꺼지기도 하는데, 분자가 형광을 내고 안 내는 상태를 자유자재로 통제했던 사람입니다.

베치그는 빛으로 켜고 끄는 형광 분자를 이용해 실제로 초고분해능

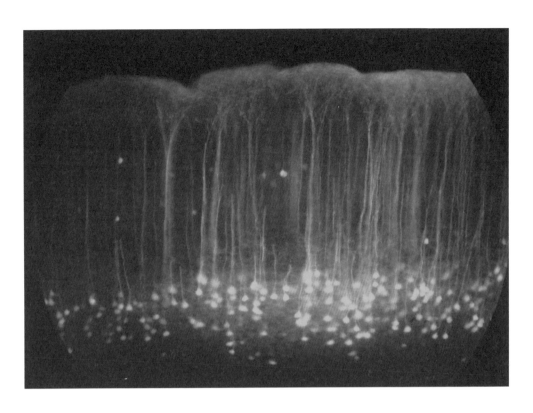

8-6
쥐의 신경세포

광활성 국지 현미경 기술photoactivated localization microscopy, PALM을 개발했습니다. 베치그의 아이디어는 이런 거예요. 형광을 내는 분자들을 고분해능으로 볼 수 없는 것은, 시료 안에 있는 여러 분자가 각각 형광을 내는 것이 아니라 인접한 분자들이 동시에 형광을 내서 빛이 겹치기 때문이라고 생각한 겁니다. 그래서 분자들이 따로 빛을 내게 하면 고분해능이 가능하지 않을까 하고 생각했어요. 그러다가 2005년에 '녹색 형광 단백질green fluorescent protein, GFP'을 조절해 형광을 마음대로 켜고 끄는 것이 가능하다는 사실을 발견합니다. 결국 아이디어와 기술을 결합해 각 분자를 따로 다른 시간대에서 관측한 뒤 이미지를 중첩해서 원래 이미지보다 훨씬 개선된 형광 이미지를 얻는 데 성공했던 겁니다.8-6

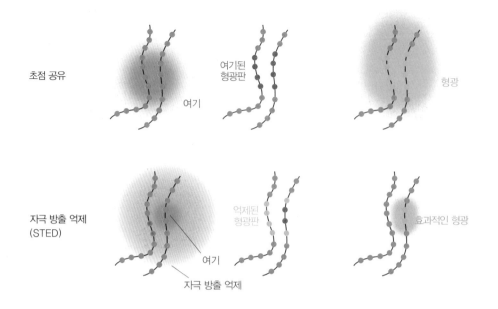

초점 공유

여기된
형광판

형광

여기

자극 방출 억제
(STED)

억제된
형광판

효과적인 형광

여기

자극 방출 억제

8-7
STED 현미경의 원리

이것과 비슷한 것이 확률 재구성 광학 현미경 기술stochastic optical reconstruction microscopy, STORM입니다. 빛으로 분자의 형광을 켜고 꺼지게 하는 것을 통제해서 분자 각각의 정확한 위치를 파악하는 원리입니다. 빛을 쥐서 분자 하나가 켜지면 그 위치를 파악하고, 그다음에 빛을 줬다 끄고, 또 빛을 줬다 끄고 해서 각 형광의 위치를 확인해 조합하는 거죠. 기존 광학 현미경으로는 흐릿하게 볼 수밖에 없는 것을 단분자 현미경은 상대적으로 무척 선명한 이미지로 보여줍니다.

헬은 독일 사람입니다. 머너와 베치그처럼 헬도 물리학자입니다. 재미있게도 2014년도 노벨 화학상은 물리학을 공부한 사람들이 받았어요. 화학적인 원리를 이용해서 실제로는 생물학 현상에 적용하는 학제 간 연구學際間研究를 하는 사람들이 수상했습니다. 헬은 자극 방출 억제stimulated emission depletion, STED 현미경을 개발했어요. 헬의 생각은 베치그와 매우 달랐습니다. 어떤 대상을 정확히 알아내려면 보이는 면

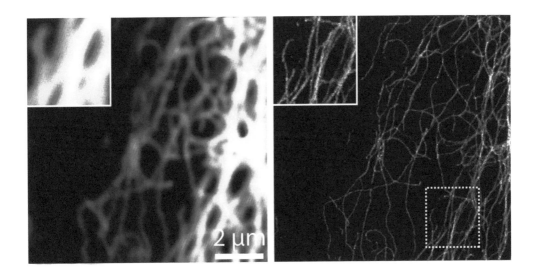

2 μm

적을 줄여서 자세히 관측할 수 있도록 해야 한다고 생각한 거예요. 면적을 줄일 때 화학적인 방법을 사용합니다. 처음에 빛으로 자극을 줘서 관찰하려는 분자를 들뜨게 해 형광을 내게 합니다. 여기에 도넛 형태의 레이저 빔을 쏴서 강제로 도넛 모양의 영역에서 형광이 소진될 때까지 빛을 내게 하는 겁니다. 그렇게 빛이 다 소진되면 가운데 둥근 부분에만 선명하게 형광이 남겠죠.[8-7]

보이는 면적을 줄이는 방법을 찾은 거예요. 이런 식으로 도넛 모양의 레이저의 초점을 미세하게 옮겨 가며 작은 영역의 이미지를 모아 구성하면 전체 이미지를 얻을 수 있습니다. 처음에는 넓은 영역에서 분자를 들뜨게 하고, 그다음에는 강제로 빛을 소진하게 해서 결국에는 번짐을 제거한 남는 영역을 읽겠다는 것이 이 기술의 원리입니다. 강제로 빛을 내게 하는 레이저가 세면 셀수록 그 가운데 영역이 줄어들기 때문에 디지털카메라의 해상도를 높이듯이 분해능을 굉장히 높이는 역할을 할 수 있습니다. 이런 STED 방법을 이용하면 해상도가 아주 높은 사진을 찍을 수 있어요.[8-8] 이제는 훨씬 명확하게 볼 수 있게 됐어요. 생명체에서 일어나는 현상을 시료 손상 없이 볼 수 있는 길이 열린 것이죠.

그렇다면 현재 기술로 얼마나 작은 것까지 볼 수 있을까요? '형광 다이아몬드'라는 물질은 녹색 형광 단백질처럼 마음대로 켜고 끄는 것이 가능합니다. 저와 헬 그룹의 공동 연구 결과에 따르면 형광 다이아몬드도 밝은 상태에서 어두운 상태로, 어두운 상태에서 밝은 상태로 전환할 수 있습니다. 현재 15나노미터의 분해능을 갖는 형광 현미경fluorescene microscope까지 개발된 상태입니다. 광학 현미경으로는 200나노미터 이하를 볼 수 없다던 기존의 통념을 보기 좋게 깨버린 것이죠. 한 예로, 아밀로이드amyloid라는 치매의 원인 물질을 기존의 형광 현미경으로는 두껍고 흐릿하게 볼 수밖에 없었는데, 저희 연구실에서 개발한 기술을 이용하면 아주 선명하게 섬유의 모습을 그대로 볼 수 있습니다. 전자 현미경을 사용하지 않고 인간 체내에서 일어나는 변화를 실시간으로, 광학 현미경으로 볼 수 있는 길이 열린 겁니다.

과학자의 자세

미시 세계를 보는 사람들의 꿈은 궁극적으로 생명 현상을 이해하는 거예요. 그러기 위해서 살아 있는 세포 내에서 생물학적으로 가장 중요한 물질들의 움직임을 실시간으로, 선택적으로, 원자 수준의 초고분해능으로 관찰하고 싶어 합니다. 눈으로 직접 관찰하면서 연구하는 수준까지 도달하는 게 이 분야 연구자들의 꿈입니다. 이번 강의를 통해 과학은 100년 묵은 문제도 있을 만큼 해결 안 된 문제가 무궁무진하다는 걸 얘기하고 싶었습니다.

그 밖에 과학도가 가져야 할 자세와 관련해서 몇 가지 당부의 말씀드리고 싶습니다. 한 분야만 잘해서는 안 돼요. 다른 분야도 같이 공부해야 합니다. 화학뿐 아니라 물리학, 생물학, 지구과학 등에도 관심을 갖는 것은 매우 중요해요. 어려운 문제는 피하지 말고 오히려 악착같이 파고들며 도전해야 합니다. 또 무작정 남을 따라가지 말고 어색하고 엉성하더라도 자기만의 아이디어를 가져야 합니다. 큰 성공을 거두려면 무한 반복되는 작은 실패에 익숙해지는 게 필요합니다. 예리한 관찰력은 기본이고 과학에도 시인의 감수성과 소설가의 상상력이 요구된다는 점 잊지 마시기 바랍니다.

여담으로, 과학자들이라고 다 똑같지 않고 다 성격이 다른데요. 한마디로 표현하자면 머너는 똑똑한 사람이고 헬은 고등학교 다닐 때부터 노벨상 탈 때까지 일등만 하던 사람이에요. 베치그는 괴팍하고 기이하면서도 집요한 사람입니다. 과학자는 다 달라요. 어떤 성격이든 과학을 재미있어 하고 열심히 하면 잘할 수 있습니다.

이 정도로 제 강연은 마치겠습니다. 감사합니다.

사이언스 토크 08 ■

science talk

1 현미경으로 인한 위대한 발견
새로운 과학의 출현

엄지혜 첫 번째 주제는 과학사와 관련된 내용입니다. 심상희 교수님께서 주신 의견이에요. 역사적으로 현미경과 관련된 위대한 발견을 짚어 보고 싶다고 말씀해 주셨는데, 왜 이 주제를 선택하셨나요?

심상희 사실 거창한 이유는 아니에요. 특이한 기계, 가령 '신상' 카메라를 장착한 기계를 갖고 있으면 뭘 볼 수 있고 어떤 훌륭한 발견을 할 수 있는지 역사적 인물을 통해 예를 들어 볼까 합니다.

로버트 훅은 1600년대 사람이에요. 그때만 해도 현미경이라는 게 막 만들어져서 이걸 뭐에 쓸지 잘 모를 때었어요. 훅은 신상 기계가 있으니까 이것저것 다 들여다봤어요. 그중에 와인병에 많이 쓰는 코르크를 잘라서 현미경으로 들여다봤어요. 그랬더니 자잘한 방 같은 게 많이 있었습니다. 그 방이 수도원의 작은 방같이 생겼다고 수도실이라는 이름을 붙였습니다. 세포가 영어로 '셀cell'이잖아요. 그 이후에 생명체는 세포로 이루어졌다는 걸 알게 됐어요.

사회

엄지혜
아나운서

토론

김성근
서울대학교 화학부 교수

심상희
울산과학기술원
생명과학과 교수

임영빈
서울대학교 BK21플러스
연수연구원

두 번째, 안톤 판 레이우엔훅이라는 비슷한 시기의 사람이에요. 이 사람은 유리를 아주 작은 공 모양의 렌즈로 깎아 작은 현미경을 만들어 이것저것 취미 삼아 들여다보기 시작했습니다. 그러다 자기 입 속에 뭐가 있나 궁금해서 현미경으로 봤는데, 뭔지는 모르지만 조그맣고 길쭉한 것들이 있는 거예요. 알고 보니 미생물, 박테리아였던 겁니다. 미생물의 존재를 발견한 이후 흑사병 같은 질병이 신의 저주가 아니라 굉장히 작은 생명체 때문이라는 것을 알게 됐죠. 이런 신상 기계를 가지고 있으면 인류에게 도움이 될 만한 새로운 발견을 할 수 있을 거라는 말씀을 드리고 싶었어요.

김성근 사실 현미경에만 국한한다면 사례가 많지 않을 수도 있어요. 조금 더 나아가 새로운 기기의 출현은 항상 새로운 과학의 출현을 예고하고, 그걸 이용해서 과학자들은 새로운 현상을 발견하죠. 새로운 기기 또는 새로운 관측 기술은 과학의 진전에 굉장히 중요합니다. 그런 사례는 무궁무진하게 많아요.

2 세상의 모든 것을 다 잴 수 있는가
분자, 너의 크기도 사람의 키처럼 잴 수 있을까

엄지혜 다음 주제는 '세상의 모든 것을 다 잴 수 있는가?'라는 질문입니다. 분자의 크기도 사람의 키처럼 잴 수 있을까요? 측정이 가능한가요?

김성근 사람이나 사과의 크기는 만져 보면 대략 키나 길이를 가늠할 수 있잖아요. 그럼 분자도 만져 보면 알 수 있는가, 분자의 크기를 정확하게 측정할 수 있는가 하는 질문을 해 볼 수 있어요. 그런데 미시 세계는 거시 세계의 경험과는 상당히 다릅니다.

　원자를 한번 생각해 볼까요? 원자와 원자핵의 크기가 있을 거 아닙니까. 원자의 크기는 보통 1옹스트롬, 즉 100억분의 1미터죠. 원자핵의 크기는 원자의 1만분의 1에서 10만분의 1 정도입니다. 굉장히 작죠. 지름이 200미터인 운동장이 원자라면 지름이 2밀리미터인 모래알 하나가 원자핵이라고 생각하면 됩니다. 그런데 아이러니한 것이, 그 큰 운동장에서 모든 시스템의 질량이 그 2밀리미터 되는 모래알에 모두 담겨 있고, 나머지는 텅 비어 있는 공간이라는 겁니다. 상상해 보세요. 운동장이 원자 하나인데, 그 원자가 가진 모든 질량이 모래 알갱이 하나에 담겨 있고 나머지는 텅 비어 있어요. 실제로는 텅 비어 있다기보다 거기에서 전자가 열심히 헤엄치고 있죠. 그래서 텅 비어 있는 것 같기도 하고 꽉 차 있는 것 같기도 해요. 원자가 아주 특이한 겁니다. 그래서 원자의 크기를 재려고 한다면 원자에 다른 물질을 가까이 가져와서 이 정도까지가 경계인가 보다 하고 잴 수 있어야 할 텐데, 그러기가 어려운 거예요.

　분자의 크기를 재려고 하면 분자의 크기에 해당하는 자가 있어야 하는데 그런 자가 없습니다. 다른 방법들을 사용해야죠. 분자는 빛을 흡수하면 진동, 회전을 합니다. 분자는 크기에 따라 회전 주기가 달라지기 때문에 회전 주기를 알아내서 분자의 크기를 역으로 알아내는 방법을 많이 씁니다. 이것을 분광학적인 방법이라고 합니다. 그렇지만 우리가 실제 보는 것처럼 시원하게 눈으로 확인하지 못하는 측면은 있겠죠.

엄지혜　그렇다면 우주에 존재하는 것 중에 아직 관측되지 않은 것들이 있나요? 있다면 얼마나 있을까요?

임영빈　일단 우주까지 범위를 넓히면 여기저기서 많이 거론되는 암흑 물질 같은 게 있겠죠. 사실 우리가 보고 있는 것들보다 몇 배나 더 많다고 하니까요.

　미시 세계에서만 따져 봐도 관측하기 힘든 것들이 상당히 많습니다. 아주 조그마한 분자들이 어떻게 반응하는지 보는 것은 최근 들어서 가능해진 일이고, 실제로 불가능한 것을 꼽자면 부지기수로 많아요. 단백질이 움직이는 모습을 실시간으로 촬영하는 것은 아직까지 불가능합니다. 모든 사람이 이러이러하게 움직일 거라고 예상하고 간접적으로 확인은 됐지만 직접 보는 것은 불가능해요. 그리고 관념적인 것, 그러니까 생각이나 의식 같은 것들도 분명히 뇌에서 일어나는 화학 작용으로 생기는 건데 이런 것들을 관측하고 이해하는 건 현재 과학으로는 불가능하다고 생각합니다.

3 영혼의 무게를 잴 수 있을까
뇌, 미지의 작은 세계

엄지혜　의식이나 생각도 움직인다고 생각되지만 관측할 수는 없다고 말씀해 주셨어요. 〈21그램21grams〉이라는 영화에도 영혼의 무게에 대한 이야기가 나옵니다. 심상히 교수님, 영혼의 무게를 잴 수 있을까요?

심상희 저는 그 질문을 조금 바꿔서 얘기해 볼게요. 사람의 생각, 의식을 어떻게 알아낼 수 있는가? 21세기에 굉장히 유망한 과학 분야입니다. 특히 뇌과학자들은 의식이나 생각을 어떻게 연구할 것인가에 관심이 무척 많죠. 생각은 우리의 뇌 안에서 이루어집니다. 우리 뇌를 컴퓨터에 비유해 보죠. 실제 뇌 안의 수많은 신경세포가 신호를 주고받는 메커니즘이나 회로도를 파악하면, 이 컴퓨터가 어떻게 돌아가는지 알 수 있겠죠. 그리고 사람의 뇌 속에 돌아다니는 물 분자를 통해 신경세포들의 신호가 어떻게 활성화되는지 알 수 있을 겁니다. 생각을 많이 하면 활성화된 세포 쪽으로 물이 많이 흐르거든요. 그렇게 해서 사람의 머릿속에 이런 회로들이 활성화되어 있다는 것을 가시적인 데이터로 만들 수 있어요. 2000년 초기에는 한 사람 안에 있는 6억 개의 모든 유전자를 다 읽어 내는 인간 게놈 프로젝트가 가장 큰 프로젝트였어요. 결국 밝혀진 건 3만여 개에 불과했지만요. 지금 2010년대의 가장 큰 프로젝트는 사람 뇌 속에 있는 회로를 전부 알아내서 그 원리를 이해하는 겁니다.

김성근 영혼은 모르겠지만 적어도 정신 작용만큼은 지도화할 수 있는 날이 오겠죠. 정신 작용은 어떻게 되고, 신경이 어떻게 전달되고, 인간의 사고 체계가 어떻게 작동하는지 순전히 과학적인 기반 위에서 이해하는 날이 오리라고 생각합니다.

그런데 그 과정에서 또 새로운 문제가 나타날 수도 있습니다. 인간 게놈 프로젝트 얘기가 나왔는데, 그때는 게놈만 알면 모든 병을 규명할 수 있으리라 생각했지만, 사실 알고 보니 그것만 가지고는 부족했어요. 유전자가 어떻게 발현되는가 하는 문제도 추가로 이해해야 합니다. 그래서 오늘날 우리의 목표대로 새로운 과학이 반드시 문제의 해결을 가져올 열쇠 역할을 꼭 할 거라고 장담은 못 합니다. 그럼에도 인간의 정신 작용은 오늘날 과학적인 연구 범주 내에 정당하게 들어오고, 과학기술로 명확하게 이해할 가능성은 점점 높아질 겁니다. 그런 것이 심상희 교수님처럼 이미징 현미경 연구자, 뇌과학 연구자, 인지과학 연구자들의 꿈 아니겠습니까?

QnA

질문1 현미경으로 노벨상을 받았다는 사실이 잘 이해되지 않습니다. 그냥 고급 기술 아닌가요? 그리고 왜 화학상을 받았는지 궁금합니다.

김성근 노벨상은 최초의 발견, 그리고 사람들이 알지 못했던 것을 이해하게 해 준, 다른 사람이 가지 않은 길을 개척한 업적을 치하하는 상입니다. 그런 측면에서 눈으로 볼 수 없는 것을 보게 하는 기술의 진전도 굉장히 중요한 것으로 인정받고 있습니다. 그래서 노벨상을 받은 많은 업적 중에는 기기의 개발 등에 주는 경우가 많았어요. MRI를 개발한 사람도 노벨상을 받았죠. MRI 이전에 NMRnuclear magnetic resonance(핵 자기 공명)을 개발했던 물리학자들은, 그것이 나중에 화학 분야에서 합성 화학에 유용하게 사용되고, 인간의 질병을 발견하는 MRI로까지 발전할 줄은 상상도 못 했을 거예요. NMR 개발자들도 노벨 물리학상을 받았습니다. 오늘날 유기화학자들은 NMR이 없으면 유기화학을 못 합니다. 그리고 의학자들이 MRI를 개발하는 데까지 이르렀어요. 기술적인 진전, 기기의 개발도 새로운 현상을 발견하는 데 결정적인 역할을 하기 때문에 노벨상을 많이 줍니다. 전자 현미경, 근접장 현미경을 개발했던 사람들도 다 노벨상을 받았어요. 100년 이상 안 된다던 선입견을 깼다는 공로라고 이해하면 될 것 같습니다.

심상희 화학을 이용해서 물리 법칙의 한계를 극복했기 때문에 노벨 화학상을 받았다고 생각합니다. 그냥 현미경이 아니고 형광 현미경이거든요. 형광 물질의 성질과 형광을 어떻게 켜고 끄는지 그 원리를 잘 이용해서 물리적인 회절 법칙을 피해서 새로운 접근으로 원하는 바를 얻은 거예요.

질문2 귀금속에 관련한 질문입니다. 황금을 쪼개서 아주 작게 금 원자까지 내려가면 금 원자도 같은 색을 유지하는지, 금처럼 반짝거리는지 궁금합니다.

임영빈 원자는 색이 없습니다. 순금은 금 원자로만 이루어져 있어요. 그러면 금 원자는 아무 색도 없는데 왜 금이 황금색을 띠느냐고 생각할 수 있는데요. 원자 여러 개를 뭉쳐 놓으면 각각의 원자핵과 전자들이 옆에 붙어있으면서 상호 작용을 합니다. 그때 원래 높은 상태의 에너지가 점점 줄어드는 현상이 일어납니다. 그렇게 여러 개의 금 원자가 뭉쳐지다 보면 가시광선대의 빛을 흡수하는 순간이 생기고 푸른색 빛을 흡수하게 되죠. 그래서 황금색을 띠게 됩니다. 표면에서 일어나는 나노 효과 같은 것을 무시하고 원자 개수를 생각해 봤을 때, 1억 개 정도의 원자가 모이면 1마이크론(100만분의 1미터) 정도 크기가 되는데 그 정도의 입자면 금색을 띤다고 합니다.

심상희 실생활에서 은 나노, 금 나노 얘기가 종종 나옵니다. 금을 잘게 잘게 쪼개다 보면 나노 입자를 만들 수 있거든요. 하지만 은 나노, 금 나노 실제 용액을 보면 거무튀튀해요. 은색, 금색이 안 나와요.

임영빈 집에 금반지나 금 목걸이를 계속 쪼개서 수십 나노미터 정도의 입자들을 만들면 그런 현상을 볼 수 있어요. 금 같은 경우 보통 붉은색 계통의 용액이 나옵니다. 표면에 있는 플라즈모닉 plasmonic이라는 나노 효과 때문에 생기는 건데요. 빨간 금을 볼 수 있습니다.

질문3 새로운 원소를 만들 수 있나요? 빅뱅이 일어나서 쿼크가 만들어졌잖아요. 만약에 인간이 그 에너지를 발견해서 사용할 수 있다면 새로운 원소를 창조하는 것이 가능한 것인지 궁금합니다.

김성근 원소는 원자핵과 그 주위에 전자들이 이루는 구조에 기반을 두고 있고 그 전자 배열이 어떻게 되어 있느냐에 따라서 결정됩니다. 우주의 진화 과정에서 어디서 만들어지냐는 에너지 총량에 따라서 결정되겠지만, 일단 만들어질 때 어떤 모습으로 만들어지냐 하는 것은 구조에 의해 결정됩니다.
  그런데 원소가 가질 수 있는 가능한 구조는 많지 않습니다. 기껏해야 100개 남짓합니다. 주기율표에 있는 것이 전부입니다. 저도 굉장히 허탈합니다. 주기율표가 너무 단순해요. 좀 더 많이 있으면 좋겠어요. 하지만 안타깝게도 원자핵 주변에 전자 배열이 그렇게밖에 될 수 없기 때문에 그 이상의 원소는 만들 수 없습니다. 그러면서도 장담할 수는 없습니다. 100년 뒤에 새로운 원소가 나올지도 아무도 모르는 일입니다.

임영빈 중요한 건 92개의 자연 원소는 안정하고 나머지는 빠르게 붕괴하고 없어지고 사라지는 불안정하다는 것입니다. 그래서 새로운 원소가 만들어진다는 건 쉽지 않습니다.

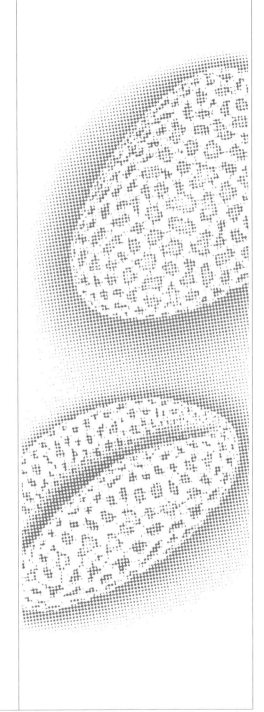

멋진 세상을 만드는 빛

이용희

이용희

물리학이 다른 학문보다 더 근본적인 원리를 다루고 있는 것 같다는 순진한 생각으로 물리학과에 입학했다. 붉은색과 녹색을 잘 구분하지 못하는 눈을 가지고 빛을 다루는 광학을 전공한 것은 지금 생각해도 신기하다. 20여 년 전에 손수 만든 수직 공진 표면광 레이저vertical cavity surface-emitting laser, VCSEL가 단거리 광통신용 광원으로 사용되는 것을 자랑스럽게 생각하며, 지금은 똑똑한 대학원생들의 도움을 받아 아주 작은 레이저를 만들고 있다. 자연이 허용하는 가장 작은 레이저를 만들려는 꿈을 향해 최선을 다하고 있다. 2013년 독일 알렉산더 폰 훔볼트 재단에서 훔볼트연구상, 2014년 IEEE에서 광학사회공학공로상, 2015년 대한민국최고과학기술인상을 받았다. 현재 카이스트 물리학과 특훈 교수로 있다.

안녕하십니까, 이용희입니다. 오늘 이 시간에는 빛을 가지고 무엇을 할 수 있나 알아보겠습니다. 빛은 일상생활과 밀접한 관계를 맺고 있습니다. 옛날에는 태양빛, 별빛, 불빛 정도밖에 없었죠? 이것들은 원래부터 있던 빛입니다. 시간이 지나면서 사람들은 빛을 만드는 법을 알아 가기 시작합니다. 이제부터 사람들이 만들어 쓰는 빛, 그중에서도 가장 드라마틱한 레이저에 대해서 여러분과 이야기를 나누어 보겠습니다.

만들어진 빛

최근 《과학동아》에 〈세상을 바꾼 50가지 위대한 빛 기술〉이라는 특집 기사가 실렸습니다. 그 기사를 보면 영상의학, 광학 핀셋, 인터넷, GPS, 마이크로웨이브 이런 것들을 다 빛이라고 설명했습니다. 여러분이 생각하는 빛과 과학도가 생각하는 빛이 좀 다르죠? 사실 이것들은 모두 전자기파입니다. 물리학적으로는 전자기의 파동을 모두 빛이라고 얘기하기도 합니다.

그렇다면 빛이 전자기파라는 것은 어떻게 알았을까요? 19세기에 제임스 클러크 맥스웰이라는 천재가 있었습니다. 지금도 광학 연구자들을 괴롭히는 맥스웰 방정식을 만든 사람이죠. 맥스웰은 빛이 진공을 통과하는 전자기의 파동이라고 해석하면서, 그때까지 풀리지 않았던 난제들을 한꺼번에 다 해결해 버렸습니다. 맥스웰 방정식은 엄청난 방정식입니다. 엄청나게 빠른 빛의 속도(3×10^8m/sec)를 예측했을 뿐 아니라, 이후에 나온 상대성 이론과 다 맞아떨어집니다. 전자기파가 진공을 통과하는 방식을 완벽하게 이해할 수 있도록 만들었어요.

그렇다면 이러한 빛은 도대체 어디서 어떻게 만들어질까요? 아무것도 없는 진공에서 그냥 튀어나올 수는 없고 뭔가 있어야겠죠. 빛은 물질에서 나옵니다. 여기서 물질이란 원자 또는 분자를 말하는데, 그럼 가만히 있는 원자에서 빛이 나올 수 있을까요? 사람도 원자나 분자로 되어 있는데 빛이 나지는 않잖아요. 빛을 만들기 위해서는 우선 원자, 분자에 에너지를 집어넣어 주어야 합니다. 그러면 물질에 저장된 에너지가 빛의 형태로 바뀌어서 바깥으로 튀어나오게 됩니다.

그럼 원자나 분자에 에너지를 어떻게 줄까요? 두 가지 방법이 있습니다. 첫째, 열에너지로 원자, 분자를 뜨겁게 만들어 빛이 나오게 할 수 있습니다. 태양이 그렇습니다. 둘째, 원자, 분자에 에너지가 큰 빛을 흡수시킨 후 좀 더 작은 에너지를 가진 빛이 발생되게 할 수도 있습니다.

레이저LASER는 보통의 빛과 어떻게 다를까요? 몇 가지 특성이 있습니다. 단색성, 직진성, 간섭성입니다. 다시 말해 한 가지 색깔만 가진 순수한 빛이고, 진행이 규칙적입니다. 군인들이 오와 열을 맞추어 일사불란하게 행진하는 모습을 떠올려 보세요. 레이저가 바로 그런 모습입니다. 레이저는 맥스웰 방정식에서 말하는 이상적인 전자기 파동을 강력하게 만드는 장치입니다. 그림 9-1은 레이저 빛이 거의 평면파가 되어 직진을 하고, 백열등 빛은 사방으로 퍼지는 모습을 보여주고 있습니다.[9-1]

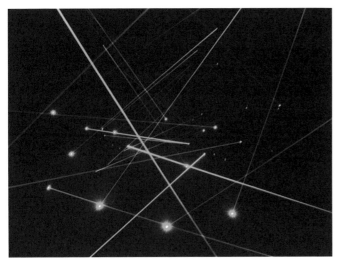

9-1
레이저(왼쪽)와 백열등(오른쪽)의 빛.

레이저 개발의 역사

세계 최초의 레이저는 1960년 시어도어 해럴드 메이먼Theodore Harold Maiman의 루비 레이저Ruby Laser의 모습으로 탄생하였습니다. 루비, 꼬불꼬불한 플래시 램프, 두 개의 거울을 사용하여 만들었습니다. 그림만 보면 별것 아닌 것 같지만 그 당시 아무것도 모르는 무의 상태에서 유를 창조했다는 건 참 대단한 일로 인정해 주어야 합니다.

레이저의 역사를 살펴보면, 1954년에 레이저와 비슷하고 사촌지간이라 할 만한 메이저MASER가 나오고, 그다음 1958년에 레이저, 1960년에 루비 레이저, 1963년에 반도체 레이저semiconductor laser가 나옵니다. 1917년에 알베르트 아인슈타인의 유도 방출Stimulated Emission 이론이 정립된 지 40여 년이 지난 뒤에야 레이저가 실물로 등장한 것이죠.

레이저 관련 연구는 많은 노벨상 수상자를 배출한 것으로도 유명합니다. 찰스 하드 타운스Charles Hard Townes, 니콜라이 겐나디예비치 바소프Nikolai Gennadiyevich Basov, 알렉산드르 미하일로비치 프로호로프Aleksandr

Mikhailovich Prokhorov는 레이저 이론으로 노벨상을 받습니다. 데니스 가보르Dennis Gabor는 홀로그래피, 니콜라스 블룸베르헌Nicolaás Bloembergen과 아서 레너드 숄로Arthur Leonard Schawlow는 레이저를 이용한 광학적 비선형 현상으로, 그리고 스티븐 추Steven Chu는 레이저로 원자의 온도를 절대 영도 근처로 가져갈 수 있다는 것으로, 조레스 이바노비치 알페로프Zhores Ivanovich Alferov와 헤르베르트 크뢰머Herbert Kroemer는 반도체 레이저, 찰스 쿠엔 가오Charles Kuen Kao, 高錕는 광섬유optical fiber로 노벨상을 받았습니다.^{Q1}

한국에서는 어땠을까요? 1967년에 한국 최초로 헬륨-네온 레이저를 만들었습니다. 그 당시에는 헬륨 가스도 거의 없었어요. 레이저 거울을 제대로 부착시킬 고성능 접착제도 구하기 어려웠고요. 어쨌든 우여곡절 끝에 레이저를 만들어 냈습니다. 그 주역이 이상수, 이종철, 박대윤 선배님들입니다. 그리고 1972년에는 CO_2 레이저도 만들어서 발표합니다. 그 당시에 사람들이 벌 떼처럼 몰려들어 구경하러 오고 그랬답니다.

그럼 1950년대 후반 레이저 연구가 치열한 경쟁 속에 진행되던 레이저 발생 과정을 한번 되돌아보겠습니다. 레이저LASER, Light Amplification

---

Q1 :: 레이저로 어떻게 물질을 차갑게 하나요?

물리적으로 볼 때 온도가 높다는 것은 원자나 분자가 사방으로 막 움직이면서 진동한다는 의미입니다. 반대로 원자나 분자를 못 움직이게 하면 점점 차가워지는데, 얼마만큼 못 움직이게 하느냐는 일반적으로 절대 0도에 얼마나 가까워지게 하느냐로 가늠합니다. 그런데 측정하는 위치에서 빛의 방향에 따라 파장이 조금 달라요. 도플러 효과라고 하는데, 차가 빠른 속도로 지나갈 때 나에게 올 때와 지나서 떠나갈 때 '부웅' 소리가 다르잖아요. 그런 식으로 파장이 좀 다릅니다. 레이저 빛은 이쪽에서 오는 분자들은 저쪽으로 가게 하고 저쪽에서 오는 분자들은 속도를 줄여 줍니다. 선택적으로 조절할 수 있어요. 레이저를 사방에서 쏘아 주면 가스 같은 것들이 처음에는 신나게 움직이다가 점점 정지 상태까지 갈 수 있어요. 그런 과정을 쿨링이라고 합니다. 원자나 분자의 움직임이 줄어들면 차갑다라는 물리적인 개념과 같은 겁니다. 스티븐 추 박사가 기체 상태의 원자를 냉각시키는 것으로 노벨상을 받았습니다.

by Stimulated Emission of Radiation의 동작 원리는 그 당시 많이 연구되고 있던 메이저MASER, Microwave Amplification by Stimulated Emission of Radiation와 기본 원리가 동일합니다. '메이저'의 첫 글자 'M'이 'L'로 바뀌면 레이저가 됩니다. 1954년에 컬럼비아 대학교 타운스 교수가 파장 1.25센티미터짜리 메이저를 만들어서 발표합니다. 그런데 메이저는 파장이 수 센티미터라서 이걸 만들 때 공진기共振器라는 것이 필요한데, 그 장치의 크기가 수 센티미터 정도 됩니다. 초기엔 빛의 파장인 마이크로미터(100만분의 일 미터) 수준의 작은 공진기를 만들 수 있다면 레이저를 만들 수 있겠구나 하는 기대로 연구를 시작하였습니다. 1958년 숄로와 아서, 타운스, 찰스 교수는 관련 이론을 정리한 〈적외선과 광학 메이저Infrared and Optical Masers〉라는 논문을 《피지컬 리뷰Physical Review》에 발표합니다. 이때는 레이저라는 말을 안 쓰고 '광학 메이저'라는 말을 썼죠. 이 논문에서는 크기가 수십 센티미터 정도되는 큰 공진기가 레이저 공진기로 가능하다는 내용을 담고 있으며, 이 논문을 바이블 삼아 레이저 연구가 폭발적으로 늘어납니다.

당시에 군 관계자들은 강력한 광선 무기로서의 레이저의 가능성 때문에 기대를 많이 했지만, 과학자들은 레이저분광학laser spectroscopy을 염두에 두고 있었죠. 레이저에서 발생되는 강한 단색광을 이용하면 원자와 분자의 내부를 자세히 연구할 수 있다는 기대를 하였던 것이지요. 타운스 교수는 매제인 숄로, 또 그의 대학원생들과 같이 연구하면서 레이저 개발에 이르는 중요한 초석을 다져 놓았으며 이 공로로 노벨 물리학상을 받게 됩니다.

최초의 루비 레이저가 탄생되기 바로 직전인 1959년 앤아버에서 개최된 양자전자공학 컨퍼런스에서도 레이저가 매우 뜨거운 주제였어요. 거기 참석한 시어도어 메이먼, 피터 피티리모비치 소로킨Peter

Pitirimovich Sorokin, 고든 굴드Gordon Gould 등 쟁쟁한 과학자들이 모두 모여서 레이저 개발 경쟁자로서 화끈한 토론의 장을 열었다고 합니다. 이 직후 1960년 6월에 휴스연구소Hughes Research Laboratories의 메이먼이 〈루비에서의 광학적 메이저의 작동Optical Maser Action in Ruby〉이라는 제목으로 논문을 씁니다. 그런데《피지컬 리뷰 레터Physical Review Letters》에 기고했는데 거절당했습니다. 그리고 같은 해 10월 벨전화연구소Bell Telephone Laboratories에서 메이먼과 루비 레이저를 만들어서 발진에 성공했고,《피지컬 리뷰 레터》에 이 연구 결과가 실리게 됩니다. 당시 학계는 혼란에 빠집니다. 그 후 레이저 최초 개발자로서의 메이먼의 공적이 공식적으로 인정받는 데에 많은 시간이 걸렸다는 점은 안타까운 사실입니다. 최초의 레이저가 가능하다는 것이 실험적으로 증명된 직후, 같은 해 12월에 알리 제이번Ali Javan, 도널드 헤리엇Donald R. Herriott 등이 헬륨-네온 레이저 발진 성공을 보고하는 등 짧은 시간 안에 수많은 종류의 레이저가 연이어 발표되면서 본격적인 레이저 개발 경쟁 시대가 열렸습니다.

레이저의 이론적 토대

이렇게 레이저는 탄생하기 전부터 큰 기대를 받았고 개발에 치열한 경쟁이 있었습니다. 여기서 짚고 넘어가야 할 것이, 1917년 아인슈타인의 '유도 방출' 이론 덕분에 레이저가 가능하게 되었다는 사실이죠. 아인슈타인은 레이저의 발명에도 큰 공헌을 했습니다.

빛은 물질에서 나온다고 했어요.[9-2] 원자에 에너지가 불안정하게 저장되어 있으면 언젠가는 이 에너지가 빛의 형태로 저절로 빠져나가면서 안정된 상태로 돌아가게 됩니다. 이런 현상을 '자연 방출Spontaneous

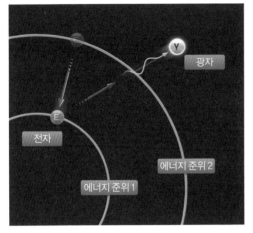

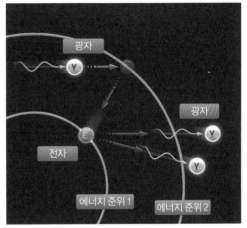

자연 방출   유도 방출

9-2

원자에서 빛을 만드는 두 가
지 방법

Emission'이라고 합니다. 자연 방출로 나오는 빛은 방출 방향이 무작위

적입니다. 여기에 과학자들이 알지 못했던 또 다른 빛의 방출 기작(유

도 방출)이 아인슈타인에 의하여 새롭게 밝혀집니다. 원자에 강한 빛

을 쬐어 주면 그 빛과 똑같은 빛이 증폭되어서 나오는 현상입니다. 지

금은 당연하다고 받아들여지는 개념인데 아인슈타인 이전에는 이 개

념을 모르고 있었습니다. 높은 에너지 준위($E2$)에 있는 원자에 두 에

너지 준위 차이에 해당되는 에너지($E2-E1$)를 가진 빛을 쬐이면 입사

된 빛과 동일한 빛이 복사되어서 더 강해진 빛이 방출된다는 것입니

다.[9-3] 위 중간 그림 두 줄로 표현된 것은 빛이 더 세졌다는 의미입니

다. 이와 반대로 낮은 에너지 준위($E1$)에 존재하는 원자는 쬐어 준 빛

을 흡수하기 때문에 입사시킨 빛의 세기가 약해집니다. 위 오른쪽 원

자의 에너지 저장 상태에 따라서 빛을 증폭시키거나 감쇄시킨다는 것

입니다. 그러니 센 빛을 만들려면 에너지 준위가 높은 상태의 원자의

수가 더 많아야겠죠? 그래야 나오는 빛들이 모이고 계속 더해져 빛이

증폭될 수 있으니까요. 에너지 준위가 높은 원자가 많아지도록 만들

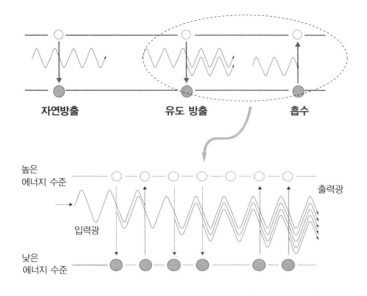

어 주는 것을 물리학적으로 '밀도 반전population inversion'이라고 하는데, 이런 상태는 가만히 둔다고 일어나는 게 아니겠죠. 그림 9-4를 보면서 설명할게요. 구슬 같은 것들을 원자라 하고, 아래쪽을 낮은 에너지 준위의 상태, 위쪽을 높은 에너지 준위의 상태라고 하죠. 열역학적 평형 상태에서는 거의 모든 원자가 낮은 에너지 준위에 안정적으로 있기 때문에 빛이 나오지 않습니다. 따라서 밀도반전을 위해서는 에너지를 공급해서 집어넣어서 원자들을 강제로 높은 에너지 준위 상태로 만들어 주어야 합니다. 이렇게 비정상적으로 에너지가 충전된 상태를 '여기 상태excited state'라고 표현합니다. 밀도 반전은 레이저의 필요조건 중의 하나였지만 충분조건은 아니었기에 실제 레이저의 발명까지는 수십 년의 세월이 걸렸습니다.

레이저라는 말을 제대로 다시 알아봅시다. 레이저는 영어로 'Light Amplification by Stimulated Emission of Radiation'에서 머리글자를 따왔어요. 즉 '유도 방출을 이용한 광증폭기'인데, 한마디로 광증폭

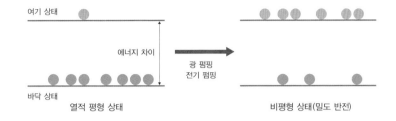

여기 상태

에너지 차이

광 펌핑
전기 펌핑

바닥 상태

열적 평형 상태

비평형 상태(밀도 반전)

기 light amplifier입니다. 맥스웰 방정식에서 얘기했던 단색 평면파를 세게 만드는 광증폭기라는 말입니다. 그러면 지금까지 이론과 공식으로만 가능했던 물리학적 상황이 모두 현실화될 수 있는 가능성이 열리는 것입니다. 이것이 물리학의 무서움입니다. 이론으로만 존재하는 것들이 만들어지면 지금까지 상상도 못 하던 일이 벌어집니다.

레이저의 구조와 작동 원리

그럼, 처음 만들어진 레이저의 내부가 어떻게 생겼는지 살펴보겠습니다.9-5 바깥에 밀도 반전을 위한 나선형 플래시 램프, 반사율 100퍼센트, 95퍼센트 거울이 각각 한 개씩 있고, 가운데 루비 결정이 있고, 레이저 빔이 바깥으로 나오고 있습니다. 거울 두 개를 빛이 나가는 방향에 수직으로 평행하게 놓고, 가운데에 레이저 매질(루비)을 넣은 다음 플래시 램프로 펌핑하는 구조입니다. 처음에는 루비에서 발생된 빛이 사방으로 빛이 퍼져 나오겠죠? 그런데 거울에 수직으로 진행하는 빛은 반사되어서 제자리로 돌아온 후 다시 뒤에 있는 거울에서 다시 반사됩니다. 그러면 계속 뱅뱅 돌며 갇혀 있겠죠. 그러는 사이에 이 갇힌 빛이 여기 상태로 준비된 원자를 만나서 유도 방출을 합니다. 즉 레이저 거울 사이에 갇힌 강한 빛들이 밀도 반전된 원자들에게 '너, 나 따라와.' 하면 똑같은 빛들이 여기된 원자들로부터 유도 방출

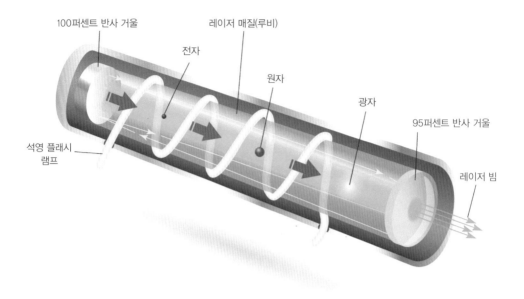

100퍼센트 반사 거울　　레이저 매질(루비)

전자

원자

광자

95퍼센트 반사 거울

석영 플래시
램프

레이저 빔

9-5
루비 레이저의 구조

되면서 기하급수적으로 증폭됩니다. 다시 말하자면 처음에 루비에서 나온 빛 중에서 일부를 이 거울 사이의 공간에 가둬 놓습니다. 물론 굉장히 조금입니다. 그걸 절묘하게 이용해서 증폭시킨 것이 레이저의 원리입니다. 공진기와 펌핑, 이 두 가지의 역할이 가장 큰데, 광 이득(펌핑과 유도 방출에 의해 얻어지는 양)과 광 손실(거울로 빠져나가는 양)이 같아지는 지점에서 레이저가 발진된다고 이해하면 됩니다.

　레이저에서 나오는 빛의 단면은 여러 가지 아름다운 모양을 띱니다.[9-6] 이것은 레이저의 공진기가 빛의 파장보다 훨씬 크기 때문에 그 공간 안에서 다양하게 공진할 수 있다는 것을 보여 줍니다. 일반적으로 가장 간단한 모습을 가진 00 모드의 빛을 쓰면 가장 작은 점에 빛을 강하게 모을 수 있습니다.

　레이저 매질로 사용하는 물질은 여러 가지입니다. 고체로는 Nd-YAG, Yb-YAG, 티타늄사파이어, 루비 등이 있고, 반도체, 액체, 가스, 자유전자 등등 여러 가지로 레이저를 만들 수 있습니다. 각 매질

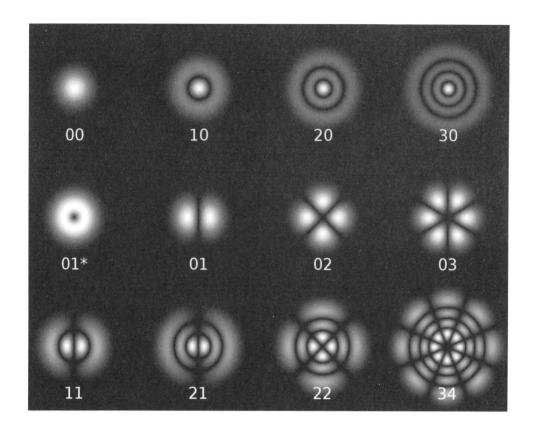

9-6
레이저 빛의 여러 가지 단면

에서 발생되는 빛의 파장, 에너지, 선폭線幅이 다르므로 다양한 레이저를 만들 수 있습니다. 여러 개의 레이저 빔을 3차원적으로 한 점에 모아 빛 에너지와 압력을 극도로 높여 목표물의 열역학적 상태를 핵융합 임계점까지 올리는 것도 가능합니다. 이를 위해서는 아주 짧은 시간 동안만 발진하는 강력한 레이저 펄스Pulse를 만들어야 해요. 레이저를 펄스로 만들면 첨두 출력Peak Power을 엄청나게 크게 만들 수 있어요. 이렇게 하면 아주 짧은 시간 동안 핵융합이 이루어질 수도 있습니다.

그럼 시간을 얼마나 짧게 만들 수 있을까요? 아마 펨토초femtosecond, 그러니까 1000조분의 1초 정도면 거의 찰나라고 할 수 있을 텐데, 만약에 1줄joule이라는 에너지를 펨토초 사이에 모을 수 있으면 단위 시

간에 나오는 에너지로 환산하면 엄청나게 큰 값이 됩니다. 예컨대 번
개는 순간적으로 10^{12}(1조)와트인데, 레이저는 10^{15}(1000조)와트까지
순간 최고 출력을 높일 수 있습니다. 전 세계에 떨어지는 빛의 광량을
순간적으로 한 점에 모은 정도의 첨두 출력을 작은 크기의 레이저로
만들어 낼 수 있습니다. 엄청난 얘기죠. 과학적으로 가능하고 실제로
사용되고 있습니다.

강력한 펄스 레이저 또는 연속 발진 레이저로부터 얻는 '센 빛'은
산업용으로 널리 쓰이고 있습니다. 요즘은 금속판이나 반도체 기판을
가공할 때 고출력 광섬유 레이저를 씁니다.[9-7] 크기가 수 미터 정도의
큰 철판의 절단부터 수 마이크로미터(100만분의 1미터)짜리 미세한 선
들도 섬세하게 가공할 수 있습니다. 레이저로 깎아 내면 어떤 표면에
도 글씨를 새길 수 있습니다. 반도체 칩 위에도 쓰고 있죠. 레이저는
의료용으로도 많이 사용합니다. 안과, 피부과, 성형외과 수술 등에 쓰
이면서 여러분과도 자주 만나고 있죠.

레이저의 활용

이제 '똑똑한 빛'에 대해 이야기해 봅시다. 인터넷, 스마트폰 등 초고속 통신 기반의 미래 정보 사회는 반도체 레이저와 광섬유 덕분에 가능했다고 볼 수 있습니다.

반도체 레이저는 무척 작습니다. 크기가 보통 0.1밀리미터 정도이며, 그것보다 더 작은 레이저도 만들 수 있습니다. 반도체 레이저는 정보 통신 혁명을 이끌었습니다. 이 때문에 엄청나게 많은 것이 바뀌었죠. 매년 수억, 수십억 개의 레이저 다이오드가 생산되는데, 광통신용 레이저, CD/DVD, 레이저 프린터, 레이저 포인터, 3차원 이미징 시스템 등 여러 제품에 두루 쓰입니다. 레이저 구조도 아주 간단합니다.[9-8] 광반도체 결정의 양쪽 절단면을 레이저 거울로 그냥 사용하며, 전류를 흘려주면 레이저가 됩니다. 광반도체의 절단면의 반사율은 30퍼센트 정도 밖에 되지 않지만 이 정도로도 레이저가 잘 나옵니다. 대량으로 만들기가 아주 쉽죠.

많은 양의 정보를 발생시킬 수 있는 반도체 레이저를 통신에 적용하려면, 레이저광으로 원하는 곳까지 보내는 고속도로인 광섬유가 필요합니다. 1960년대 광섬유 연구를 처음 시작할 때에는 유리가 그렇게 깨끗하지 않았습니다. 즉 1킬로미터를 진행하면 빛의 세기가

9-8
반도체 레이저의 구조

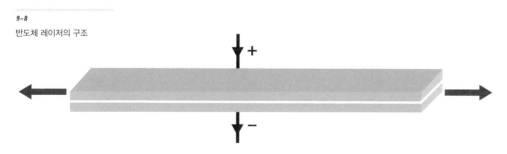

1/100로 줄어드는 정도여서(20dB/km) 장거리 통신에 사용되기는 부적합했습니다. 이때 찰스 쿠엔 가오가 투명도의 한계가 0.2dB/km(빛이 100킬로미터 갈 때 세기가 1/100로 줄어드는 정도) 정도라는 것을 증명해 광섬유 연구에 현실적인 의미를 부여하면서 본격적인 광섬유 개발 경쟁이 시작됩니다.[7] 사실 더 뉴욕 맨홀 아래에 더 이상 구리로 만든 전화선을 집어넣을 공간이 없었다는 점도 절박했습니다. 가오의 노벨상 수상 수락 연설문 제목이 〈Sand from Centuries Past: Send Future Voices Fast〉였습니다. 과거에서 온 모래가 미래의 음성을 빨리 보내준다는 뜻이죠. 현재는 하나의 반도체 레이저와 광섬유 한 가닥을 사용하면 1초에 약 40기가비트(Gb, 0 또는 1의 디지털 신호 400억 개)의 정보를 전송할 수 있습니다. 즉 광섬유 하나로 전화 300만 통, 텔레비전은 10만 채널을 동시에 보낼 수 있어요. 휴대 전화는 주파수가 1기가헤르츠GHz밖에 안 됩니다. 빛의 주파수는 그보다 100만 배 더 커요. 그렇게 때문에 빛으로 엄청나게 많은 정보를 보낼 수 있습니다. 반도체 레이저에 광섬유가 더해지면서 초고속 광통신 정보 시스템이 완성되었다고 볼 수 있죠.

반도체 레이저로 고속 정보 처리도 가능합니다. CD나 DVD를 햇빛에 비춰 보면 무지개 빛깔이 나면서 반짝반짝하죠? 현미경으로 아주 자세히 보면 미세한 점들이 수없이 많이 새겨져 있습니다.[9-9] 마이크로미터 정도의 크기를 가지는 점들입니다. 이런 점들을 짧고 길게 해서 디지털 신호를 표시하죠. 파장이 짧은 레이저를 쓰면 점을 더 작게 만들 수 있어서 더 많은 정보를 집어넣을 수 있습니다.

> **광섬유**

광섬유는 투명도가 높은 석영 유리로 만든 가느다란 선이다. 굵기는 100분의 1밀리미터 정도밖에 안 된다. '광(光)'이라는 말이 들어간 것은, 유리로 만든 통신선 속으로 빛의 신호(정보)가 흐르기 때문이다. 이때 정보를 담아 운반하는 빛은 레이저 광선이다. 유리 섬유 속으로 빛(레이저광)을 보내면, 유리 섬유가 구불구불 휘어 있더라도 유리 내부의 벽면에서 계속 반사되면서 앞으로 나아간다. 그러므로 광섬유를 이용하면 빛을 지구 반대편까지도 보낼 수 있다. 광섬유는 빛의 진로를 마음대로 유도할 수 있기 때문에 장식용 램프나 내시경, 광통신 등에 널리 이용되고 있다.

점점 더 작아지는 레이저

초고속 광통신 시대가 도래하면서 본격적인 광자의 시대가 열렸습니다. 빛을 어떻게 더 효율적으로 만들어 내느냐, 빛을 어떻게 빨리 전달하느냐 하는 문제가 중요해졌습니다. 학계에서는 반도체 레이저를 보다 더 작게 만들어서 열손실을 최소화하려는 연구가 현재 진행되고 있습니다.

1989년에 나타난 제2세대 반도체 레이저인 수직공진 표면광 레이저Vertical Cavity Surface Emitting Laser는 크기가 수 마이크로미터 정도로 기존의 반도체 레이저보다 10~100 정도 더 작습니다. 사람 머리카락 단면

9-10
IBM의 블루진(Blue Gene P)
슈퍼컴퓨터

에 수백 개의 레이저를 집속시킬 수 있는 정도였습니다. 수직공진 표면광 레이저는 레이저 마우스나 단거리 데이터 통신에 현재 많이 쓰입니다.

슈퍼컴퓨터나 초고속 전화 교환기 뒤쪽을 보면 선들이 무척 많은데, 이 선들은 전부 다 광섬유입니다. 그 양 끝에는 반도체 레이저, 광감지기light detector가 달려 있습니다.[9-10] 일본 도쿄 공과대학에 있는 츠바메TSUBAME라는 슈퍼컴퓨터의 뒷면에 설치된 광섬유 길이가 100킬로미터가 넘는다는 것은 레이저를 이용한 데이터 통신의 중요성을 잘 말해 주고 있습니다. 이 슈퍼컴퓨터는 1~2메가와트MW의 전력을 사용해요. 메가와트라니 실감이 안 나죠? 어느 정도인가 하면 도쿄공과대학 전체에서 쓰는 전력량의 10~20퍼센트 정도 됩니다. 어마어마한 전력량을 이 슈퍼컴퓨터 한 대가 쓰는 겁니다.

최근 몇 년 동안 유튜브 등 인터넷과 슈퍼컴퓨터 등 데이터 처리 및 통신에 사용되는 데이터 트래픽traffic의 총량은 매년 40퍼센트 정도의 증가율로 기하급수적으로 늘어나고 있는 추세입니다. 현재 미국에서 이러한 데이터 통신 및 컴퓨터 정보 처리 등에 소모되는 전력이 전체 발전량의 1.5퍼센트 정도 된다고 합니다. 데이터 양이 매년 50퍼센트씩 증가한다면 10년 후에는 산술적으로 100배가 됩니다. 뭔가 대책을 세우지 않으면 큰 문제가 생길 수 있음을 바로 알 수 있습니다.

그래서 저는 전력 소모가 아주 작은 나노 레이저를 연구하고 있는데, 지금 와서 보니 1950년대에 메이저 연구에 사용되었던 공진기의 모습과 비슷하다는 것을 깨달았습니다. 메이저를 다시 공부해야 할 것 같습니다.

미래의 레이저

이제 미래에는 레이저로 어떤 새로운 것들을 할 수 있을 것인가 이야기하고자 합니다. 우선 레이저 광선으로 모기도 잡습니다. 집에 한 대 설치해 놓으면 모기를 조준해서 떨어뜨리는 겁니다. 말라리아 퇴치를 위해 인텔렉추얼벤처스Intellectual Ventures라는 회사에서 개발하고 있습니다.

굉장히 짧은 레이저 펄스를 만들 수 있다고 했죠. 그러면 짧은 시간에 원자나 분자 같은 것에 레이저를 비춰 주면서 원자나 분자에서 아주 짧은 시간에 일어나는 현상도 관찰할 수 있습니다.

레이저 집게Laser Tweezer도 있습니다. 레이저를 목표 지점에 쏘아 주면 물질이 레이저가 집속된 작은 공간 안으로 딸려 들어갑니다. 집게처럼 꽉 집을 수 있어요. 그래서 DNA, RNA, 단백질 같은 것을 잡아당겨 움직일 수 있어요. 생물학, 뇌 과학 분야에서 많이 쓰이지요.

2014년 노벨 화학상과 관련된 내용인데, 형광 물질과 레이저를 써서 지금까지 보지 못했던 생물의 내부 상황을 자세히 볼 수 있게 됐습니다. 빛을 내는 단백질을 이용하는 현미경 기술은 있었는데 해상도가 좋지 않았거든요. 레이저가 굉장히 작은 점에 집속이 가능하다는 점을 이용해서 현미경의 해상도를 열 배 높였습니다. 결합한 거예요. 현미경에 대해서는 8강에서 김성근 선생님께서 자세히 말씀하셨더라고요.

광자는 양자의 성질도 지니기 때문에 레이저를 더욱 작게 해서 광자를 하나하나 제어할 수 있는 수준까지 가면 비밀 정보 통신에 이용할 수 있습니다. 양자광학적으로 양자 상태를 복사하는 게 불가능하다는 성질을 이용한 건데, 절대 도청이 불가능한 비밀 통신을 할 수 있다는 얘기죠.

레이저의 가능성은 무궁무진합니다. 레이저는 빛의 속도로 움직이기 때문에 아주 정확한 표준자로 쓸 수도 있습니다. 반도체 기판 분리, 모기 사냥, 포인터, 3D 프린터, 무인 자동차, 디스플레이, 대기 측정 라이더Lidar, 집게, 레이저 냉각Laser Cooling에 이용될 수 있고, 심지어 입자를 가속화하는 데도 쓸 수 있습니다. 의료 분야에서는 레이저 수술도 가능한데, 머릿속에 빛을 비춰 치료할 수도 있습니다. 앞으로 상상할 수 있는 게 무궁무진합니다.

유도 방출 이후 40년이 지난 후 첫 번째 레이저가 나왔습니다. 그리고 다시 50년이 지났어요. 지금까지 나온 레이저와 레이저를 응용한 여러 가지 기술을 보면 정말 상상을 초월합니다. 처음 레이저가 나왔을 때 물리학자들은 이제 우리가 할 일은 끝났다는 분위기였는데, 레이저를 짧게 만들고, 다른 파장으로 만들고, 이것저것 만들면서 엄청난 일들이 가능해졌습니다. 레이저의 발견이 얼마나 대단한지 사람들이 깨닫지 못한 거예요. 레이저의 가능성은 앞으로도 계속될 겁니다. 앞으로도 새로운 레이저의 세계는 여러분의 상상력만큼 계속 발전해 나갈 것이라고 믿습니다.

science talk

1 어떤 빛이 가장 센가

레이저 대 LED

사회

엄지혜
아나운서

토론

이용희
카이스트 물리학과 교수

심종인
한양대학교 에리카캠퍼스
전자통신공학과 교수

이상민
아주대학교 물리학과/에너지시
스템학과 교수

엄지혜 첫 번째 주제는 '어떤 빛이 가장 센가?'입니다. 강연에서 '센 빛'에 대한 이야기가 나왔습니다. LED를 연구하시는 심종인 교수님과 열띤 토의가 이루어질 것 같습니다.

이상민 제가 먼저 센 빛을 이야기하겠습니다. 레이저와 LED를 실질적으로 비교하기는 쉽지 않습니다. 왜냐하면 '세기'라는 것은 응용하기에 따라 다르기 때문이에요. 하지만 빛의 증폭을 기준으로 생각하면 레이저가 LED보다 좀 더 세지 않을까요? 그리고 펄스로 만들면 펄스폭이 짧아질수록 천둥 번개 이상의 순간 출력을 낼 수 있습니다. 그래서 세다고 할 수 있겠죠.

심종인 저도 레이저 연구를 20년가량 했고, LED는 한 10년 했습니다. 레이저도 센 면이 있지만 LED도 굉장히 센 빛입니다. 외유내강이라고 할까요? 지금도 강연장에 LED 빛이 굉장히 많잖아요. 꼭 빛의 세기가 커야 센 것이냐. 그런 기준이 아니라 인류 사회에 많이, 더 크게 영향을 끼친 측면에서 무척 센 빛이 아닐까요?

이용희 저도 한마디 하겠습니다. 이게 힘만 세다고 능사가 아니에요. 빛은 똑똑한 빛이 제일입니다. 우리가 인터넷을 이용해 정보를 찾는 것은 똑똑한 레이저가 있어서 가능합니다. 그러니까 힘만 세다고 다 좋은 게 아니에요.

엄지혜 레이저가 힘이 세다고 했더니, 영향력이 높다고 응수하셨고, 마지막으로는 똑똑한 게 세다고 말씀해 주셨습니다. 또 이런 게 궁금해져요. 영화 〈스타워즈〉를 보면 레이저 광선검이 나오잖아요? 진짜 그렇게 센 레이저 검까지 만들 수 있을까요?

이상민 결론부터 말씀드리면 광선검이 레이저는 아닙니다. 플라스마 상태에서 강한 전기장을 가두면 빛이 검처럼 나오긴 하죠. 영화에서는 그걸로 싸우는데, 레이저를 쏘면 특정한 조건이 되지 않는 한, 측면에서는 보이지 않습니다. 그래서 칼싸움하듯이 레이저 광선검을 무기로 사용하는 것은 어렵습니다. 아직까지는 공상 같은 얘기지만 언젠가는 가능할 수 있겠죠.

엄지혜 빛을 무기로 만들기는 어려운 건가요?

이상민 예전부터 국내뿐 아니라 외국에서도 레이저로 무기를 많이 만들었습니다. 무기는 파괴 능력을 가진 직접 무기 외에 간접 무기도 있어요. 레이더와 라이더가 주변을 수색할 때, 탱크가 수십 킬로미터를 조준할 때 레이저가 사용되기도 합니다. 앞으로는 드론이 이슈가 될 것 같습니다. 한국 기업에서도 광섬유 레이저 개발을 시작한 걸로 알고 있습니다.

엄지혜 공연장이나 클럽에 가면 레이저를 쓰던데요, 그 레이저가 눈에 닿으면 안 좋다는 얘기를 들었습니다. 실생활에 쓰이는 레이저가 인체에 해로운 건가요?

이상민 네, 그렇습니다. 레이저는 위험 정도를 네 등급으로 나누는데, 4등급이 제일 위험합니다. 레이저 포인터는 위험 등급이 1이기 때문에 계속 보지 않으면 괜찮은데, 클럽이나 레이저쇼 할 때 레이저는 2등급 이상입니다. 그래서 직접 보거나 직접 눈에 비추면 절대 안 됩니다. 망막이 손상돼 실명할 수도 있으니까요.

2 당신이 몰랐던 LED

노벨상 받을 만했나

엄지혜　다음은 심종인 교수님께서 주신 주제입니다. '2014년 노벨상을 받은 LED, 노벨상 받을 만했나?' 약간 도발적인 질문인 것 같습니다. 그다지 엄청나고 대단한 기술일 것 같지는 않은데 노벨상을 받은 이유는 어디 있을까요?

심종인　2014년 노벨 물리학상은 일본의 세 교수인 아카사키 이사무赤崎勇, 아마노 히로시天野浩, 나카무라 슈지中村修二에게 돌아갔습니다.

　LED는 어떤 물질이 됐든 에너지를 주기만 하면 빛이 나옵니다. 그런데 우리가 원하는 빛은 태양빛에 가까운 빛입니다. 그러려면 RGBred-green-blue(빨강–초록–파랑) 세 가지 빛이 필요합니다. 그중에 빨간색과 녹색은 대부분 자연에 있는 물질로 양질의 빛을 얻을 수 있었습니다. 그런데 파란색 빛은 어떠한 물질을 써도 좋은 빛을 얻을 수 없었어요. 마침내 일본의 세 교수가 파란색 빛을 처음 인공적으로 얻었고, 이것을 산업화하는 데 성공해 실내에서 사용할 수 있는, 인류가 발명한 최고 성능의 전등을 만든 겁니다. 그래서 LED를 실용화한 공로로 노벨상을 받았습니다.

이용희　원래 노벨상의 취지는 과학을 통해 인류 복지에 얼마나 기여하느냐 하는 것이었어요. 물리학상의 경우 새로운 발견이 워낙 많았기 때문에 대체로 새로운 발견을 한 분들이 받았습니다. 하지만 LED는 일상생활과 인류 복지에 크게 기여했습니다. 파란색 LED를 마지막 조각으로 인공 태양빛이라는 모자이크가 완성된 거예요. 그래서 전체 조명 시장이 바뀌었고 인류의 생활 패턴이 바뀌었습니다.

이상민　얼마 전에 아마노 히로시 교수님의 강연을 들었습니다. 감명 깊었던 것은 논문을 발표한 잡지가 《사이언스》, 《네이처 Nature》 같은 유명 학술지가 아니라, 일본 국내 잡지였답니다. 그런데도 결과를 충분히 인정받아 노벨상까지 받았죠. 국내 학술지 발표를 활성화하는 것도 우리의 과제가 아닐까 싶더군요.

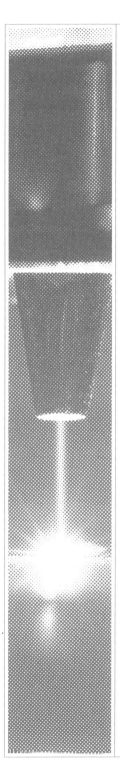

3 빛의 발전사

빛의 현재 기술과 미래 기술

엄지혜 빛을 모으고 활용하는 다양한 기술을 인간이 개발해 나가고 있습니다. 현재 빛 관련 기술이 어디까지 왔고, 앞으로 어디로 나아갈지 궁금합니다.

이상민 저는 짧은 초강력 레이저, 펨토초 레이저를 연구하고 있어요. 현재는 레이저 기술이 더 발전해서 펨토초도 너무 길다고 여깁니다. 진공에서 펄스 지속 시간이 최단 아토초atto second, 즉 10^{-18}(100경분의 1)초인 빛을 빼내고 있습니다. 아토초 레이저를 이용해 전자의 움직임 하나하나까지 관찰하려는 시도도 있습니다. 레이저 펄스가 짧아지면 순간적으로 강도가 세기 때문에 10^{15}, 10^{17}, 10^{18}와트를 낼 수 있습니다. 핵융합을 할 때 레이저를 점화 장치로 사용해 압축해서 점화하는 연구도 진행 중입니다.

심종인 지금까지 사회는 지식을 기반으로 발전해 왔습니다. 레이저를 만드는 것도 지식 기반이었죠. 앞으로는 감성 사회가 될 것 같습니다. 빛도 형광등만 쓰는 게 아니라 상황에 따라 감성에 맞춰 조명을 조절하게 될 거예요. 예컨대 수학을 공부할 때는 푸른색, 예술을 공부할 때는 붉은색, 국어를 공부할 때는 주황색, 이렇게 했을 때 점수가 17퍼센트 더 올라간다는 실험 결과도 있습니다. 앞으로 감성 사회가 도래하면 빛을 어떤 식으로 느끼게 하느냐의 문제로 넘어가지 않을까요? 그래서 저는 LED를 'Light Emitting Diode(발광 다이오드)'가 아니라 'Life Emotional Design(생활 감성 디자인)'이라고 생각합니다. 미래 사회를 그렇게 이끌어 나갈 수 있는 분야는 포토닉스Photonics 분야일 것 같아요. 감성 사회를 이끌어 나가려면 빛을 주력 산업으로 육성해야 한다고 생각합니다.

이용희 그건 착한 빛이라고 말할 수 있겠네요. 레이저는 새로운 칼이라든지, 상상할 수 있는 모든 가능성을 보여 주지 않았습니까? 컴퓨터의 역할이 커지고 있는 지금, 레이저는 센서로도 활용되고 있습니다. 레이저의 미래 기술과 컴퓨터의 IT 기술이 합쳐지면 정말 무슨 일이 일어날지 두려움마저 생겨요. 그 상상의 끝이 어딘지 저는 잘 모르겠어요. 앞으로 레이저를 가지고 뭘 할 수 있을까 하는 것은 사람들의 상상력에 달렸다고 생각해요. 엄청난 미래가 기다리고 있을 겁니다.

질문1 LED와 OLED는 어떻게 다른가요?

심종인 LED는 반도체의 무기 물질로 만듭니다. 반면 OLEDOrganic Light Emitting Diode는 유기 물질로 만듭니다. 양쪽에 물성 차이가 있습니다.

근본적으로 LED와 OLED는 사용 용도도 많이 다릅니다. LED는 인류가 만들어 놓은 빛 중에서 효율이 가장 뛰어납니다. 전력 변환 효율, 즉 전기 에너지를 몇 퍼센트까지 빛 에너지로 바꿀 수 있는지를 보면, 75퍼센트 정도까지 빛으로 만들어낼 수 있습니다. 그러니까 25퍼센트만 열로 나오기 때문에 LED 빛은 차갑습니다.

OLED는 효율은 낮지만 탄력성이 좋습니다. 그래서 OLED TV도 있고, 앞으로 디스플레이에 활용도가 높아질 것 같습니다. 가상 현실처럼 냄새도 나고 바람도 불고 시각도 되고 청각도 되는 디스플레이를 구현할 때까지 기술이 발전할 겁니다. 그 중에 첫 단추로, 펼치면 쓸 수 있는 두루마리 디스플레이는 우리 산업의 돌파구가 될 수 있겠죠. 그런 점에서 우리나라가 OLED 분야에서도 세계를 선도했으면 좋겠습니다.

질문2 하늘로 레이저를 쏘면 어디까지 가나요? 진공에서는 어떤가요?

이용희 제가 얼마 전에 캠프에 참여했는데, 운영하는 사람이 북두칠성을 설명하면서 레이저로 비추더라고요. 그러니까 북두칠성까지 가는 것 같아요. 그게 파란색 레이저였는데 출력이 100밀리와트 정도 되는 엄청나게 센 거였어요. 레이저뿐 아니라 모든 빛이 중간에 물질이 없으면 무한정 계속 갑니다. 다만 점점 약해질 뿐이죠. 공기 중에서 퍼지고, 원자나 분자에서 퍼지고……. 하지만 진공 상태라면 산란 현상 없이 계속 진행합니다.

그게 맥스웰 방정식에서 나온 건데, 빛은 아무런 매개 없이 전자파, 전자기장, 전기장, 자기장이 나비 날갯짓하듯이 서로 바꿔 가면서 무한궤도로 우주의 이쪽 끝에서 저쪽 끝까지 날아갑니다. 진공 상태에서 그렇죠. 레이저를 비추면 여러분 눈에 보이는 곳까지 간다고 생각하면 됩니다. 실제로 지구에서 달까지의 거리를 레이저로 측정합니다. 달 표면에 레이저 반사판이 있으니 레이저를 쏴서 돌아오는 시간을 측정해 지구와 달 사이의 거리를 알아냅니다.

질문3 녹색 레이저는 가격이 비싸 늦게 개발됐다고 하셨는데 녹색 레이저가 더 비싼 이유는 무엇인가요?

이상민 빨간색 레이저 포인터 안을 열어 보면 반도체 칩이 들어 있습니다. 요즘 중국산은 만 원 이하로 구입할 수 있어요. 녹색 레이저 포인터는 안에 고체 레이저가 들어 있습니다. 파장으로 얘기하면 1,064나노미터에서 발진하는데. 그 앞에 어떤 결정을 넣으면 이 빛이 들어가서 주파수가 두 배되는 녹색 빛이 나오게 됩니다. 비선형 결정이 들어 있어서 녹색을 빼내는 겁니다.

다시 말해, 녹색 레이저 안에는 큰 고체 레이저의 축소판 레이저가 들어 있고, 레이저의 색을 변화시키는 결정이 들어 있습니다. 그래서 녹색 레이저를 쓰면 빨간색보다 배터리가 훨씬 더 빨리 소모됩니다. 서너 번 정도 쓰면 배터리를 바꿔야 하지요.

이용희 결정을 통해서 나오는지, 반도체 레이저에서 나오는지는 이렇게 대고 흔들어 보면 압니다. 보통 비선형으로 하는 것을 펄스로 하기 때문에 점이 찍히는데 반도체 레이저는 안 찍힙니다. 녹색 레이저도 곧 빨간색 레이저만큼 값이 싸질 겁니다.

질문4 형광등과 같은 LED 빛을 이용해서 데이터를 전송하는 연구는 현재 어디까지 진행됐는지 궁금합니다.

심종인 빛은 원래 정보를 전송하는 매체로 사용됩니다. 빛을 1초에 24회 이상 깜빡거리게 만들면 우리 눈에는 연속으로 보입니다. 형광등 안에 백색 LED를 넣어서 기가나 메가 단위로 빛을 깜빡이게 하면 당연히 우리 눈엔 연속으로 보이죠. 하지만 센서는 데이터를 받는 것입니다.
　LED에서 나오는 빛의 파장을 이용해 빠른 통신 속도를 구현하는 기술을 '라이파이Li-Fi'라고 하는데, 와이파이Wi-Fi와 비슷하게 사방에 빛이 퍼지는 것이죠. 그런 기술도 개발하고 있습니다. LED를 이용한 통신 속도가 현재는 메가bps 단위까지 개발되고 있습니다. 앞으로는 빛의 주파수, 눈에 보이는 가시광, 형광등을 이용해서도 수백 메가bps, 몇 기가bps 정도의 속도로 통신을 하려고 연구 중이죠. 표준화도 국제적으로 진행되고 있습니다.

자연에 없던
물질 만들기

이병호

이병호

서울대학교 전자공학과에서 학사 학위를 받았다. 당시 공과대학에서 성적이 가장 좋아 문교부장관상을 수상했다. 동 대학원에서 석사를 마치고, 미국 캘리포니아 버클리 대학에서 국비 유학으로 공부해 박사 학위를 받았다. 석사 과정에서 회로 설계를 공부했지만, 박사 과정에서 광학으로 전공 분야를 바꾸었다. 당시 회로 설계를 공부하면 연봉이 더 높은 직장이 많았기에 나름 과감한 선택이었다. 현재 서울대학교 전기정보공학부 교수로 근무하고 있다. 2016년부터 환태평양 레이저 및 전자광학 학술회의의 운영위원회 위원장으로 활동하고 있으며, 국제광학학회, 미국광학회, 국제 전기전자공학회에 석학회원으로도 소속해 있다. 연구 분야는 나노광학, 3D 디스플레이, 디지털 홀로그래피다. 지금 까지 44명의 박사와 51명의 석사를 배출했으며, 그들이 학계와 산업계에서 나름대로 중요한 역할을 하고 있다는 것을 가장 자랑스럽게 생각한다. 2001년 과학기술부?한국과학기술한림원에서 젊은과학자상(공학 부문), 2009년 교육 과학기술부 · 한국연구재단에서 이달의과학기술자상, 2013년 서울대학교에서 학술연구상을 받았다.

안녕하십니까, 이병호입니다. 오늘 말씀드릴 주제는 메타 물질입니다. 생소한 분들도 있을 테고, 과학 뉴스에 가끔 나오기 때문에 내용을 접한 분들도 있을 겁니다.

강연 내용을 크게 세 부분으로 나누었습니다. 먼저 빛의 성질에 대해서, 두 번째는 메타 물질의 원리에 대해서, 그리고 세 번째는 메타 물질이 어떻게 응용될 수 있는가 말씀을 드리려고 합니다.

빛의 성질

빛은 여러 가지 성질이 있고, 빛을 다룬 이론도 많습니다. 빛의 대표적인 성질 몇 가지를 말씀드릴게요.

첫째, 빛의 반사죠. 거울이나 유리에는 빛이 반사됩니다. 예컨대 반사율이 70퍼센트라면, 빛 입자 열 개 중에 일곱 개는 튕겨 나오고 세 개는 투과한다는 뜻이죠. 그런데 어떤 것이 튀어나오고 어떤 것이 투과될지는 알 수 없습니다.

둘째, 빛은 굴절합니다. 빛이 유리판을 통과할 때 꺾이는 것이죠. 렌즈도 굴절을 이용한 것입니다.

셋째, 회절이라는 게 있습니다. 빛은 파동의 성질이 있습니다. 구멍을 통해 파동이 들어온다고 해 보죠. 구멍이 하나 있으면 빛이 구멍을 통과해서 구멍 자리로만 쭉 나갈 것 같은데, 옆으로 퍼집니다. 이런 현상을 회절, 또는 순 우리말로 '에돌이'라고 합니다. 홀로그램은 회절의 원리를 이용한 것이죠. 레이저 포인터에 작은 유리 같은 것을 끼워서 스크린에 비추면 화살표나 스마일 표시가 나오는 것을 보셨을 겁니다. 이것이 기본적으로 컴퓨터 생성 홀로그램의 원리입니다.

넷째, 빛은 산란합니다. 하늘이 파란색으로 보이는 것은 태양광 중에 파장이 짧을수록 산란이 잘 되기 때문에 그렇습니다. 저녁놀이 붉은 것은 산란이 잘 안 된 빛이 들어오기 때문이고, 안개 때문에 빛이 산란되기도 합니다.

빛의 굴절과 전자기파

메타 물질은 빛의 굴절률과 아주 깊은 관계가 있습니다. 이런 문제를 한번 보겠습니다. 수조에 물이 담겨 있고, 물속에서 위쪽으로 빛을 비춘다고 했을 때, 빛이 천장까지 어떻게 가느냐 하는 문제입니다. 오래전에 피에르 드 페르마Pierre de Fermat가 이런 가설을 세웠습니다. 대략 이야기하면 이렇습니다. "빛은 가장 빨리 갈 수 있는 경로로 간다." 그럼 천장까지 가장 빨리 갈 수 있는 경로는 직선일 텐데 왜 꺾일까요? 수중과 공기 중에서 빛의 속도가 다르기 때문입니다. 공기 중이나 진공 등 다른 매질 환경에서 빛의 속도가 다르다면 얼마나 다른가를 나타낸 것이 굴절률입니다.

두 개의 물질이 붙어 있을 때 굴절률이 다르면 빛이 꺾이게 되고 패턴의 간격과 파장도 달라집니다. 따라서 '어떤 물질에서의 빛의 속도(c)'는 '진공에서의 빛의 속도(c_0)'를 굴절률(n)로 나눈 값입니다. 진공에서 빛은 1초에 30만 킬로미터를 움직입니다. 결국 n이 중요한 매개변수가 되는 것이겠죠.

여기서 전자기파에 대해서 말씀드리겠습니다. 마이클 패러데이

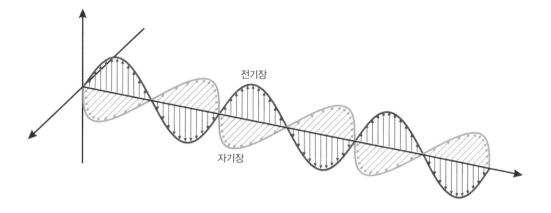

전기장

자기장

10-1

빛은 전기장과 자기장으로 이루어져 있다.

Michael Faraday는 어떤 위치에서 자기장을 시간에 따라 변화시키면 그 주위에 전기장이 생긴다는 것을 발견했습니다. 그런데 제임스 클러크 맥스웰은 패러데이가 말한 것과 반대되는 현상도 있어야 한다고 주장합니다. 즉 어떤 위치에서 전기장이 변하면 자기장이 생긴다는 것입니다. 전기장이 변하면 자기장이 생기고, 자기장이 변하면 전기장이 생기고, 그게 또 변하면 자기장이 생기고……, 이렇게 계속 물리고 물리면서 전기장과 자기장이 변화하는 패턴으로 전파되어 나가는 것이 전자기파입니다. 맥스웰은 전자장 이론을 확립하고 전자기파의 존재를 예측했습니다.

이 그림은 가장 간단한 전자기파입니다.[10-1] 전자기파가 오른쪽 방향으로 진행할 때 전기장과 자기장은 수직으로 파동을 그리며 쭉 같이 진행합니다. 맥스웰은 진행 속도도 수식으로 만들어 냈습니다. 진공 상태에서는 초당 30만 킬로미터, 물질 내에서는 그 속도를 굴절률로 나눕니다. 맥스웰은 빛도 전자기파의 한 종류일 거라고 예측했습니다. 이 전자기파를 실험적으로 발견한 사람이 하인리히 루돌프 헤르츠Heinrich Rudolph Hertz입니다. 결국 굴절률(n)은 루트 유전율($\sqrt{\varepsilon r}$) 곱하기 루트 투자율($\sqrt{\mu r}$)로 나타냅니다.

유전율과 투자율

메타 물질은 유전율과 투자율을 마음대로 조절해 자연에 없는 새로운 굴절률을 만들어 내는 인공 물질입니다. 그럼, 유전율誘電率, electric permittivity과 투자율透磁率, magnetic permeability이 뭔지 알아봐야겠죠.

그에 앞서 파동을 먼저 살펴보겠습니다. 파동의 속력은 파동이 간 거리를 걸린 시간으로 나눈 것입니다. 파장으로 표현하면, 파장을 주기로 나눈 것입니다. 주파수는 1초 동안에 반복되는 주기의 수이므로 주기의 역수입니다. 전자기파 또는 빛은, 물질 내에서 전자가 얼마나 빨리 반응하는가에 따라 속도가 달라지고 파장이 달라집니다.

'유전률'의 '전電'은 전기장을 말합니다. 유전율을 설명하기 위한 그림입니다.[10-2] 원자를 보여 주고 있는데, 원자핵은 양성자와 중성자로 구성돼 있고 그 주위에 전자가 있습니다. 전자의 위치는 정확하지 않고 확률적으로만 알 수 있습니다. 그 확률 분포를 구름처럼 나타냈습니다. 구름이 진한 곳에 전자가 있을 확률이 큽니다. 그런데 외부에서 전기장을 주면 음의 전하를 띤 전자는 전기장 방향의 반대쪽으로 끌려갑니다. 빛은 전자기파니까 전기장을 가지고 있어요. 그 전기장은 진동합니다. 그러니까 빛이 들어오면 전자가 따라서 움직입니다. 전자가 잘 움직이는 특정한 주파수가 있는데, 외부에서 들어가는 빛의 주파수가 그것에 가까운지 먼지에 따라 영향을 줍니다. 전자가 움직여서 원자의 양전하·음전하가 분리되기 때문에 이 자체가 자기장을 만들게 되고 이 전기장은 외부에서 들어온 전기장과 반대 방향이기 때문에 원래의 전기장을 상쇄시켜 전체 전기장에 영향을 줄 수 있습니다. 이렇게 원자가 외부에서 준 전기장에 얼마나 강하게 반응하는지 나타낸 것이 유전율입니다.

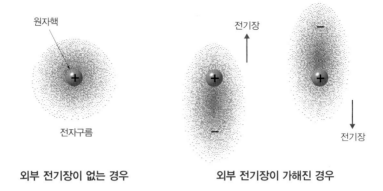

원자핵

전기장

전자구름

전기장

외부 전기장이 없는 경우　　　　**외부 전기장이 가해진 경우**

투자율도 굴절률을 결정하는 요소입니다. '투자'의 '자磁'는 자기장을 말합니다. 원자는 양성자와 전자, 중성자로 구성돼 있습니다. 양성자와 전자 각각은 양의 전하, 음의 전하를 띠죠. 자석은 N극과 S극이 있습니다. 자석을 반으로 자른다고 N극이나 S극이 떨어져 나가는 것이 아니죠. N극과 S극이 또 생깁니다. 자석은 전류 때문에 생깁니다. 원자핵 주위에 전자가 돌고 있기 때문에 원자핵 주위로 전류가 돌아서 흐릅니다. 전류가 흐르면 자기장이 생기죠. 즉 원자가 조그마한 자석이 됩니다. 외부에서 자기장을 가해 주면 자성을 띤 원자들이 일정한 방향으로 배열되어 그 물질이 자성을 가질 수 있습니다.[10-3] 자성을 가진 원자들이 무작위로 섞여 있으면 자기장이 안 나타나는데, 원자들이 잘 배열돼 있으면 전체적으로 자기장이 나타납니다. N극과 S극으로 구성된 자석이 다 같은 방향으로 정렬되어 있으면 그렇죠. 그래서 반으로 잘라도 N극과 S극으로 나뉩니다. 자석의 원리라는 게 이렇습니다.

외부에서 자성 물질에 자기장을 주면 구성하는 자성 원자들이 그 자기장 방향으로 정렬하려고 합니다. 외부 자기장에 원자들이 얼마나 잘 정렬하느냐와 관계된 것이 투자율입니다.

 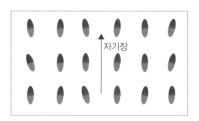

자기장

외부 자기장이 가해지기 전　　　**외부 자기장이 가해진 후**

10-3
자석의 원리

빛은 전자기파니까 전기장도 있고 자기장도 있습니다. 빛이 물질에 들어갈 때 빛에 전기장·자기장의 변화에 반응해 물질 내에서 유전율과 투자율이 얼마나 달라지느냐에 따라 결정되는 것이 굴절률입니다.

메타 물질이란

이제 메타 물질의 원리에 대해 알아보겠습니다. 빛은 공기 중에서 다른 물질로 들어갈 때 굴절된다고 말씀드렸습니다. 속도가 달라지기 때문이죠. 굴절률이 큰 물질과 작은 물질을 교대로 놓으면 각 부분의 속도가 다르므로 꺾이는 정도가 다릅니다.$^{10-4}$ 그런데 이 층을 점점 얇게 만들어 층의 두께가 빛의 파장보다 작아지면 물질의 층마다 꺾이는 정도가 구별되지 않고 빛이 한 가지 물질에 통째로 반응하는 것처럼 보입니다. 균일한 물질인 것처럼 보이는 것이죠.

원자의 크기는 10^{-10}미터(0.1나노미터) 정도잖습니까? 녹색 빛은 파장이 약 500나노미터 정도입니다. 수천 배 차이가 나죠. 물질에 있는

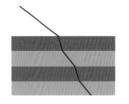 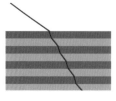 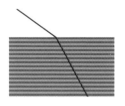

10-4
빛은 파장보다 작은 변화를
구별하지 못한다.

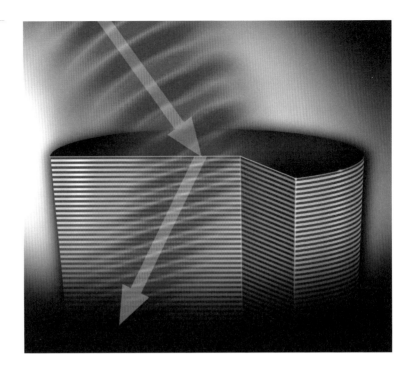

원자들이 워낙 작기 때문에 빛은 원자들이 전체적으로 만들어 내는 효과에 영향을 받는 겁니다.

이 원리를 이용해 새로운 구조물을 만들자는 것이 메타 물질의 기본 아이디어예요. 그 구조물은 존재하는 원자를 가지고 만들어야죠. 구조물 하나의 크기는 당연히 원자 크기보다 훨씬 큽니다. 전자기파의 파장이 구조물 하나의 크기보다 더 크다면 그 전자기파는 각 구조물의 미세한 차이보다는 배열된 구조물들 전체에 영향을 받는 효과를 나타냅니다. 그렇게 만드는 것이 바로 메타 물질입니다. 멋지게 표현하면 '인공 원자'라고 합니다.

이런 원리로 유전율과 투자율을 상당히 자유롭게 만들 수 있습니다. 자연에 존재하는 물질에서는 마음대로 특성을 변화시킬 수 없는데, 사람이 설계해서 만든 메타 물질에서는 이 특성을 원하는 대로 만들 수 있습니다. 그래서 음굴절을 만들 수 있습니다. 굴절률(n)은 '루트 유전율($\sqrt{\varepsilon r}$) 곱하기 루트 투자율($\sqrt{\mu r}$)'이라고 했습니다. 만약 유전율이 음수면 루트 유전율($\sqrt{\varepsilon r}$)이 허수가 되고, 투자율 역시 음수면 루트 투자율($\sqrt{\mu r}$)이 허수가 되어서, 굴절률 값은 음수가 됩니다. 유전율과 투자율을 동시에 음수 값을 갖도록 해 음굴절 성질을 구현한 물질이 메타 물질의 대표적인 예입니다. 그러면 어떤 일이 일어날까요? 빛이 반대 방향으로 꺾입니다.[10-5] 빛이 물질로 들어가면 굴절되더라도 같은 방향으로 꺾이는데 음굴절은 반대 방향으로 꺾입니다. 음굴절은 굴절되는 각도가 반대 방향이라는 뜻이죠. 음굴절 물질에서 파동은 반대 방향으로 진행되는데 에너지는 실제 빛이 입사한 방향으로 전달됩니다.

자연에 없는 인공 물질

유전율과 투자율이 모두 음수인 물질은 자연에 없습니다. 그런데 메타 물질을 쓰면 인공적으로 이런 물질을 만들어 낼 수 있죠. 아주 자유롭지는 않지만 상당히 마음대로 조절할 수 있어서 심지어 자연계에서는 찾아볼 수 없는 굴절률이 아주 큰 값을 갖는 물질도 만들 수 있고 굴절률이 0인 물질도 만들 수 있습니다.

최초의 메타 물질을 볼까요?[10-6] 가운데 철심이 있고 금속으로 C자 모양 고리들이 있습니다. 간단히 말씀드리면 금속선에는 전자들이 있죠. 그런데 선으로 만들었기 때문에 그게 금속판에 있는 것보다 전자 밀도가 아주 낮아집니다. 전자 밀도는 낮고 '자체 인덕턴스self-inductance'라는 현상 때문에 마치 전자들의 질량이 무거워진 것 같은 효과를 냅니다. 그러한 것들이 영향을 줘서 여기에 들어가는 전자기파

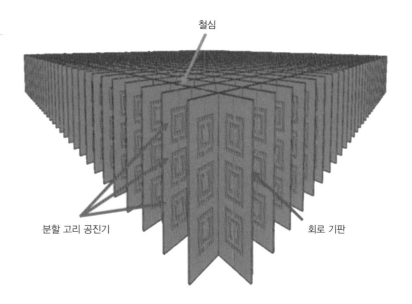

철심

분할 고리 공진기

회로 기판

의 전기장에 대해서 유전율이 음수가 되는 것처럼 반응합니다.

또 C자 금속 고리에 수직방향으로 자기장이 걸리면 고리를 따라서 전기장이 생겨 전류가 흐르려고 합니다. 패러데이 법칙이 적용되는데, 이 고리를 끊어 놓고 간격이나 크기를 조절해서 투자율을 변화시킵니다. 그래서 투자율 값도 조절해 음이 되게 할 수 있습니다.

메타 물질이 되려면 구조물의 간격이 전자기파의 파장보다 더 작아야 합니다. 가시광선의 파장은 400~700나노미터인데, 이것보다 훨씬 작게 만들어야 합니다. 그래서 새로 보완된 구조가 그물망 구조입니다. 금속과 절연체를 교대로 그물 모양으로 쌓아 놓으면 전자기파에 대해 전기장 방향에 나란한 막대 구조는 유전율을 음수로 만들 수 있고, 자기장에 나란한 막대 구조는 투자율을 음수로 만들 수 있어서 음굴절을 만들어 낼 수 있습니다.

우리가 광학 현미경으로 세포를 구별하거나 또는 천체 망원경으로 가까이 붙어 있는 별들을 관찰하는 데는 한계가 있습니다. 분해능 때문입니다. 분해능은 대략 사용하는 파장의 반 정도 됩니다. 예를 들어,

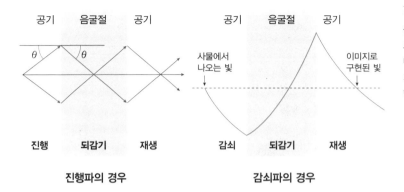

공기	음굴절	공기		공기	음굴절	공기

사물에서 나오는 빛

이미지로 구현된 빛

| 진행 | 되감기 | 재생 | | 감쇠 | 되감기 | 재생 |

진행파의 경우　　　　　　**감쇠파의 경우**

10-7
음굴절 물질은 광학 현미경으로 볼 수 없는 작은 물질에서 나오는 빛을 다른 쪽으로 옮기고 증폭시켜 렌즈 역할을 한다.

녹색 빛 500나노미터 파장을 썼다면 250나노미터보다 더 작은 것은 구별할 수 없다는 것입니다. 왜냐하면 빛이 파동의 성질을 가지고 있어서 그렇습니다.

　음굴절 물질을 사용하면 빛 파장의 반보다 작은 물질도 볼 수 있습니다. 빛 파장의 반보다 작은 물질이 있고, 거기에 빛을 쬐어 주면 그 물질 바로 근처에서 빛이 산란되는데, 산란된 빛은 두 가지 성분이 있습니다. 하나는 멀리 갈 수 있는 파동 성분이고, 다른 하나는 그 작은 물질 근처에만 있다가 진행하지 못하는 성분입니다. 멀리 진행하는 산란된 빛은 음굴절 물질 바로 근처에 다다르면 광선이 음의 방향, 즉 반대 방향으로 꺾여서 모였다가 퍼져서 다시 공기 중으로 나가 다시 모이는 특성을 보입니다.[10-7] 한편 멀리 가지 못하고 국부적으로만 존재하는, 미세 패턴 정보를 가진 빛은 세기가 감소하다가 음굴절 물질 내에서 증폭되어 다시 밖으로 나옵니다. 한마디로 말씀드리면, 원래 있던 정보를 그대로 다른 쪽으로 옮길 수 있고 감쇠하던 파동도 다시 증폭시킬 수 있는 독특한 성질을 가지고 있습니다. 신기하죠.

물체

광선

메타 물질

메타 물질을 이용한 미래 기술—투명 망토

음굴절 물질은 메타 물질의 여러 가지 종류 중 하나일 뿐이고 다른 것들도 많습니다. 유전율과 투자율을 마음대로 바꿀 수 있다면 둘 다 음수인 것만 택하지 않고 굴절률이 아주 크거나 또는 굴절률이 0인 것도 만들 수 있습니다.

메타 물질을 이용한 미래 기술에는 어떤 것들이 있을까요? 투명 망토 많이 들어 봤을 겁니다.[10-8] 그림에서 물체를 감싼 파란색 부분은 메타 물질이고 빨간색 선은 광선의 궤적입니다. 빛이 메타 물질 부분에서 쭉 돌아 나가요. 어떤 물질을 본다는 것은 빛이 그 물질에서 반사되거나 산란돼서 눈에 들어오는 것입니다. 그런데 투명 망토는 빛을 반사하지 않는 겁니다. 빛은 망토와 망토 내부의 물체에 아무런 영향을 받지 않고 망토 반대편으로 돌아 나옵니다. 그래서 망토를 못 보는 겁니다. 이게 투명 망토의 기본 개념입니다.

재미있는 예가 사막의 신기루입니다. 신기루는 태양광으로 지표가 뜨거워지면서 지표 근처의 공기와 그 위의 공기에 밀도 차이가 생겨

10-9
고속도로의 신기루

나타나는 현상입니다. 즉 공기의 굴절률이 달라져 지표로 내려가던 빛이 지표 근처에서 휘어집니다. 그래서 다른 곳에 있는 물체가 전혀 엉뚱한 곳에 있는 것처럼 보이죠. 이런 현상을 또 어디서 볼 수 있느냐. 여름에 고속 도로가 뜨거우면 마치 길바닥에 물이 있어서 빛이 반사된 것처럼 보일 때가 있습니다.¹⁰⁻⁹ 물이 있는 게 아니죠. 실제로는 도로에 있는 빛이 휘어져 그렇게 보이는 겁니다. 신기루 현상의 일종이죠. 도로 면에 있는 빛은 다른 곳으로 간 거예요. 투명 망토도 이와 비슷한 겁니다.

투명 카펫도 있어요. 카펫을 들어 올려서 카펫 밑에 물건을 놓았을 때 안에 물건이 없는 것처럼, 튀어나오지 않고 평평한 곳에서 빛이 반사되는 것처럼 보이게 할 수도 있습니다. 그게 어떻게 가능할까요? 빛이 진행할 때 유전율, 투자율을 적당히 잘 바꿔서 공간이 축소되거나 심지어 공간이 휘어져 보이게 하는 겁니다.

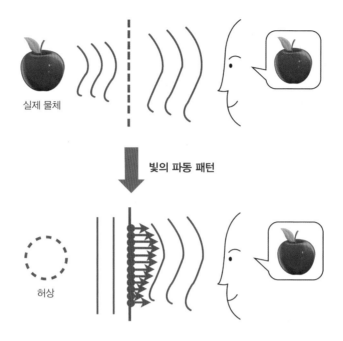

실제 물체

빛의 파동 패턴

허상

메타 물질을 이용한 미래 기술—홀로그램

홀로그램의 원리를 간단히 알아보겠습니다.[10-10] 여기 사과가 있습니다. 빛이 반사되어 그 파면波面이 우리 눈에 전달되면 우리는 축구공을 입체로 느낍니다. 홀로그램은 실제로는 평면파가 들어오는데, 적절한 장치가 위치마다 빛의 투과율과 진폭, 위상을 잘 바꿔 줘서 사과에 반사된 빛의 파면을 재현하는 겁니다. 사람이 봤을 때 이것을 구별할 수 없습니다. 그렇기 때문에 실제로 사과가 있다고 느끼는 것입니다. 보는 게 믿는 거라고 생각하실 텐데 보면 똑같아서 구별이 안 됩니다.

홀로그램은 가장 이상적인 3D 디스플레이 방법입니다. 다른 방법들은 대개 착시를 이용하거나 아니면 사람이 입체감을 느끼는 여러 가지 요인 중에 한두 가지를 구현하죠. 하지만 홀로그램은 기본적으로 사람의 시지각에 관심이 없습니다. 시지각에 관계없이 사물에서 반사된 빛의 파동을 똑같이 만들어 내겠다는 것이죠. 그렇게 하려면 위치별로 파동의 투과 정도, 투과될 때의 위상 변화를 제어해 줘야 합니다. 이런 역할을 하는 장치가 있습니다. 액정 같은 것으로 하는데 상당히 두껍습니다. 굴절률이 아주 높은 물질이라면 두께를 아주 얇게 하면서도 빛이 효과적으로 더 많이 진동하게 해서 위상을 바꿔 줄 수 있습니다. 그래서 굴절률이 아주 높은 물질을 쓰면 두께가 거의 0인 표면 구조로 홀로그램을 만들어 낼 수 있습니다. 그 외에도 메타 물질의 응용 분야는 많습니다.

메타 물질의 미래

카이럴chiral 메타 물질이라는 게 있습니다. '카이럴'은 그리스어로 '거울'이라는 뜻입니다. 오른손과 왼손은 거울 대칭이죠. 물질 중에도 그런 것들이 있습니다. 거울 대칭인 카이럴 메타 물질은 전기장이 돌아가는 방향(편광)에 따라 특성을 다르게 할 수 있습니다.

메타 물질을 만든다는 것은 파장보다 작은 구조물로 빛의 성질을 변화시키는 물질을 만든다는 것이죠. 메타 물질은 광학 이외의 분야에서도 쓰입니다. 음향 메타 물질도 있습니다. 소리는 빛보다 파장이 길기 때문에 훨씬 만들기가 쉬워요. 소리를 돌아가게 한다거나 완전히 흡수되도록 할 수 있죠. 열 메타 물질도 있습니다. 예를 들어, 반도체 기판에서 열이 나는데, 어떤 부분이 특별히 열에 취약하다면 그 부분을 열 메타 물질로 만들어 보호하는 겁니다. 열이 그 부분을 돌아가게 하는 것이죠. 또 지진파의 메타 물질, 해일, 쓰나미의 메타 물질 같은 것도 있습니다.

세계 여러 나라에서 메타 물질을 차세대 연구 분야로 육성하고 있습니다. 스텔스기stealth aircraft처럼 국방과 관련된 연구, 광학뿐 아니라 소리나 열에 대한 메타 물질도 복합적으로 연구하고 있습니다. 우리 나라에서는 글로벌 프런티어 사업으로 1년에 100억 정도의 막대한 연구비를 투입해 본격적으로 연구를 지원하고 있습니다. 종합적으로 연구하는 것은 우리나라가 거의 최초이기 때문에 머지않아 뛰어난 연구 성과가 나올 거라고 믿습니다.

미래를 예측하기는 참 어렵죠. 그래서 이런 말이 있습니다. "미래를 예측하는 가장 좋은 방법은 미래를 만드는 것이다The best way to predict the future is to invent it." 앨런 케이Allen Kay가 한 말인데 사실은 그 전에 홀로그램을 고안해서 노벨상을 받았던 데니스 가보르라는 사람이 먼저 비슷한 말을 했습니다.

하늘 아래 새로운 게 어디 있냐고 하지만, 메타 물질처럼 하늘 아래 새로운 것이 나오는 일도 분명 존재합니다. 이것으로 강연을 마치겠습니다. 감사합니다.

science talk

1 투명 망토에 대한 고찰

과연 당신은 투명 망토를 구매할까

사회

엄지혜
아나운서

토론

이병호
서울대학교 전기정보공학부 교수

김휘
고려대학교 전자및정보공학과
교수

최현용
연세대학교 전기전자공학부 교수

엄지혜 첫 번째 주제는 최현용 교수님께서 선정해 주셨죠. 왜 이 주제로 정하셨는지요?

최현용 과학자들이 연구해서 결과를 내면 언론에서 많이 홍보하는데, 이 과정에서 그 기술이 곧 실현될 것처럼 착각하기 쉽습니다. 사실 투명 망토가 금방 현실화되긴 어렵습니다. 가시광선은 수십 만 개의 다양한 파장으로 되어 있는데, 보통 이런 투명 망토는 단일 파장, 딱 하나의 파장에서만 역할을 할 수 있습니다. 그러니까 혹시 누군가 투명 망토를 개발했다고 한다면 100퍼센트 거짓입니다.

투명 망토 기술이 불가능한 건 아닙니다. 이론적으로는 가능하나 현실적으로, 실험적으로 구현하는 것은 훨씬 더 많이 고민하고 연구해야 하는 상황입니다.

엄지혜 제가 궁금했던 것은 망토를 쓰면 밖에서도 내가 안 보이지만 나도 밖이 안 보일 것 같거든요. 사실 투명 망토가 필요한 건 '나는 너희들을 보지만 너희들은 나를 보지 마라.' 하는 의미인데, 이게 가능할까요?

김휘 밖에서는 안 보이는데 안에서 볼 수 있게 하려면 밖에서 오는 빛은 들어오고 밖으로 나가는 빛은 피해 가야 합니다. 그렇게 비대칭적인 효과를 내는 것도 메타 물질의 한 분야입니다. 전자 소자에서는 다이오드가 있는데 한쪽 방향으로만 에너지가 흐르게 하는 것도 있거든요. 그런 것도 중요한 연구 분야입니다. 기본적으로는 투명 망토를 쓰면 안에 있는 사람도 밖을 볼 수 없는데, 좀 더 연구를 해야겠죠.

이병호 최현용 교수님 말씀대로 메타 물질을 이용한 투명 망토가 상용화되는 것은 요원합니다. 과학적인 단계에서 아주 활발하게 연구되고 있고 세계적으로 매우 뛰어난 연구들이 나오고 있습니다만, 망토로 가릴 수 있는 물질의 크기는 수십 나노미터 정도의 작은 것이고 여러 가지 파장의 빛을 줬을 때 모두 투명 망토로 작동하는 것은 아닙니다. 하지만 특수 목적으로 응용하고 있습니다. 특정한 주파수의 전자기파, 레이더에 사용되는 전자기파를 아주 얇은 구조로 완전히 흡수하는 스텔스 기능, 수중 음파를 잠수함에 붙은 얇은 층으로 완전히 흡수하는 메타 물질, 이런 것들이 연구되고 있습니다. 일부 적용되는 것들도 있습니다. 미국의 한 벤처 회사는 휴대 전화에 쓰는 전자기파에 아주 효율적인 안테나를 만들고 있습니다. 안테나의 효율을 높이려면 파장의 반 정도 크기가 되어야 하는데, 그보다 더 작은 구조물로 안테나를 만들어 전기 신호를 전자기파로 바꿔 주는 효율을 95퍼센트로 높이는 겁니다. 이런 메타 물질 안테나는 거의 상용화 단계에 접어들었습니다.

엄지혜 대부분 군사 목적이네요.

최현용 우리나라 공군 전투기가 북한으로 간다고 했을 때 상대방이 그걸 보면 안 되잖아요. 상대방에서 전자기파를 쐈을 때 반사하지 않게 하는 게 투명 망토의 원리이긴 한데, 사실 더 큰 문제는 엔진에서 나오는 열입니다. 열화상 카메라가 굉장히 발달되어 있기 때문에 열화상 카메라로 보면 비행기가 감지됩니다. 우리나라 국방과학연구소 등에서도 비행기에서 나오는 열을 감지되지 않게 하는 연구를 수행하고 있고, 조만간 응용이 가능한 분야도 있습니다.

엄지혜 우리가 생각하는 영화 속 투명 망토는 아니지만 다양한 종류의 투명 망토는 개발이 상당 부분 진행되고 있네요. 언젠가는 우리가 쓸 수 있는 정도로 상용화되지 않을까 생각합니다.

2 빛보다 빠른 빛은 가능한가

빛의 속도와 굴절률의 관계

엄지혜 빛보다 빠른 빛은 가능한가? 이게 문법상 말이 안 되는 질문이라고 저는 생각했는데 어떤 내용인가요?

김휘 오류는 아니고요. 빛이 빠르다고 할 때 빛의 어떤 게 빠른지 조금 더 생각해 보자는 뜻에서 말씀드린 겁니다. 빛이 진행할 때 보면 빛은 맨 앞단도 있고 빛이 지나갔을 때 뒤쪽에 에너지가 꽉 차 있는 부분도 있거든요. 그러면 우리가 어떤 부분을 빛의 속도라고 보느냐 하는 질문인데요. 아까 굴절률이 0인 것, 음굴절도 말씀하셨는데, 기본적으로 굴절률은 빛의 속도와 관련된 거니까 굴절률이 0인 경우에는 빛의 속도가 무한이라고 보면 됩니다. 그런데 무한으로 빠른 건 없지 않습니까? 그리고 굴절률이 1보다 작은 물질에서는 빛의 속도가 우주 공간에 있는 빛보다 빠릅니다. 질문해 볼 만한 주제입니다.

최현용 예를 들어 다섯 명이 손을 잡고 뛰어가는데 1·2·3·4·5번 사람이 다 뛰는 속도가 다릅니다. 다섯 명이 가니까 제일 빠른 사람의 속도보다는 느려지겠죠. 손을 잡고 가니까요. 김휘 교수님께서 말씀하신 빛이 전달되는 속도는 다섯 명이 손을 잡고 뛰어가는 속도입니다. 그런데 내부에서는 빠른 사람도 있고 느린 사람도 있는 거예요. 그 차이가 바로 교수님이 말씀하신 위상입니다. 같이 뭉텅이로 가는 속도는 빛의 속도로 정해져 있지만 그 안에서 빛줄기 각각이 움직이는 속도는 다를 수 있다는 내용입니다.

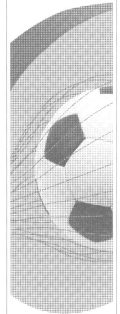

3 메타 물질에 대한 메타적 논의

신의 영역에 대한 도전인가?

엄지혜 자, 이렇게 두 번째 주제까지 이야기해 봤고요. 마지막 주제는 재단에서 제안한 주제입니다. '메타 물질에 대한 메타적 논의, 신의 영역에 대한 도전인가?' 메타 물질이 앞으로 미래 사회에서 어떻게 쓰일지도 이야기해 주셨잖아요. 여러 학문에서 논의가 필요할 것 같기도 하네요. 다양한 쓰임에 대해서 조금 더 이야기해 주시죠.

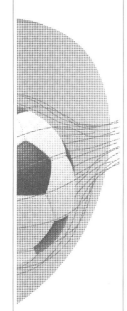

이병호 가장 어려운 질문인데 아직 답을 모르겠습니다. 그런데 메타 물질에서 '메타 meta-'는 원래 그리스 말이죠. 영어로는 '비욘드Beyond', 뭘 넘어선다는 뜻입니다. 메타 물질은 꼭 빛이나 전자기파뿐만 아니라 음향학, 지진파, 열역학, 반도체 등 여러 분야와 관련이 있습니다. "보는 것이 믿는 것"이라는 말이 있지만, 보는 것을 과연 믿을 수 있을 것인가 하는 철학적 문제가 제기될 수 있습니다.

엄지혜 강연 후반에 홀로그램 이야기를 해 주셨는데, 에스파냐에서는 홀로그램을 이용해서 시위를 했다고 합니다. 공공건물 주변에서 집회를 금지하는 법안에 항의하는 뜻이죠. 이런 모습을 보면 메타 물질이라는 것도 정치나 사회 분야에서도 사용될 수 있다는 생각이 드는데, 우선 이런 홀로그램은 어떻게 만드는 거예요?

김휘 물체가 제 눈에 보이는 것은 물체에서 반사된 빛이 저한테 오는 거니까 이 물체에서 반사되는 빛을 그대로 어떤 평면에서든지 만들어 내면 됩니다. 그러려면 빛의 위상과 파장, 진폭을 잘 변조시켜야 하는데, 굴절률이 핵심 요소입니다. 굴절률을 아주 작게 세밀하게 변화시킬 수 있으면 홀로그램을 만들 수 있습니다.
　홀로그램은 우리가 경험하는 세상 자체를 그대로 복사해서 보여 줄 수 있는 요소가 있습니다. 실제로 멀리 떨어져 있는 사람을 만나고 싶을 때 그 사람이 직접 오는 게 아니라 그 사람 자체를 홀로그램으로 나타내면 실제로는 아니지만 그 사람과 만날 수 있기 때문에 에너지를 절약하고 공간을 축약할 수 있습니다. 홀로그램은 멀리 떨어진 곳을 가까이에 재현하면서 에너지를 줄이고 시간을 절약해 생태적인 환경을 바꿀 수 있습니다. 과거는 멀지만 과거의 영상을 우리가 느끼도록 홀로그램으로 보게 된다면 과거와 현재의 시간 차이가 없어지겠죠.

이병호 사실 에스파냐 시위 장면은 홀로그램이 아닙니다. 신문 기사에는 홀로그램이라고 났지만 그물망에 프로젝터로 상을 비춘 겁니다. 실제 홀로그램이 아니죠. 홀로그램 연구자들이 자꾸 아니라고 하니까 요새는 유사 홀로그램이라고 합니다. 아이돌 홀로그램 공연장도 유사 홀로그램이고 실제 홀로그램은 아닙니다.

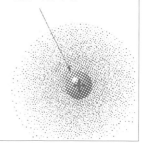

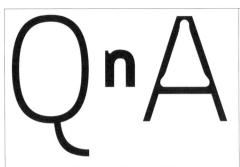

질문1 빛과 자기장은 무슨 상관이 있나요?

최현용 빛은 전자기파, 전자파라고 이야기하는데, 맥스웰이 이야기했듯이 전자파가 있으면 반드시 자기장이 형성됩니다. 그래서 빛은 전자기파라고 부르는 게 정확한 표현입니다. 빛은 전자파와 자기파의 혼합체라고 봐야 합니다.

빛을 이용한 여러 가지 연구는 기술적으로 전자 하나 혹은 둘을 이용해서 정보를 처리할 수 있는 수준까지 왔습니다. 예를 들어, 빛에 편광을 줄 수 있습니다. 편광이라고 하면 빙글빙글 돌아가거나 위아래로 왔다 갔다 하며 진동하는 빛을 말하는데, 전자가 하나인 어떤 소자에 편광을 줘서 그 방향에 따라 전자의 방향을 바꿀 수 있습니다. 동그랗게 빛을 주면 전자가 동글동글하게 움직입니다. 전자가 움직이면 자기장이 형성됩니다.

질문2 빛의 속도가 불변한다는 것을 옛날 과학자들은 어떻게 알아냈을까요?

이병호 아인슈타인은 특수 상대성 이론을 만들면서 빛의 속도는 관측자 속도와 무관하게 똑같다고 가정했습니다. 그 역사를 보면, 맥스웰이 전자기파의 존재를 예측했고 전자기파의 속력을 계산하는 식을 만들었습니다. 그게 초당 30만 킬로미터인데, 문제는 지구가 움직인다는 것이죠. 움직이는

지구 쪽에서 보는 별빛의 속도는 더 빨라 보이는 게 당연한 것이 아니냐는 문제가 생겼습니다. 맥스웰은 지구에서 측정된 전기장·자기장 현상에 관한 이론을 만들어서 빛의 속도를 계산했거든요. 그런데 상식적으로 뭔가 이상하다는 겁니다.

1800년대 말에 정밀한 실험의 대가가 있었습니다. 앨버트 에이브러햄 마이컬슨이라는 사람인데, 그 사람이 간섭계 실험을 했습니다. 빛을 둘로 나눠서 동서 방향으로 갔다 오게 하고 남북 방향으로 갔다 오게 해서 간섭 패턴을 봅니다. 지구가 움직이는 방향으로 왕복하는 빛과 거기에 수직으로 왕복하는 빛이 있는데 시간이 똑같이 걸리느냐 하는 겁니다. 이 사람은 빛의 속도에서 지구 속도의 영향을 구별해 낼 만큼 정밀한 실험을 했습니다. 그런데 변화가 없었습니다. 동서남북을 바꿔도 변화가 없고 계절마다 해도 변화가 없었습니다. 그래서 빛의 속도는 지구의 이동 속도와 무관하다는 것을 믿게 되었습니다.

빛의 속도가 관측자의 속도에 무관하다는 것은 아인슈타인의 특수 상대성 이론의 출발점입니다.

질문3 메타 물질이 유전율과 투자율이 음인, 빛의 파장보다 작은 물질이라고 하셨습니다. 원자마다 유전율이랑 투자율이 다 각각 있을 텐데, 메타 물질을 새롭게 만들려면 소재를 어떻게 사용해야 하는지 알고 싶습니다.

이병호 유전율이나 투자율은 원자 하나에 대한 성질이 아닙니다. 많은 원자의 군집에서 나타나는 특성입니다. 원자의 크기는 빛의 파장보다 수천 배 이하로 작은데 원자로 만든 물질이 빛의 파장보다 10분의 1만큼만 작아도 유전율과 투자율을 변화시킬 수 있습니다. 메타 물질의 구조물은 기존에 있

는 원자로 만들어야죠. 메타 물질은 꼭 원자만큼 작지 않지만 빛의 파장보다 작은 새로운 물질을 만들어 효과적인 유전율과 투자율을 얻을 수 있다는 아이디어에서 출발한 것입니다.

그림 출처

1강 | 빛, 너의 정체는 무엇이냐

1-1 © shutterstock

1-2 © shutterstock

1-3 source: OpenStax CNX

1-4 source: OpenStax CNX

1-6 © shutterstock

2강 | 우리는 빛을 어떻게 인지할까

2-1 © shutterstock

2-4 © shutterstock

2-6 © shutterstock

2-7 ⓒ① OpenStax College

2-8 © shutterstock

2-9 © shutterstock

2-11 © shutterstock

2-12 © shutterstock

3강 | 별빛이 우리에게 밝혀 준 것들

3-1 © shutterstock

3-3 © shutterstock

3-4 ⓒ①ⓞ European Southern Observatory

3-5 source:윤성철, © 박정원

3-6 ⓒ①ⓞ borb

3-8 © Rafelski et al., *The Astrophysical Journal*, 755, 89 (2012) (※ AAS에서 허가 받음.)

3-9 source:윤성철, © 박정원

4강 | 빛과 함께 하는 시간 여행

4-1 © shutterstock

4-2 © shutterstock

4-3 ⓒ① Arecibo_Observatory_Aerial_View

4-4 위: © shutterstock 아래: ESOB, Tafreshi(twanight.org)

4-5 © shutterstock

4-6 © shutterstock

4-7 © shutterstock

4-8 ⓒ①ⓞ Torres997

4-9 © shutterstock

4-10 ⓒ①ⓞ Chase Preuninger

4-12 ⓒ①ⓞ Fobos92

4-14 © 이명균, 장인성(2014)

4-15 © shutterstock

5강 | 빛, 색을 밝히다

5-1 © shutterstock

5-3 © shutterstock

5-5 © 지호준

5-6 © shutterstock

5-7 © shutterstock

찾아보기

렉처 사이언스 KAOS 03

빛 Light

1판 1쇄 발행일 2016년 10월 26일
1판 3쇄 발행일 2023년 3월 27일

기획 재단법인 카오스
지은이 김성근, 석현정, 오세정, 윤성철, 이명균, 이병호, 이용희, 전영백, 최길주, 최철희

발행인 김학원
발행처 (주)휴머니스트출판그룹
출판등록 제313-2007-000007호(2007년 1월 5일)
주소 (03991) 서울시 마포구 동교로23길 76(연남동)
전화 02-335-4422 **팩스** 02-334-3427
저자·독자 서비스 humanist@humanistbooks.com
홈페이지 www.humanistbooks.com
유튜브 youtube.com/user/humanistma **포스트** post.naver.com/hmcv
페이스북 facebook.com/hmcv2001 **인스타그램** @humanist_insta

편집주간 황서현 **기획** 조은화, 임은선 **편집** 아침노을
일러스트 박정원 **디자인** 민진기디자인 **사진 제공** 재단법인 카오스
용지 화인페이퍼 **인쇄** 청아디앤피 **제본** 민성사

ⓒ 재단법인 카오스, 2016

ISBN 978-89-5862-139-3 04400
ISBN 978-89-5862-372-4 (세트)